空间信息系统建模仿真
与评估技术

熊　伟　刘德生　简　平　张　睿　樊鹏山
杨凌云　陈治科　郭　超　刘呈祥　翟　优　　著

国防工业出版社

·北京·

内 容 简 介

本书共分为 8 章,其中第 1 章概述主要阐明空间信息系统的概念、内涵和发展现状;第 2 章主要介绍空间信息系统建模仿真中所需要的物理基础知识;第 3 章主要论述空间信息系统的体系结构建模技术;第 4 章论述空间信息系统的 MAS 建模技术;第 5 章主要论述了基于复杂网络的空间信息系统的建模与分析;第 6 章介绍了基于 HLA 的空间信息系统的仿真技术;第 7 章主要论述基于 STK 的空间信息系统仿真技术;第 8 章主要论述空间信息系统的效能评估技术。

本书可以作为通信与信息系统、系统科学等学科的硕士、博士研究生的教材和参考书,也可以作为科研院所相关专业工程技术人员的参考材料。

图书在版编目(CIP)数据

空间信息系统建模仿真与评估技术/熊伟等著 . —北京:国防工业出版社,2016.9
ISBN 978-7-118-11063-0

Ⅰ . ①空… Ⅱ . ①熊… Ⅲ . ①空间信息系统－仿真模型－研究 Ⅳ . ①P208.2

中国版本图书馆 CIP 数据核字(2016)第 214612 号

※

国防工业出版社出版发行
(北京市海淀区紫竹院南路 23 号 邮政编码 100048)
北京嘉恒彩色印刷有限责任公司
新华书店经售

*

开本 710×1000 1/16 印张 21¼ 字数 381 千字
2016 年 9 月第 1 版第 1 次印刷 印数 1—2000 册 定价 98.00 元

(本书如有印装错误,我社负责调换)

国防书店:(010)88540777 发行邮购:(010)88540776
发行传真:(010)88540755 发行业务:(010)88540717

前　言

空间具有"站得高、看得远、全球覆盖"的天然优势,是世界大国强国争夺的一个新的战略制高点,成为当今世界军事领域激烈竞争的焦点。而空间信息系统是以外层空间的各类卫星为平台,利用网络技术把天基平台上的侦察监视、导弹预警、通信中继、导航定位和气象观测等载荷设备有机地连接在一起组成的空间信息网络,它能够极大地增强信息的获取、处理、传输与分发能力,改变传统战争的作战样式,使航天强国在侦察、预警、导航等一系列行动中获得不对称的信息优势。

空间信息系统的建设与发展是一个复杂的系统工程,它充分体现了一个国家的科学技术水平和综合国力,每个国家对待空间信息系统的建设都非常慎重和严格。再加上系统本身具有技术高新尖、研制成本高、试验环境复杂等特点,使得航天大国都采用地面仿真与验证的模式进行系统的论证、研制、试验、验证与应用。

空间信息系统的建模仿真与评估技术是在计算机仿真技术的理论与方法基础上发展起来的,它已成为认识与改造空间信息系统的重要技术手段。通过在实验室中运用建模仿真手段对空间信息系统的研制需求、运行过程和应用效果进行有效模拟,甚至对空间信息系深层次运行机理和规律都能够给出直观逻辑推理和理论分析所不能预见的一些特性,建模仿真方式具有良好的可控性、无破坏性、可重复性和经济性等优点。同时,研究空间信息系统的评估技术可以开展对信息的定量分析,能够科学评价系统设计方案的优劣、系统运行的成效,甚至预测系统的发展方向,为空间信息系统的优化提供坚实的技术支撑。

本书主要围绕空间信息系统建模仿真与评估的技术问题展开。主要介绍了空间信息系统的基本概念、内涵和运行机理,系统阐述了空间信息系统的体系结构建模技术、多 Agent 的建模技术、基于复杂网络的建模技术、基于 HLA 的仿真技术、基于 STK 的仿真技术,并深入论述了空间信息系统的定量分析技术、系统效能评估等技术,并结合具体的实例论证了技术和方法的有效性。

本书共分为 8 章,其中第 1 章由熊伟研究员编写;第 2 章由刘德生副研究员编写;第 3 章由简平助理研究员编写;第 4 章由郭超博士、樊鹏山讲师编写;第 5 章由陈治科博士编写;第 6 章主由熊伟研究员、樊鹏山讲师编写;第 7 章由张睿助理研究员和杨凌云助理研究员编写;第 8 章由熊伟研究员和刘呈祥博士编写。熊伟研究员对全书进行了统稿。在编写的过程中,得到了李智教授、张雅声教授、张恒源博士、朱华翔工程师、宋翊宁助理研究员等的大力支持,在此表示感谢。

本书编写得到了 2110 工程的资助,对此表示感谢。由于作者理论水平和实践经验有限,书中存在的缺点和错误在所难免,敬请广大读者批评指正。

著　者

2016 年 6 月

目　录

第1章　空间信息系统概述

　　未来战争是陆海空天电五维一体的战争,控制空间、夺取制天权和制信息权,被视为未来战争中夺取战略优势的重要目标,因此空间成为未来大国战争中争夺的一个新的战略制高点,也成为当今世界军事领域激烈竞争的焦点。空间具有"站得高、看得远、全球覆盖"的天然优势,在空间部署信息系统能够极大地增强信息获取能力,改变传统战争的作战样式,使航天强国在侦察、预警、导航等一系列行动中,可以获得不对称优势,因此空间信息系统一直是各国争先发展的领域。

　　空间信息系统(Space Information System,SIS)作为实现控制空间、夺取制天权和制信息权的关键,"是以空间平台技术、组网技术、传感器技术、数据链技术、通信技术、通信保密技术、信息融合技术、目标识别技术、安全防护与对抗技术为支持,以外层空间的各类卫星为平台,利用网络技术把天基平台上的侦察监视、导弹预警、通信中继、导航定位和气象观测等载荷设备有机地连接在一起组成的空间信息系统网络,其主要功能是实现空间信息的获取、处理、传输、存储管理与分发、信息安全保证等,为各军兵种作战力量和作战行动提供侦察、监视、预警、通信、导航、定位、气象观测、战场测绘等空间信息服务保障。

　　目前我国已经发射了侦察、导航、通信中继、空间监视等各种类型的卫星,卫星系统已经初具规模,建设和发展空间信息系统是各种类型的卫星发展到一定规模的必然趋势。通过建立空间信息系统,可以实现各种功能卫星的互联互通互操作,提高资源利用率,发挥空间的最大优势。空间信息系统涉及因素众多,结构和功能复杂,是一个典型的复杂巨系统。其研制技术难度高,资金投入大,其发展在需求、技术、资金及时间等诸多方面都存在很大的不确定性,因此也就具有很高的风险,所以在发展空间信息系统的每个阶段,都需要经过充分的论证、评估、方案比较等。面向全球发展的一体化网络化空间信息系统是一项复杂庞大的系统工程,不仅受经济技术建造周期等客观条件制约,特别还受到国家在该领域战略发展架构等的影响,其总体方案的经济性、可行性、可用性论证,各种实施方案的对比分析等,都需要仿真系统的支撑。美国等国家在发展空间信息系统的过程中,投入大量的人力、物力和财力对空间信息系统关键技术开展一系列的论证、研究和演示验证等活动。此种研究方式成本高,耗费代价巨大。而我国正处于发展的关键时期,必须充分合理利用科研经费,探索适合自己的空间信息系统发展方式,发挥建模、仿真等系统分析手段在系统前期论证、评估、方案比较、建设以及后期系统管理控制,甚至技术人员培训等方面的作用,可以减少重复投资、节约经费、避免走弯路。空间信息系统的建模仿真主要是对系统的组成节点及其相互之间的动态关系进行研究和模拟,反映空间信息在网络中的流向和变化情况,其主要目的和需求体现在五个方面:

(1)分析现阶段空间信息系统中的薄弱节点和关键节点,研究系统加强或防护措施。

(2)分析现阶段空间信息系统能否顺利完成给定的信息支援任务。面向任务分析系统资源需求,评估已有资源与任务需求的差距,研究采取何种系统调整的措施能够完成特定任务。

(3)评估特定空间装备和空间信息系统的效能,论证空间装备和空间信息系统的发展规划,评价空间信息系统组成方案的优劣,提出系统改进建议。

(4)为了研究或研制新的空间信息系统应用技术和装备提供一个概念演示和验证环境,降低成本,减少风险,加快研究或研制进程。

(5)作为陆、海、空、天联合作战模拟的组成部分,用于在空间信息支援下的联合作战模拟训练、战法分析和作战方案评估。

为此,本书对空间信息系统相关的建模仿真与评估技术进行了阐述,可作为从事空间信息系统研究和建设的相关技术人员的参考。

1.1　空间信息系统概念和结构

1.1.1　空间信息系统的概念

1. 空间信息系统的定义

目前,研究人员对空间信息系统的认识并不统一,存在多种空间信息系统的定义,如:

定义 1　空间信息系统是以空间平台技术、组网技术、传感器技术、数据链技术、通信技术、通信保密技术、信息融合技术、目标识别技术、安全防护与对抗技术为支持,以外层空间的各类卫星为平台,利用网络技术把天机平台上的侦察监视、导弹预警、通信中继、导航定位和气象观测设备有机连接在一起组成的空间信息网络。

定义 2　空间信息系统是以卫星和卫星组网、高精度侦察、传感器、数据链、移动宽带通信、通信保密信息融合、目标识别、安全防护等技术为支持,以各类卫星(航天器)为平台,通过星间、星地链路把平台上的侦察监视、导弹预警、通信中继、导航定位和气象观测等载荷设备以及地面信息应用和保障设备有机地连接在一起,构成功能完备、互联互通的信息网络。

定义3 空间信息系统是由高、中、低轨道上带有多种有效载荷的各类航天器,地面信息网络(含测控网络)和应用系统组成的、通过通信链路实现无缝连接,实现对陆、海、空基信息系统的综合集成与提升,形成具有信息获取、信息融合处理、信息传输与分发和信息攻防对抗等功能的天、空、地智能一体化分布式信息系统。

定义4 空间信息系统是由不同轨道上多种类型的卫星系统,按照空间信息资源的最大有效综合利用原则,通过互联互通和信息交换,构成的智能化综合信息系统。该系统综合了军民两用的多种卫星系统,包括侦察监视、导航定位、军事通信、资源探测、环境与灾害监测等,具有对多源信息的安全、可靠、实时、不间断、智能化、面向用户的获取、处理、融合、提升、传输和分发的能力,并具有一定自主运行管理和网络重构能力。

其他关于空间信息系统的概念描述还可见参见文献[5-8]等。它既不是单一功能的卫星系统,也不是几种单一功能的卫星星座的简单组合,而是通过星间和星地通信链路,将不同轨道、种类和性能的卫星、星座、分布式卫星编队以及地面设施连接起来的一个涉及多种技术、包含多种装备、承担多种任务、具备多种功能的综合性的空间信息网络,因此对空间信息系统开展建模仿真工作也比单一功能的卫星系统或星座组合系统的建模仿真更加困难。

2. 相近概念解析

与空间信息系统内涵相近的词条还有天基综合信息网、空间军事系统、军事航天系统、多卫星系统、航天装备体系等,下面对这些概念进行简要的分析。

1)天基综合信息网

天基综合信息网,简称天基网,是通过星间、星地链路将不同轨道、种类、性能的卫星、星座及相应的地面设施连接起来组成的互联互通的信息网络,具有对信息的获取、存储、处理、传输及信息的提升与分发功能。天基综合信息网在概念上与空间信息系统非常接近,但存在以下差异:

(1)天基综合信息网更突出系统本身一体化和节点之间的互联、互通性,而淡化子系统的划分,可抽象为网络。空间信息系统突出任务的综合性,强调系统可划分为子系统和子系统之间的协同,可抽象为体系。

(2)天基综合信息网是为了解决空间信息系统中的节点连通和信息共享问题,适应当前信息利用的准确性、实时性、可靠性要求,获得更高的信息共享能力和联合指挥控制能力而提出的网络。

（3）天基综合信息网是空间信息系统的一种发展形态。空间信息系统的演变经历了单星系统、单一功能的星座系统、多种卫星及卫星星座协同系统等形态。随着航天技术和信息技术的进一步发展，面向综合应用的天基综合信息网成了当前乃至未来几十年空间信息系统的具体发展形态，并可预见空间信息系统成为天基综合信息网后，还将继续向下一个形态——空天地一体化网络发展。

2）军事航天系统

军事航天系统是军用卫星、军用航天器、导弹系统，以及其他的空间系统所构成的，可以执行多种军事任务的空间系统，是为赢得制天权，确保己方进入空间、利用空间或控制空间，将航天装备系统、航天部队系统和作战指挥决策系统等主要作战要素按照空间作战编成要求配制而成的军事斗争系统。军事航天系统是面向空间军事任务的系统，包括武器装备和信息装备。

空间信息系统则主要利用空间设施和配套地面设施进行信息的获取、处理、传输等过程，是以信息装备为基础的系统，在军事行动中往往起到的是信息支援和保障的作用，在一定程度上是非作战行为的直接参与者。另外，空间信息系统以满足各层次的军事应用为出发点，在战争时期可以用于战场信息支援，在和平时期可用于军事信息收集、军事训练和军事技术研究，并可将其中的部分资源投入民用和商用运行。

3）多卫星系统

多卫星系统是指能够独立完成一项航天任务的各类卫星与其配套地面设施合在一起所组成的系统。它是面向航天任务要求的，系统中的多卫星可以是异构的，整个系统可以是不对称的，在这个方面与空间信息系统有类似之处，但多卫星系统是针对特定应用对象和特定航天任务的，而空间信息系统并不局限于一项任务或一类用户，而是面向各种信息获取和传输用户，将所有卫星体系纳入系统。因此，多卫星系统是空间信息系统的子系统。

4）航天装备体系

航天装备体系是为了夺取空间优势，更好发挥空间装备的整体性能，由功能上相互联系、性能上相互补充的各种航天装备按照一定结构综合集成的更高层次的装备系统。它强调装备功能互补以完成单一装备无法完成的任务，而对装备间信息关系的刻画不深。航天装备体系是空间信息系统的组成部分，是空间信息系统发挥作用的物质基础。

虽然以上系统与空间信息系统在概念上存在差异，但它们在结构、功能、任务过程方面与空间信息系统有很多相似之处，因此关于这些系统的建模与仿真的方法和技术可为空间信息系统建模、仿真所借鉴。

1.1.2　空间信息系统的结构

空间信息系统是由各种功能的航天器和地面设施通过星间、星地链路互联而构成的系统,其可以从不同的角度划分为多种结构。

1. 按承担任务划分的结构

依据承担的任务,是空间信息系统最常见的结构划分方式,可分为侦察监视卫星系统、预警探测卫星系统、导航定位卫星系统、气象和测绘卫星系统、通信中继卫星系统以及地面信息应用和保障系统等子系统。各子系统通过通信中继卫星系统完成互联,成为面向综合任务的空间信息系统,如图1-1所示。

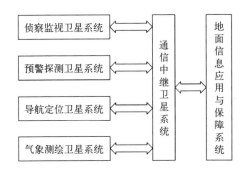

图1-1　按承担任务划分空间信息系统的结构

2. 按空间位置划分的结构

根据空间位置的差异,空间信息系统包括空间子系统和地面子系统,如图1-2所示。空间子系统包括空间通信网(主要由通信中继卫星系统组成)、空间应用航天器(包括侦察监视卫星、预警探测卫星、气象测绘卫星等)、导航卫星星座;地面子系统包括地面测控和数据传输系统、地面指挥控制系统、地面信息应用系统,共同构成地面信息应用与保障系统。

3. 按信息利用过程划分的结构

空间信息系统包括空间信息获取、空间信息传输、空间时空基准、空间信息应用以及空间信息系统指挥控制五大系统,如图1-3所示。

4. 其他结构

根据空间信息系统拓扑结构,空间信息系统包括节点和链路,其中节点是空间信息系统中各航天器、地面设施的抽象,而链路是航天器之间、航天器与地面设施之间通信交互的抽象。无论以何种方式划分空间信息系统的结构,空间信息系统结构都具有以下特点:

(1) 由多个子系统构成。

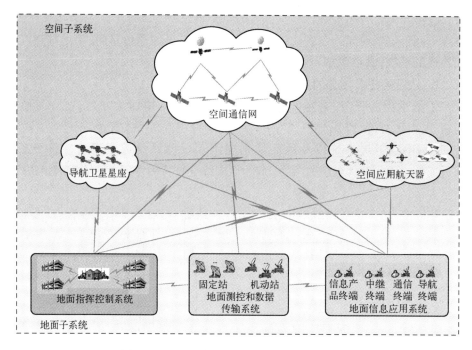

图 1-2　按空间任务划分空间信息系统的结构

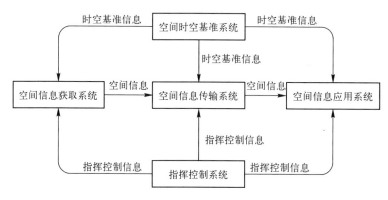

图 1-3　按信息利用过程划分空间信息系统的结构

（2）子系统之间既不完全独立又不相互依存，但是有很强的相互作用。

（3）各子系统协同完成共同目标与使命。

因此，空间信息系统是一种体系（System of Systems，SoS）。

1.1.3　空间信息系统的复杂性

研究者们已经充分认识到空间信息系统的复杂系统本质，开展了空间信息系统的复杂性研究,探索与之复杂性相适应的建模仿真方法。通过对空间信息系统的复杂性进行分析,研究者指出:①空间信息系统具有开放性、非线性、动态性、多尺度性、有序性和自组织性、随机性与不确定性、层次性与高维性等特点;②空间构型具有动态特性和时空复杂性,卫星本身又具有自治性、反应性以及卫星之间、卫星与地面站之间的协同与合作等特点;③含有众多异构主体,具有非线性和突现性,空间主体具有一定的智能性和自主性,并在不断的运行演化中体现出明显的不稳定性和不可预测性。空间信息系统的复杂性来源于以下三个方面:

1. 空间实体的复杂性

空间信息系统的复杂性首先来自其组成实体的复杂性,表现在以下方面。

(1) 类型多样:空间信息系统包含飞行器系统(如卫星、空间站),地面系统(如测控站、观测中心)和环境中纷繁复杂的各类实体。

(2) 功能多样:空间信息系统所包含实体功能各异,涉及空间信息获取、传输、处理、存储和转发等,不同功能实体共同协作,完成空间信息系统整体功能,如侦察、预警、导航、测绘等。

(3) 数量众多:空间信息系统包含高、中、低轨各类飞行器,数目众多,且不同功能、不同类型的航天器和地面设施在数量上差别很大。

(4) 时空特征各异:不同实体的生存时段相对独立,并且部分实体的寿命呈随机特性;不同实体的位置、速度姿态等空间特性,取决于各自的复杂动力学和运动学规律。

(5) 自治程度不同:有些实体具有一定的信息处理能力,能够进行自我调整,以适应不同的任务,而有的实体则是简单地对外来的信息做出反应。随着自主飞行器技术的发展,空间信息系统实体的自治程度的差异性将越来越明显。

2. 空间交互的复杂性

空间交互是空间实体之间的信息传递,是空间信息系统复杂性的另一个重要来源,表现在以下方面。

(1) 空间信息的复杂性:空间信息是空间交互的内容,不同类型的实体在交互时所传递的空间信息各不相同,按照应用,有目标指示、空间环境、指挥控制、导航定位等信息;按电磁频谱,有可见光、红外、紫外和 SAR 等信息;按形式,有图像、声音、文本、视频等信息,各类信息具有各自的特征描述。

(2) 空间链路的复杂性:空间链路是空间交互得以进行的渠道,所建立链路的接通/切断取决于任务过程的需求,不同的实体之间的链路采用不同的制式,对不同影响因素的敏感程度不同。

3. 拓扑结构的复杂性

拓扑结构的复杂性是实体复杂性和交互复杂性作用的结果。一方面,在高、中、低轨运动的航天器,以及地球表面静止或移动的地面设施具有不同的时空特性,相对位置关系时时变化;另一方面,各类功能、结构各异的航天器及作为不同信息保障和应用节点的地面设施,将根据各自承担的任务在相互之间建立动态连通/切断的链路,传递时时变化的信息。故整个系统的拓扑结构将随时间呈现动态性、随机性和不可预测性的变化,因此从整体来看,空间信息系统是具有四维拓扑结构的系统。

因此,空间信息系统本身就是复杂系统,而随着其一体化、网络化发展,节点互联、互通要求增强,以及空间信息系统进一步建设,这种复杂性必将迅速增长。为了更好地刻画空间信息系统的特点,需要借鉴复杂系统理论和技术方法。

1.2 空间信息系统的发展现状与趋势

1.2.1 空间信息系统发展现状

1. 美国空间信息系统发展现状

1) 美国将空间信息系统的发展摆在至关重要的战略地位

在对太空的定位上,早在 20 世纪 60 年代,美国的军事战略家们就提出"谁控制了太空,谁就控制了地球"。美国空军大学 1996 年 6 月完成了"空军 2025"系列研究报告,其中包括 43 份专项研究报告,系统地阐述了美国为保持未来航天优势需要发展的新思路、新概念、新技术,提出"世界范围的信息控制系统"。美国国防部《空间技术指南 FY2000 – 01》指出,联合作战科学技术计划(JWSTP)中的包括信息优势、精确火力、战斗辨识、联合战区导弹防御等 12 项联合作战能力目标(JWCOs)均利用了空间信息系统的支持。美国空军航天司令部在分析和预测了世界未来 20 年内国际战略环境的基础上,提出了在 21 世纪初发展综合一体化的空间在轨支持计划项目,具有对武装力量进行灵活、高效指挥控制的空间支持能力,具有对攻击目标实施精确打击、对己方部队和装备加以全方位保护、确保集中后勤、实现战场全面信息优势的空间支持能力,以保持拥有绝对的空间优势。2004 年美国空军航天司令部的《战略总体规划》明确提出了未来 15 年的美国军事航天计划目标:在空间力量增强方面,要拥有基于天基信息的地面移动目标指示、探测、定位识别与跟踪能力。

2) 美国是目前世界上空间信息系统建设最为完备的国家

美国拥有的卫星品种最齐全,技术最先进,信息获取、传输和导航能力也最强,形成了比较全面的军用卫星体系,目前所有全球在轨运行的卫星中,半数以上归属美国。在通信方面,美国系统地发展了窄带、宽带、受保护通信卫星及数据中继卫星系统,可提供高质量通信服务,成为三军统一的国防信息系统的基础;在信息获取方面,信息获取手段齐全,成像侦察、电子侦察、海洋监视、导弹预警、战场环境探测,光学成像卫星空间分辨率已近0.1m,雷达成像卫星达0.3m;导航定位方面,发展了世界上最强大的全球定位系统GPS,实现了全球、全天候的高精度连续导航和武器导引。表1-1列举了部分有代表性的美国军用卫星。

表1-1　美国主要军用卫星(部分)

类 别	子 类 别	卫 星	
通信中继	窄带通信	FLTSATCOM	舰队卫星通信系统,为海军提供多信道的特高频通信
		MUOS	移动用户目标系统,为机动部队或移动单兵提供同步的语音、视频、数据传输服务
		UFO	特高频后续卫星系统,为全球热点地区的美军提供语音及低速数据服务。
	宽带通信	DSCS	国防卫星通信系统,为大容量固定用户提供保密的音频和高数据率通信
		WGS	宽带全球通信卫星
	极高频保密通信	MILSTAR	军事星系统,为大量战术用户提供实时、保密、抗干扰的通信服务
		AEHF	先进极高频卫星,MILSTAR的后续,提供大容量高速数据传输速率,支持战术通信
	跟踪与数据中继	TDRS	跟踪与数据中继卫星,用于科学数据、遥测与导航信号以及指令的通信中继
		SDS	秘密数据中继卫星,为美国空军卫星控制设施和远程跟踪站提供通信链路,并为极地地区美军提供双向近实时指挥、控制、超高频通信服务
信息获取	电子侦察	Magnum	"大酒瓶",用于截获、侦听通信和电子情报信息
		Mercury	"水星",美国空军的准静止轨道卫星,用于收集导弹试验遥控遥测信号以及雷达信号
		Trumpet	"号角",将窃听范围扩大到俄罗斯和中国北部在内的高北纬地区
		Intruder	"集成化过顶信号侦察体系",第五代电子侦察卫星,专为美国国家安全局搜集电子情报
	光学侦察	KeyHole	"锁眼",具有机动能力的高分辨率光学成像侦察卫星
		Worldview	全球高分辨率、快速响应卫星,能够快速瞄准目标并有效进行同轨立体成像
	雷达侦察	Lacrosse	"长曲棍球",具有全天候、全天时和一定穿透能力的合成孔径雷达成像卫星
		FIA - Radar	"未来成像体系"雷达,替代"长曲棍球"

类　别	子 类 别		卫　　星
信息获取	红外预警	DSP	"国防支援计划",为美国国家指挥机关和作战司令部提供导弹和核爆炸的早期检测和预警
		SBIRS	"天基红外系统",下一代天基红外预警系统,用于执行战略和战区导弹预警,为导弹防御指引目标,提供技术情报和数据分析
	海洋监视	WhiteCloud	"白云",探测、监视海上舰船和潜艇活动以及海洋目标定位
	导航定位	GPS	"全球定位系统",全方位、全天候、全时段、高精度卫星导航定位系统

3）美国仍在努力完善其空间信息系统

尽管空间信息系统发达,美国还在发展空间信息系统技术和系统建设,以使本国空间信息系统更加完善。为改善空间信息系统子系统所呈现"烟囱式"情况,解决子系统彼此之间自成体系、独立成网、"条块分割",无法及时共享信息的问题,美国国家航空航天局(NASA)提出构建"一体化、可扩展空间通信架构",美国国防预先计划研究局(DARPA)设想了卫星因特网的概念,并提出使用无线因特网网关WING(Wireless Internet Gateways)作为其全球移动信息系统计划GLOMO的核心部件。为解决航天信息到作战单元的互联问题,美军基于"网络中心战"和"全球信息栅格"思想开展了STANAG、TCA、JCIT等研究项目和计划,致力于系统性地解决信息的广泛收集、高速传递、异构协同、智能综合、准确发布等问题,以大大提高网络信息的使用率。为整合卫星系统和地面设施,美国在Intelsat-14卫星上搭载"太空因特网路由器"(IRIS),以期将因特网延展至太空。此外,美国还准备到2025年建成功能完善、攻防兼备的"空间网",提出"全球国防信息网"(GDIN)的概念,并开始实施"一体化空间指挥控制"(ISC^2)现代化计划。

2. 其他国家空间信息系统发展现状

在美国的领跑下,世界各国争相发展各自的空间信息系统,以免在未来的空间信息优势竞争中处于劣势。表1-2列举了目前我国周边主要国家空间信息系统建设的部分情况。

表1-2　我国周边主要国家空间信息系统建设情况(部分)

国　　家	基　本　情　况
俄罗斯	拥有庞大的空间系统,且数量加速回升,是仅次于美国的第二航天大国; 拥有"闪电"战略通信卫星、"宇宙"战术通信卫星、"急流"战术通信卫星、"宇宙"转储型卫星、"虹"、"地平线"、"荧光屏"等军民合用通信卫星; 已成功发射5颗第三代导航卫星"GLONASS-K"; 提出了"多功能卫星系统和远程地球监视系统"(ROSTE-LESAT)计划

国　　家	基 本 情 况
印度	目前具有亚太－太平洋地区最大的国内通信卫星系统之一——INSAT； 2005 年发射了 2.5m 分辨率的光学侦察卫星 CartoSat 1； 2007 年发射了分辨率优于 1m 的 CartoSat 2A； 2010 年发射了分辨率达 0.8m 的遥感卫星 Carto－2B； 已成功发射其"区域卫星导航系统"（IRNSS）的首颗卫星； 正在开发组合复杂的预警卫星系统——"国家预警与响应系统"
日本	具有为数众多、性能先进的通信卫星、科学试验卫星、气象卫星和对地观测卫星； 2008 年发射了超高速因特网卫星"纽带"（KIZUNA）； 目前具有 4 颗情报收集卫星，包括 2 颗雷达成像卫星和 2 颗光学成像卫星，前者图像识别精度约为 1m，后者约为 60cm； 目前正开发精度在 50cm 以内的侦察卫星； 计划 2019 年发射能够发送大容量图像数据的中继卫星； 正在开发红外线探测器，预计应用于 2019 年的"先进光学卫星"； 计划 2021 年发射图像分辨率精确到 25cm 以内的新一代光学侦察卫星
韩国	将"获取自主情报收集能力"作为其"自主国防建设"的首要任务，斥巨资制定实施一系列旨在加强预警、侦察、监视能力的计划； 2006 年发射"Mugungwha－5"军民两用卫星，用来搜索朝鲜半岛及周边军事情报和进行军事通信； 2006 年成功发射"Arirang－2"多功能卫星，装备了 1m 级高分辨率相机； 已研发出第一代军用卫星通信系统，使其无线通信范围从 100km 扩大到 1.2 万 km

　　这些国家的空间信息系统都仍处于建设阶段，主要是以构建完善的子系统，提高己方侦察监视、预警探测、导航定位等能力，尚未形成体系作战能力。

3. 我国空间信息系统发展现状

　　我国也已认识到空间信息系统建设的重要性，根据忧思数据库的数据显示，截至 2015 年 8 月，我国在轨的各类卫星已达 142 颗，超过了俄罗斯位居世界第二，很多卫星已实现从试验型到业务服务型的转变。2015 年 11 月 27 日，"遥感"系列卫星至 29 号，其中对地观测方面，截止 2015 年 12 月"遥感"系列卫星已经发射到 29 号，其中包含了地面分辨率达 0.5 米的合成孔径雷达观测卫星和分米级的光学观测卫星；"海洋"系列卫星可用于海洋环境观测，还能够用于海面舰艇观测等军事应用；"高分"系列卫星填补了我国在高分辨率侦察、卫星方面的空白，最新的"高分四号"卫星是世界上空间分辨率最高（50 米）、幅宽最大的地球同步轨道遥感卫星。通信中继方面，"中星 22 号"卫星稳定运行时间超过 10 年，刷新了我国在轨卫星长运行时间、高可靠的纪录；"天链"系列卫星已构成了数据中继系统，在"神舟"系列载人飞船任务中发挥重要作用；导航定位方面，"北斗"卫星系统日趋成熟，导航定位精度大幅提升，已达米级。

　　未来我国还将发射百颗遥感、通信、导航等应用卫星，这些卫星将具备可见光、红外、微波等多种观测手段、覆盖我国国土及近海，具备近地空间环境探测能力,满足国家安全及公益性通信需求,提供高精度的定位、导航、授时服务。"围绕遥感、通信、导航等最为广泛的三个应用卫星领域,统筹空间段建设和天地一体化的协调发展,建立中国长期、连续、稳定运行和自主控制的国家空间基础设施,是中国未来宇航领域发展的重点"。

4. 目前空间信息系统所面临问题

随着规模的扩大、能力的增强,以美国为代表的国家发现,在空间信息系统的发展中一些问题逐渐凸显,限制了空间信息系统的进一步发展,主要表现在以下三方面。

(1)空间信息系统间信息孤岛现象严重。

随着航天系统种类不断增加、各系统功能日臻完善,卫星系统之间自成体系、条块分割的局面也逐渐形成,这是由于空间技术发展历程和各应用卫星的特殊性造成的。目前各空间系统获取的信息量急剧增加,而不同系统之间的信息却不能及时共享和综合利用,使用户难以实时、全面地掌握事态的发展,不能有力地支援作战。

(2)卫星总体资源分布不合理。

各分系统卫星功能越来越强,使航天总体投资快速增长而卫星总体资源分布不合理。相对而言,低轨分布的卫星资源多,而高轨分布的卫星资源少;用于侦察探测功能的卫星多,而通信预警功能的卫星少。

(3)航天设施重复建设问题严重。

不同用户部门分别建立各自的业务数据接收站,这些接收站在地理布局、设备配置及主要技术状态方面有很大的相似性,相当一部分可以相互兼容,但是未能实现资源共享。这种局面随着后续卫星数量的增多恐有愈演愈烈之势,对国家财力、人力、物力将造成极大浪费。

以上问题造成了现阶段各国空间信息系统普遍信息支援能力不强、资源利用率不高,以美国为代表的各航天强国都寻找解决这些问题的有效途径。随着我国空间信息系统建设和发展,类似的情况也已初见端倪,这也是我国空间信息系统建设下一步要解决的问题。开展空间信息系统建模仿真与评估工作是探索问题解决方法、规划下一步建设的有效手段。

1.2.2　空间信息系统发展趋势

目前,各国的空间信息系统仍处于建设和发展阶段,主要发展趋势表现在

1. 空间信息系统向网络化、一体化方向发展

随着航天信息技术的迅猛发展,空间信息系统的各系统之间将打破孤立自治的局面,取而代之的是网络化、一体化空间信息系统。网络化、一体化就是通

过星间链路把各种轨道类型的卫星互联起来,在地球近空域和外空间区域组建空间信息网络,具有全天候、近实时、不受国界限制、在广阔区域甚至全球范围内获取和快速传递大容量信息的能力。这样不仅可以大大提高信息支援及保障的广阔性和连续性,还可以提高空间信息系统的可靠性、抗毁性和生存能力,保证信息能够快速、及时、方便、准确地获取、传输和使用。

2. 空间信息系统的互联、互通性进一步完善和提高

互联、互通、互操作能够实现综合应用,共享各种异构资源,是提高空间资源利用率的有效途径。未来空间信息系统的空间网络节点,包括卫星及其星载情报侦察、遥感探测设备以及信息传输、交换、处理设备等,彼此之间可以互相补充、综合利用。各种航天器之间及其与地球用户之间的远距离信息传递或信息获取,可通过空间通信网的星间链路与地面联网所构成的天地一体的综合网络来实现。空间获取的信息和情报,可直接通过空间通信网迅速传递并得到及时有效的处理和分发。作战单元可通过一体化空间信息系统,获取有关的各种空间情报和信息,从而大大提高了各种航天支援系统的功能和使用效率。

3. 空间信息系统应对综合任务的能力不断增强

未来空间信息系统应对综合任务的能力将不断增强,体现在:

(1)形成空间信息获取装备体系。各种情报侦察卫星和预警探测卫星之间可以借助于数据中继卫星,形成优势互补、相互配合、相互印证的全天候侦察卫星体系。

(2)空间信息传输更加灵活、可靠。未来空间信息系统通过方便灵活的组网、扩充功能,为各种天基支援系统提供高效的空间信息传输网络,形成连接空间一体化联合作战力量的重要纽带。

(3)空间时空基准面向综合任务支援。导航定位系统将为综合任务中的飞机、舰艇、导弹、坦克等各类武器装备提供高精度、有效的导航、定位、测速、授时等服务。

1.3   空间信息系统的建模仿真技术

本书基于作者在"十二五"期间在空间信息系统建模仿真研究成果基础上编写,主要对与空间信息系统建模仿真与评估相关的技术进行介绍,为从事空间信息系统研究、设计、分析、评估的相关技术人员提供参考。

1. 空间信息系统的体系结构建模技术

空间信息系统体系结构是指空间信息系统组成单元的结构、关系以及制约其设计的原则和指南。空间信息系统体系结构建模技术是采用多视图的体系结构建模方法对其进行描述和建模,用图形、图像、文本、表格和矩阵等直观的形式建立系统的作战视图模型、系统视图模型和技术视图模型等,描绘系统的作战能力需求、任务分配、结构组成、性能参数、信息交换和其他相互关系等,通过建立空间信息系统体系结构模型能够为面向作战应用的空间信息系统设计和建设提供指导。

2. 空间信息系统的 MAS 建模技术

多 Agent 系统(Multi – Agent Systems,MAS)建模是研究大量个体之间交互和交互所展现的宏观行为的一种方法,它将系统抽象为 MAS,将系统中的大量个体抽象成一个个相互独立、结构合理的 Agent,通过对 Agent 的行为以及 Agent 之间交互关系的刻画,来描述整个系统的行为,有机地将复杂系统的微观行为与宏观"涌现"现象联系起来,克服复杂系统难以自上而下描述的困难。目前,该方法在经济系统、生态系统、社会系统以及人类组织、军事对抗、航天建模仿真等领域得到了应用,本书将对 MAS 在空间信息系统建模中的应用进行阐述。

3. 基于复杂网络的空间信息系统建模与分析

复杂网络的研究是复杂性理论研究的一部分,作为研究复杂性科学和复杂系统的有力工具,复杂网络为研究复杂性提供了全新的视角。空间信息系统系统组成元素众多,子系统间信息交互关系错综复杂,且系统发展朝着网络化的互联互通趋势发展,给空间信息系统整体能力分析与评估带来了一定挑战。本书主要论述基于复杂网络理论的空间信息系统能力与特性分析方法,建立空间信息系统网络演化模型,提出基于该演化模型的空间信息系统的分析技术;重点研究空间信息系统的网络特性,提取系统结构的特征参数,进而开展空间信息系统的整体能力分析。

4. 基于 HLA 的空间信息系统的仿真技术

HLA 是分布式仿真的标准协议,基于 HLA 的仿真技术是当前仿真领域研究的主要方向。作为通用的仿真技术框架,HLA 定义了仿真系统各部分的功能及相互关系,HLA 通过提供通用的、相对独立的支撑服务程序(RTI),将具体的仿真功能实现(应用层)、仿真运行管理和底层通信三者分开,从而可以使各部分相对独立地进行开发,增强了分布式仿真的可操作性、重用性、可扩展性。基于 HLA 的空间信息系统的仿真就是应用 HLA 技术将组成空间信息系统的各个组成部分的仿真模型连接为一个协同、互联、高效的仿真应用,从而能够开展空间信息系统的仿真实验和仿真分析,为空间信息系统顶层设计、关键技术演示验证和系统效能评估提供强有力的技术支撑。本书首先设计了基于 HLA 的空间信息系统的仿真系统结构,特别是对分布式协同仿真集成框架进行了总体设计并定义了开发流程;然后详细论述了基于 HLA 的空间信息系统仿真的详细功能、成员组成、仿真交互和运行流程;基于此,阐述了在空间信息系统仿真过程中重点运用的关键技术——数字模型集成技术和基于 HLA 的协同仿真技术,详细介绍了 HLA 模型适配器和通信适配器的实现技术以及基于 HLA 的多联邦互联方法。实践证明,基于 HLA 的空间信息系统的仿真技术适合于对空间信息系统这样复杂大系统开展仿真实验和应用研究。

5. 基于 STK 的空间信息系统的仿真技术

STK 软件是由美国 AGI(Analytical Graphics,Inc.)公司开发的一款目前世界航天领域最专业的仿真分析软件,具有强大的分析、图形支持和数据输出功能。它广泛应用于航空航天、导弹、雷达、通信、电子对抗、卫星导航、空间飞行器、深空探测以及信息对抗等与基础航天动力学相关所有领域的仿真分析,支持在复杂集成的陆、海、空、天场景下进行任务分析、规划、设计、操作以及事后分析的功能,并提供易于理解的图表和文本形式的分析结果,确定最佳解决方案。本书从实际任务角度出发,首先介绍了 STK 软件用于航天仿真的基础和专用模块,在此基础上详细论述了利用 STK 软件对航天器在轨机动任务和有效载荷任务进行仿真实现,并给出了具体的定量分析。另一方面,本书详细介绍了通过 STK 软件完成空间信息系统的三维模型的构建、大地形的生成以及三维场景的仿真等技术。

6. 空间信息系统效能评估技术

空间信息系统效能评估是对整个系统效能的一种优化方式。评估的目的不是单纯地比对系统效能值的大小,而是通过在构建的指标体系,选取评估方法,进行效能评估的过程中,不断优化空间信息系统的指标体系,使其能够发挥更大的作用。在空间信息系统效能评估过程中,本书主要注重空间信息系统的自身效能以及其作战效能。通过建立较为完备的指标体系,对空间信息系统进行了详细地分析,并对其作战效能进行了进一步的阐述;通过对不同种类评估方法的例举,较为详细地给出了目前常用的一些评估方法;并以天基空间目标监视系统为例,对其进行了效能评估。所述内容能够为面向系统效能评估学习以及作战效能评估学习的读者提供指导。

参 考 文 献

[1] 黄文清,秦大国,庄锦山,等 . 空间信息系统建模与效能仿真[M]. 北京:解放军出版社,2010.

[2] 曹裕华,冯书兴,丁红勇 . 空间信息系统仿真设计技术研究[C]. 中国系统工程学会军事系统工程专业委员会第十七届年会,2007:466 – 470.

[3] 廖守益,陈坚,陆宏伟 . 空间信息系统复杂性分析与研究思路[C]. 系统仿真技术及其应

用学术会议论文集,2007.

[4] 卢明. 基于 MAS 的空间信息系统量化评估研究[D]. 北京:装备学院研究生院,2010.

[5] 卢昱. 空间信息对抗[M]. 北京:国防工业出版社,2009.

[6] 桂启山,赵新国,杨志强,等. 空间信息系统体系结构研究[J]. 兵工自动化,2008,27(2):52-54,59.

[7] 陈芳允,杨照德. 空间信息系统与技术的发展[J]. 中国航天,1994(5):3-7.

[8] 王家耀,成毅. 空间信息系统及其结构与功能[J]. 海洋测绘,2004,24(1):1-3.

[9] 李磊. 天基综合信息网[J]. 863 航天航空技术,2003(8):1-15.

[10] 曹士信,蔡军. 空间军事系统综合集成研讨厅中群决策优化模型[J]. 军事运筹与系统工程,2008,(1):38-41.

[11] 白红科,于洋. 未来空间作战系统建模与仿真[J]. 哈尔滨工业大学学报,2008,40(12):2072-2074.

[12] 李昊,戴金海. 基于 Agent 的自主多卫星系统建模与仿真应用研究[D]. 长沙:国防科学技术大学研究生院,2007.

[13] 胡剑文. 武器装备体系能力指标的探索性分析与设计[M]. 北京:国防工业出版社,2009.

[14] 汤赫然,李智. 基于平行系统思想的空间系统建模与仿真方法研究[J]. 装备学院学报,2013,24(4):67-70.

第2章 空间信息系统的物理基础

2.1 轨道的基本知识

卫星绕地球运动,其运动轨迹称为轨道。由于卫星和地球通过引力场相互作用,构成典型的"双体"系统,"双体"系统中,双体运动遵循牛顿万有引力定律,也遵循开普勒行星运动定律。

2.1.1 万有引力定律

万有引力定律指出:任何两个物体之间都存在着引力,其大小与两物体的质量成正比,而与两物体之间的距离平方成反比(图2-1),即

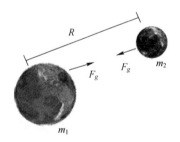

图2-1 万有引力定律

$$F = G \cdot \frac{m_1 \cdot m_2}{r^2} \tag{2-1}$$

式中:F 为引力(N);m_1,m_2 为两个物体的质量(kg);r 为两物体之间的距离(m);G 为万有引力常数 $= 6.67 \times 10^{-11}$ N·m²/kg²。可得出人造卫星所受地球的引力为

$$F = G \cdot \frac{M \cdot m}{r^2} \tag{2-2}$$

$$\mu = G \cdot M \tag{2-3}$$

式中:M 为地球质量;μ 为开普勒常数;m 是卫星的质量。

2.1.2 开普勒三定律

1. 第一定律(图2-2)

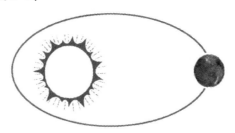

图 2-2 开普勒第一定律

星体绕地球(或者太阳)运动的轨道是一个椭圆,地球(太阳)位于椭圆的一个焦点上。轨道离地最近的点称近地点,反之为远地点。

2. 第二定律(图2-3)

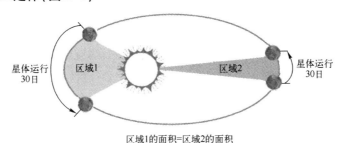

图 2-3 开普勒第二定律

从地心或者太阳中心到星体的连线(星体向径),在单位时间扫过的面积相等(面积速度守恒)。卫星在离地近的地方经过时的速度要快些,在离地远的地方运行的速度要慢些。

3. 第三定律(图2-4)

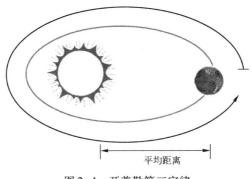

图 2-4 开普勒第三定律

行星的公转周期的平方与它的轨道平均半径的立方成正比。卫星绕地球的运行周期的平方与它的轨道平均半径的立方成正比,即

$$\frac{T^2}{(R+H)^3} = C \tag{2-4}$$

式中:T 为运行周期;R 为地球半径;H 为离地高度;C 为开普勒常数。

2.1.3 轨道根数

1. 轨道倾角 i

轨道倾角 i 轨道平面与地球赤道平面的夹角。具体计算是在卫星轨道升段时由赤道平面逆时针旋转到轨道平面的夹角。

当 $0° < i < 90°$ 时,卫星运动方向与地球自转方向一致,因此称为"正方向卫星";

当 $90° < i < 180°$ 时,称为"反方向卫星",即卫星运动与地球自转方向相反;

当 $i = 90°$ 时,卫星绕过两极运行,称为"极轨"或"两极"卫星;

当 $i = 0°$ 或 $180°$ 时,卫星绕赤道上空运行,称为"赤道卫星"。

2. 升交点赤经 Ω

卫星由南向北运行时经过赤道平面的那一点,叫"升交点";该点离春分点的经度值就是升交点赤经。轨道倾角和升交点赤经共同决定卫星轨道平面的空间位置。

3. 近地点幅角 ω

近地点辐角 ω 即地心与升交点连线和地心与近地点连线之间的夹角。由于入轨后其升交点和近地点是相对稳定的,所以近地点幅角通常是不变的,它可以决定轨道在轨道平面内的方位。

4. 椭圆半长轴 a

近地点和远地点连线的 1/2 称为椭圆半长轴,它标志卫星轨道的大小。它确定了卫星距地面的高度,按照卫星高度的不同又将卫星分为低轨卫星、中轨卫星和高轨卫星。

5. 椭圆偏心率 e

即椭圆轨道两个焦点间距离之半与半长轴的比值,用以表示轨道的形状。

6. 卫星过近地点时刻 t

以近地点为基准表示轨道面内卫星位置的量。

7. 其他参数

卫星高度 h:卫星距离地面的高程。

运行周期 T:卫星绕地球一圈所需的时间。

重复周期 T_c：卫星从某地上空开始运行，经过若干时间的运行后，回到该地上空时所需的天数。

降交点时刻 τ：卫星经过降交点时的地方太阳时的平均值。

2.1.4　绕地航天器轨道类型

卫星运行周期与地球自转周期(23h 56min 4s)相同的轨道称为地球同步卫星轨道(Geosynchronous Satellite Orbit)，简称同步轨道；在无数条同步轨道中，有一条圆形轨道，它的轨道平面与地球赤道平面重合，简称静止卫星；卫星的轨道平面与赤道平面的夹角一般是不会变的，但会绕地球自转轴旋转。

轨道平面绕地球自转轴旋转的方向与地球公转的方向相同，旋转的角速度等于地球公转的平均角速度，即 $0.9856°/$ 日或 $360°/$ 年，这样的轨道称为太阳同步轨道。它有如下特点：

(1) 卫星轨道倾角很大，绕过极地地区，也称极轨卫星。

(2) 在太阳同步轨道上，卫星于同一纬度的地点，每天在同一地方时同一方向通过。

2.1.5　影响航天器轨道的因素

影响航天器轨道的因素主要包括：

(1) 地球形状不规则：

① 卫星的轨道面绕地轴缓慢转动；

② 近地点位置变化。

(2) 大气阻力：

① 卫星轨道的远地点降低，长轴缩短；

② 偏心率减小，轨道越变越圆。

(3) 太阳和月球引力。

(4) 太阳光压。

(5) 地球潮汐变化。

(6) 日月岁差。地球在日月的引力作用下，地球的自转轴的空间指向不固定，呈现出一条绕地心黄道面垂直轴线顺时针旋转，大约 25800 年顺时旋转一周，描绘出一个圆锥角，圆锥角的顶角等于黄赤交角($23.5°26'21''$)。日月岁差使春分点每年以 $50.37''$ 的速度东移。

(7) 行星岁差。使黄赤交角改变，且使春分点产生微小位移，每年东移约 $0.13''$ 。

(8) 章动。月球轨道面位置的变化引起章动。在地球自转轴作缓慢旋转的过程中,由于地球物质分布不均匀性和月球及其他行星的摄动力造成的轻微抖动,称为章动。地球的章动春分点在天球上并不固定,而是以18.6年的周期围绕着平均春分点摆动。

（9）极移。由于地球不是刚体及其他一些地球物理因素的影响,地球自转轴相对于地球的位置随时间而变化从而引起观察者的天顶在天球上的位置发生变化,称为极移。

2.1.6 常用名词

天球:以地球的质心 M 为中心,半径 R 为任意长度的一个假想球体(图2-5)。

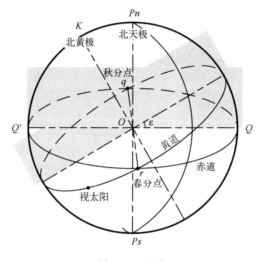

图2-5 天球

天轴:地球自转轴延伸的直线为天轴。

天极:天轴与天球的交点 Pn 和 Ps 为天极。

天球子午面:包含天轴并通过地球上任一点的平面。

天球子午圈:天球子午面与天球相交的大圆。

赤道:通过天球中心并与天轴相垂直的平面称为天球赤道面;天球赤道面与天球相交的大圆称为天球赤道。

时圈:通过天轴的平面与天球相交的半个大圆。

黄道:地球公转的轨道面与天球相交的大圆。

黄赤交角:黄道面与赤道面的夹角 ε。

黄极:通过天球中心,且垂直于黄道面的直线与天球的交点。

春分点:黄道与赤道的两个交点称为春分点和秋分点。其中,每年3月21

日左右,太阳沿黄道从天球南半球向北半球运行时黄道与天球赤道的交点 r 称为春分点。每年 9 月 23 日前后,太阳沿黄道从天球北半球向南半球运行时黄道与天球赤道的交点 q 称为秋分点。

2.2 时间基准及其转换

2.2.1 时间系统

在轨道计算中,时间是独立变量。但是,在计算不同的物理量时,却使用不同的时间系统。例如:在计算恒星时用世界时 UT1(Universal Time1);定位解算时采用 GPS 时 GPST(Global Position System Time);岁差和章动量的计算采用 TDB 时(Barycentric Dynamical Time)等。所以必须清楚各时间系统的定义和各时间系统之间的转换。下面给出各种时间系统的定义及它们之间的转换公式。

1. 真太阳时与平太阳时

以太阳的周日视运动为依据建立的时间计量系统,称为真太阳时。所谓真太阳指太阳视圆面的中心。

真太阳连续两次下中天的时间间隔称为真太阳日。1 真太阳日分成 24 真太阳小时,每一真太阳小时等于 60 真太阳分,每一真太阳分等于 60 真太阳秒。

由于地球绕太阳运动的轨道为椭圆,且黄道和赤道存在 ε 的交角,导致了太阳赤经增加的不均匀。为了弥补真太阳的缺陷,美国天文学家纽康引入了假想的平太阳。平太阳赤经满足:

$$\alpha_s = 279°41'27.54'' + 129602768.13''T + 1.3935''T^2$$

式中:T 为从 1900 年 1 月 0.5 日起算的儒略世纪数。

2. 格林尼治恒星时

地球上每一个地方子午圈均存在着一种地方恒星时 S,格林尼治子午圈的恒星时称为格林尼治恒星时 S_G,它们的关系为

$$S = S_G + \lambda \tag{2-5}$$

式中:λ 为该地的经度。

由于岁差章动的影响,春分点有缓慢的位置变化。根据春分点的运动,可以把它分为平春分点和真春分点,相应地就有平恒星时和真恒星时。

平恒星时:

$$\bar{S} = S_0 + \omega t + m_A = S_0 + \omega t + (m_1 t + m_2 t^2) \tag{2-6}$$

式中:S_0 为起始平恒星时;ω 为地球自转速度;m_A 为赤经总岁差。

将平恒星时 $\bar{S}$ 加上章动项改正,即得真恒星时:

$$S = \bar{S} + \Delta\psi\cos\varepsilon \tag{2-7}$$

式中: $\Delta\psi\cos\varepsilon$ 为赤经章动。

$$\bar{S} = 67310^s.54841 + (8640184^s.812866 + 876600^h)T_u + 0^s.093104T_u^2 - 0^s.62 \times 10^{-5}T_u^3$$

$$\tag{2-8}$$

T_u 为自 J2000.0(JD2451545.0)起算至观测 UT1 时刻的儒略世纪数,即

$$T_u = \frac{\mathrm{JD(UT1)} - 2451545.0}{36525.0} \tag{2-9}$$

3. 世界时

格林尼治的平太阳时即世界时 UT。地球上每个地方子午圈均存在一个地方平太阳时 m_s(简称地方平时)。它和世界时的关系为

$$m_s = UT + \lambda \tag{2-10}$$

式中: λ 为该地的经度。

根据天文观测直接测定的世界时记为 UT0,它对应瞬时极子午圈。引进了地极移动所引起的经度改正值 $\Delta\lambda$ 后的世界时记为 UT1,全球任何地方观测的 UT1 在理论上是一致的。再引进地球自转速度季节性变化的改正值 ΔT_s 后的世界时称为 UT2,它们的关系是

$$\begin{cases} \mathrm{UT1} = \mathrm{UT0} + \Delta\lambda \\ \mathrm{UT2} = \mathrm{UT0} + \Delta\lambda + \Delta T_s \end{cases} \tag{2-11}$$

其中: $\begin{cases} \Delta\lambda = \dfrac{1}{15}(x\sin\lambda - y\cos\lambda)\tan\phi \\ \Delta T_s = 0.0220^s\sin2\pi t - 0.012^s\cos2\pi t - 0.0060^s\sin4\pi t + 0.0007^s\cos4\pi t \end{cases}$

式中: (λ, φ) 为观测地点的地理位置,以经度和纬度表示; (x, y) 为地极坐标。 $t = 2000.000 + (\mathrm{MJD} + 51544.03)/365.2422$ (MJD 为简略儒略日)。

4. 国际原子时 TAI(International Atomic Time)

TAI 时以铯原子 C_s^{133} 基态两能级间跃迁辐射的 9192631770 周所经历的时间作为 1s 长的均匀时间,时间起点比 1958 年 1 月 1 日 0 时(UT2)早 34ms。

5. 国际协调时 UTC(Universal Time Coordinated)

UTC 是经跳秒修改后的国际原子时,它与世界时 UT1 的差值不超过 0.9^s,国际上规定以国际协调时作为标准时间和频率发布的基础。地面观测系统以 UTC 作为时间记录标准。

6. 质心动力学时 TDB(Barycentric Dynamical Time)

TDB 为相对于太阳质心的运动方程给出的历表、引数等所用的时间尺度,

岁差及章动量的计算是以此为依据的。

7. 地球动力学时 TDT（Terrestrial Dynamical Time）

TDT 为视地心历表所用的时间尺度，它具有均匀连续的特性，卫星运动方程就是以此为独立的时间变量。

8. GPS 时间 GPST（Global Position System Time）

GPST 是由系统定义和应用的一种时间尺度，于 1980 年 1 月 6 日 0^h GPST 与 UTC 相等，在此以后由系统主控站密切跟踪 UTC 以保持高度统一。但 GPST 不作跳秒修正，因此它与 UTC 具有整秒的差异（1997 年 1 月至 6 月相差为 11s）。在计算 GPS 卫星轨道的初值时将涉及 GPST，GPS 精密星历的参考时间为 GPST。

GPS 时属原子时系统，其秒长与原子时相同。原点定义为 1980 年 1 月 6 日零时与协调世界时的时刻一致。GPS 时与国际原子时的关系为

$$IAT - GPST = 19(s)$$

GPS 时与协调世界时的关系为

$$GPST = UTC + 1' \times n - 19s$$

n 值由国际地球自转服务组织公布。1987 年 $n = 23$，GPS 时比协调世界时快 4s，即 GPST = UTC + 4s，2005 年 12 月，$n = 32$，2006 年 1 月，$n = 33$，所以，2006 年 1 月 GPS 时与协调世界时的关系是：GPST = UTC + 14s。

2.2.2 各时间系统间的关系

各时间尺度的相互关系如下：

$$\begin{cases} UT1 = UTC + \Delta UT1 \\ TAI = UTC + \Delta AT \\ TDT = TAI + 32^s.184 \\ TDB = TDT + \Delta TD \\ GPST = UTC + \Delta GPST \end{cases} \quad (2-12)$$

其中，$\Delta UT1$ 可从地球自转参数文件中获得。

$$\Delta AT = 19^s + \Delta GPST \quad (2-13)$$

$$\Delta TD = 0^s.001658\sin(v + 0.0167\sin v), v = 6.240040768 + 628.3019501T(\text{rad}) \quad (2-14)$$

式中：T 为自 J2000.0 年起算至观测 TDB 时刻的儒略世纪数，即

$$T = \frac{JD(TDB) - 2451545.0}{36525.0} \quad (2-15)$$

不同时间系统间的关系如图 2-6 所示。

时间系统的逻辑关系和时间格式的表示如图 2-7 所示。

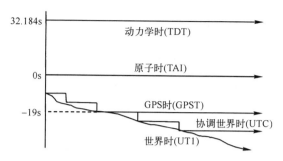

图 2-6　几种时间系统之间的关系

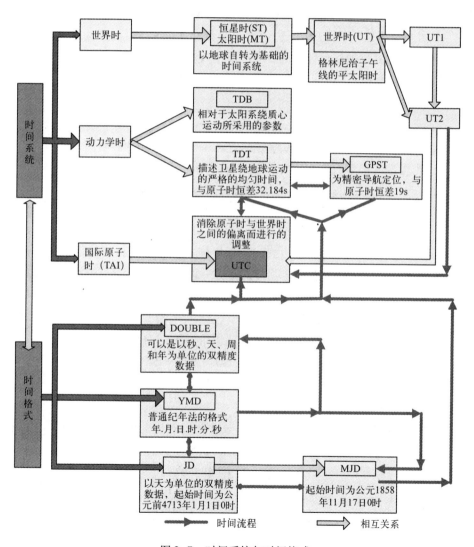

图 2-7　时间系统与时间格式

2.2.3 历元的取法和年的长度

常用的 Bessel 年的长度为平回归年,即 365.2421988 太阳日,其历元是指太阳平黄经等于 280° 的时刻。另一种是儒略年,长度为 365.25 平太阳日,历元是真正的年初。

1. 公历日与儒略日的换算

太阳连续两次经过平春分点所需要的时间间隔称为 1 回归年。

$$1 \text{ 回归年} = 365.24219878^{d} - 0.0000614^{d}T$$

式中:T 为从 1900 年 1 月 0.5TDT 起算的儒略日。

1 回归年不是整日数,在历法中 1 年必须包含日的整数,称为历年,并要求平均历年的长度必须尽可能接近回归年。儒略年定为 365 日,每 4 年有 1 闰年(366 日)。因此儒略年的平均长度为 365.25^{d}。以儒略年为基本单位定出的历法称为儒略历。

公元 1582 年,格里高利对儒略历作了改进,得到了现在通用的公历(阳历),又称格里历,即凡年数被 4 除尽的就是闰年。但是 400 年中要去掉 3 个闰年。为此规定世纪年只有当世纪数被 4 除尽的才是闰年。

$$1 \text{ 公历年(格里历年)} = \frac{365.25 \times 400 - 3}{400} = 365.2425^{d} \tag{2-16}$$

计算相隔若干年两个日期之间的天数可用儒略日期,这是天文上常用的一种长期纪日法。儒略日是指公元前 4713 年儒略历 1 月 1 日格林尼治平午起算的累计天数,天的定义同世界时。天文年历中载有每年每月 0 日世界时 12 时的儒略日(简写成 JD)。

几个标准历元对应的儒略日如下:

J1900.0 = 1900 年 1 月 0.5 日 TDT,相应的 JD = 2415020.0;

J1950.0 = 1950 年 1 月 1.0 日 TDB,相应的 JD = 2433282.5;

J2000.0 = 2000 年 1 月 1.5 日 TDB,相应的 JD = 2451545.0。

2. 由儒略日转换成公历日期

设某时刻的儒略日为 JD(含天的小数部分),对应的公历日期为 Y、M、D,则

$$J = \text{INT}(\text{JD} + 0.5) \tag{2-17}$$

$$N = \text{INT}\left(\frac{4(J + 68569)}{146097}\right)$$

$$L_1 = J + 68569 - \text{INT}\left(\frac{N \times 146097 + 3}{4}\right) \tag{2-18}$$

$$Y_1 = \text{INT}\left(\frac{4000(L_1 + 1)}{1461001}\right) \tag{2-19}$$

$$L_2 = L_1 - \text{INT}\left(\frac{Y_1 \times 1461}{4}\right) + 31 \qquad (2-20)$$

$$M_1 = \text{INT}\left(\frac{80 \times L_2}{2447}\right) \qquad (2-21)$$

$$D = L_2 - \text{INT}\left(\frac{2447 + M_1}{80}\right) \qquad (2-22)$$

$$L_3 = \text{INT}\left(\frac{M_1}{11}\right) \qquad (2-23)$$

$$M = M_1 + 2 - 12 \times L_3 \qquad (2-24)$$

$$Y = \text{INT}(100(N-49) + Y_1 + L_3) \qquad (2-25)$$

3. 由公历日期转换成儒略日

公历 Y 年 M 月 D 日的儒略日为

$$
\begin{aligned}
\text{JD} = &\ D - 32075 + \text{INT}\left[1461 \times \left(\frac{Y + 4800 + \text{INT}\left(\frac{M-14}{12}\right)}{4}\right)\right] \\
&+ \text{INT}\left[367 \times \left(\frac{M - 2 - 12 \times \text{INT}\left(\frac{M-14}{12}\right)}{12}\right)\right] \\
&- \text{INT}\left[3 \times \left(\frac{Y + 4900 + \text{INT}\left(\frac{M-14}{12}\right)}{400}\right)\right] - 0.5 \qquad (2-26)
\end{aligned}
$$

Y、M、D 分别表示公历日期的年、月、日（含天的小数部分）。儒略日 JD 是指由公元前 4713 年 1 月 1 日,协调世界时中午 12 时开始所经过的天数。函数 INT (x) 表示 x 的整数部分,小数点后的尾数舍去。

2.3 坐标系统与转换

2.3.1 坐标系系统

2.3.1.1 地心惯性坐标系

如图 2-8 所示,该坐标系原点位于地心 O_E,各坐标轴的定义如下:

(1) $O_E X_I$ 轴:位于赤道平面内,由地心指向平春分点。由于春分点是随着时间而变化的,所以,此处的平春分点规定为 2000 年 1 月 1 日 12 时的平春分点。

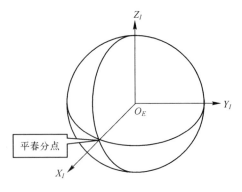

图 2-8　地心惯性坐标系

（2）O_EZ_I 轴：垂直于赤道平面，与地球自转轴重合，指向北极。

（3）O_EY_I 轴：位于赤道平面内，其方向满足右手直角坐标系准则。

由坐标系的定义可知，该坐标系的各坐标轴在惯性空间保持方向不变，是一个惯性坐标系，通常用字符 I 表示。该坐标系可用于描述射程比较长的弹道（如洲际导弹）和运载火箭、地球卫星、飞船等的轨道，比较常用的地心惯性坐标系是 J2000 地心惯性系。

J2000 地心惯性系定义为：

原点：地球质心；

Z 轴：向北指向 J2000.0 年平赤道面（基面）的极点；

X 轴：指向 J2000.0 平春分点；

Y 轴：符合右手系法则；

位置矢量：r。

2.3.1.2　地心坐标系

如图 2-9 所示，该坐标系原点位于地心 O_E，各坐标轴的定义如下：

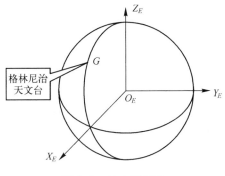

图 2-9　地心坐标系

28

（1）$O_E X_E$ 轴:位于在赤道平面内,由地心指向某时刻 t_0 的起始子午线(通常取格林尼治天文台 G 所在的子午线),显然该坐标系是随着地球的自转而转动的。

（2）$O_E Z_E$ 轴:垂直于赤道平面,与地球自转轴重合,指向北极。

（3）$O_E Y_E$ 轴:位于赤道平面内,其方向满足右手直角坐标系准则。

由坐标系的定义可知,该坐标系的 $O_E X_E$ 轴和 $O_E Y_E$ 轴随着地球的自转而转动,是一个动坐标系,通常用字符 E 表示。该坐标系可用于描述导弹、运载火箭以及卫星相对于地球表面的运动特性。

空间任一点的位置在地心坐标系中的表示方法有两种,即:

（1）极坐标表示法:用该点到地心的距离 r、地心纬度 φ(或地理纬度 B)、地心经度 λ 来表示,即 (r, φ, λ) 或 (r, B, λ)。

（2）直角坐标表示法:用该点在坐标系中的投影表示,即 (x_E, y_E, z_E)。

WGS – 84 为 1984 年世界大地坐标系(World Geodetic System),是一种地心坐标系,WGS – 84 的坐标定义及其采用的椭球参数为:

原点:地球质心;

Z 轴:指向 BIH1984.0 定义的协议地球极(CTP)方向;

X 轴:指向 BIH1984.0 的零子午面和 CTP 赤道的交点;

Y 轴:与 X、Z 轴成右手系;

在 WGS – 84 的坐标系中常用下列的常数和系数:

地球椭球长半径:$ae = 6378137\mathrm{m}$

地球引力常数(含大气层):$GM = 3986005 \times 108 \ \mathrm{m^3/s^2}$

正常化二阶带球谐系数:$\bar{c}_{2.0} = -484.16685 \times 10^{-6}$

地球自转角速度:$\omega = 7292115 \times 10^{-11} \ \mathrm{rad/s^2}$

地球椭球扁率:$f = 1/298.257223563$

2.3.1.3　大地坐标系

日常中习惯用经度、纬度、高程等参数来表示点位的地理方位,即为大地坐标。大地坐标系是以初始子午面、赤道平面和参考椭球体的球面为坐标面的坐标,也就是说地球上的某点的大地坐标由该点的大地经度、大地纬度和大地高程 3 个参数唯一确定。如图 2-10 所示,过点 P 的大地子午面与起始大地子午面的夹角称为大地经度,即为 L,该点的东半球称为东经,在西半球称为西经;该点的法线与赤道面的夹角称为大地纬度,即为 B,该点在北半球称为北纬,在南半球称为南纬;该点沿法线至参考椭球面的距离称为大地高程,即为 h。

$$扁率\ f = \frac{a-b}{a}, \ 偏心率\ e = \sqrt{\frac{a^2 - b^2}{a^2}}$$

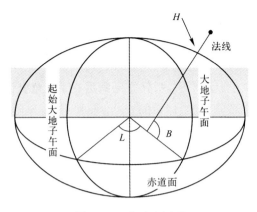

图 2-10　大地坐标系

由大地坐标系转换为大地直角坐标系：

$$\begin{cases} X = (N+H)\cos B\cos L \\ Y = (N+H)\cos B\sin L \\ Z = \left[N(1-e^2) + H \right]\sin B \end{cases}$$

其中 $N = \dfrac{a}{\sqrt{1-e^2\sin^2 B}}$。

2.3.1.4　航天器本体坐标系

如图 2-11 所示,该坐标系原点 o_1 位于航天器的质心,各坐标轴的定义如下：

（1） o_1x_1 轴:与航天器的纵对称轴一致,指向航天器的头部。

（2） o_1y_1 轴:垂直于 o_1x_1 轴,且位于航天器主对称面内,指向上方。

（3） o_1z_1 轴:满足右手直角坐标系准则。

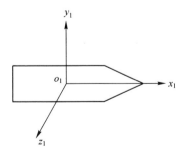

图 2-11　航天器本体坐标系

显然,该坐标系是一个动坐标系,通常用字符 B 表示。由于该坐标系固连于星体上,所以,利用其与其他坐标系之间的关系可以反映出星体在空中的姿态。

2.3.1.5 测站坐标系

如图 2-12 所示,该坐标系原点 S 位于地球观测站,各坐标轴的定义如下:

(1) Sx_S 轴:位于过观测站的地平面内,指向正南。

(2) Sy_S 轴:位于过观测站的地平面内,指向正东。

(3) Sz_S 轴:沿过观测站的铅垂线方向,指向天顶。

由于该坐标系是固连在地球上的,所以会随地球一起自转,是一个动坐标系,通常用字符 S 表示。利用该坐标系可以计算出卫星相对于观测站的位置。

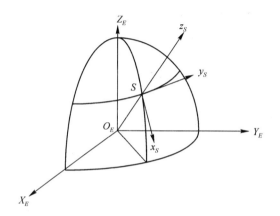

图 2-12 测站坐标系

2.3.1.6 发射坐标系

发射坐标系如图 2-13 所示。

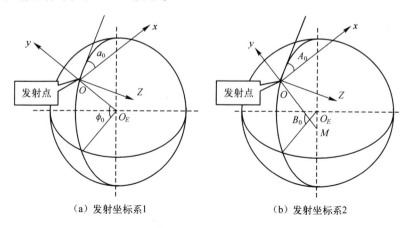

(a) 发射坐标系1　　　　　　　　　(b) 发射坐标系2

图 2-13 发射坐标系

31

该坐标系原点与发射点 O 固连,各坐标轴的定义如下:

(1) Ox 轴:位于发射点水平面内,指向发射瞄准方向,Ox 轴与发射点 O 的正北方向的夹角称为发射方位角,记为 $a_0(A_0)$。

(2) Oy 轴:垂直于发射点处的水平面,指向上方,通常 xOy 平面称为射击平面,简称射面。

(3) Oz 轴:位于发射点处的水平面内,其方向满足右手直角坐标系准则。

2.3.1.7 天文坐标系

铅垂线方向是地面上某点的重力方向,包含铅垂线的平面称为铅垂面。当铅垂面与地球自转轴平行时称为天文子午面;通过格林尼治天文台的天文子午面称为起始天文子午面;当铅垂面与天文子午面垂直时称为天文卯酉面。

地球自转轴、地面点的铅垂线及其天文子午面、大地水准面都是客观存在的自然特征,是可以实际标定的线和面。天文坐标系就是以这些客观存在的自然特征为基础建立的,如图 2-14 所示。地面点的天文坐标是用天文经度、天文纬度和正高来表示的,具体定义如下。

(1) 天文经度:过地面点的天文子午面与起始子午面之间的夹角,且由起始子午面起算,从北极向下看逆时针为正,记为 λ。

(2) 天文纬度:过地面点的铅垂线与地球赤道平面的夹角,且地面点位于北半球为正,记为 ϕ。

(3) 正高:由地面点沿其铅垂线方向到大地水准面的距离,且从大地水准面起算向外为正,记为 H_z。

另外,天文方位角也是一个重要的参数,是航天器发射时标定方向的基础。包含地面点 S 的天文子午面与包含另外一个地面点 D 的铅垂面的夹角称为 D 点相对 S 点的方位角,记为 α。

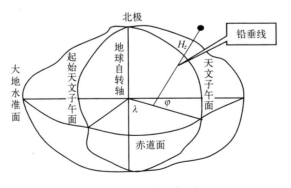

图 2-14　天文坐标系

天文经度、天文纬度可以通过观测恒星直接测定,正高可以用水准测量方法测定。但是,由于大地水准面的不规则性,使得地面点的天文坐标不能进行简单、准确的相互推算,且两点之间的距离和坐标差也无法用严格的数学关系来描述。因此,天文坐标只能孤立地表示某一点地面点的位置,而不能构成一个统一的坐标系。

2.3.2 坐标系转换

2.3.2.1 旋转变换

三维图形作旋转变换时,需要指定一个旋转轴和旋转角度。二维图形的旋转变换仅发生在 XY 平面上,而三维旋转变换则可能围绕空间任意直线轴进行。通常规定图形绕某轴逆时针方向旋转时角度为正。如果使用左手坐标系,或图形不动而坐标系旋转时,则方向相反。

旋转变换前后三维图形的大小和形状不发生变化,只是空间位置发生了变化。绕坐标轴的旋转变换是最简单的旋转变换,当三维图形绕某一坐标轴旋转时,图形上各点在此轴的坐标值不变,而在另两坐标轴所组成的坐标面上的坐标值相当于一个二维的旋转变换。

1. 绕 Z 轴旋转变换

三维图形绕 Z 轴旋转时,图形上各顶点的 Z 坐标不变,X、Y 坐标的变化相当于在 XY 二维平面内绕原点旋转。所以绕 Z 轴旋转变换的表达式为

$$\begin{cases} x' = x\cos\theta_z - y\sin\theta_z \\ y' = x\sin\theta_z + y\cos\theta_z \\ z' = z \end{cases} \tag{2-27}$$

矩阵表示为

$$[x' \quad y' \quad z' \quad 1] = [x \quad y \quad z \quad 1] \times \begin{bmatrix} \cos\theta_z & \sin\theta_z & 0 & 0 \\ -\sin\theta_z & \cos\theta_z & 0 & 0 \\ 0 & 0 & 1 & 0 \\ 0 & 0 & 0 & 1 \end{bmatrix} \tag{2-28}$$

2. 绕 X 轴旋转变换

三维图形绕 X 轴旋转时,图形上各顶点 X 坐标不变,Y、Z 坐标的变化相当于在 YZ 二维平面内绕原点旋转。所以绕 X 轴旋转变换的表达式为

$$\begin{cases} x' = x \\ y' = y\cos\theta_x - z\sin\theta_x \\ z' = y\sin\theta_x + z\cos\theta_x \end{cases} \tag{2-29}$$

矩阵表示为

$$[x' \quad y' \quad z' \quad 1] = [x \quad y \quad z \quad 1] \times \begin{bmatrix} 1 & 0 & 0 & 0 \\ 0 & \cos\theta_x & \sin\theta_x & 0 \\ 0 & -\sin\theta_x & \cos\theta_x & 0 \\ 0 & 0 & 0 & 1 \end{bmatrix} \quad (2\text{-}30)$$

3. 绕 *Y* 轴旋转变换

三维图形绕 *Y* 轴旋转时,图形上各顶点 *Y* 坐标不变,*X*、*Z* 坐标的变化相当于在 *XZ* 二维平面内绕原点旋转。所以绕 *Y* 轴旋转变换的表达式为

$$\begin{cases} x' = x\cos\theta_y + z\sin\theta_y \\ y' = y \\ z' = -x\sin\theta_y + z\cos\theta_y \end{cases} \quad (2\text{-}31)$$

矩阵表示为

$$[x' \quad y' \quad z' \quad 1] = [x \quad y \quad z \quad 1] \times \begin{bmatrix} \cos\theta_y & 0 & -\sin\theta_y & 0 \\ 0 & 1 & 0 & 0 \\ \sin\theta_y & 0 & \cos\theta_y & 0 \\ 0 & 0 & 0 & 1 \end{bmatrix} \quad (2\text{-}32)$$

4. 绕三个坐标轴的旋转变换

如果做绕多于一个坐标轴的旋转变换,则需要考虑旋转顺序,因为不同的旋转顺序会得到不同的结果。例如,一般情况下 $T = T_x T_y$ 与 $T = T_y T_x$ 是不相等的,因为

$$T_{xy} = \begin{bmatrix} \cos\theta_y & 0 & -\sin\theta_y & 0 \\ \sin\theta_x\sin\theta_y & \cos\theta_x & \sin\theta_x\cos\theta_y & 0 \\ \cos\theta_x\sin\theta_y & -\sin\theta_x & \cos\theta_x\cos\theta_y & 0 \\ 0 & 0 & 0 & 1 \end{bmatrix} \quad (2\text{-}33)$$

$$T_{yx} = \begin{bmatrix} \cos\theta_y & \sin\theta_x\sin\theta_y & -\cos\theta_x\sin\theta_y & 0 \\ 0 & \cos\theta_x & \sin\theta_x & 0 \\ \sin\theta_y & -\sin\theta_x\cos\theta_y & \cos\theta_x\cos\theta_y & 0 \\ 0 & 0 & 0 & 1 \end{bmatrix} \quad (2\text{-}34)$$

当做绕多于一个坐标轴的旋转变换时,一般采用 *Y* 轴 – *X* 轴 – *Z* 轴的顺序进行变换,这同日常生活中人们观察物体的习惯顺序相似,先观察两侧(绕 *Y* 轴),最后观察上下(绕 *X* 轴),最后观察纵深(绕 *Z* 轴)。其变换矩阵为

$$T = T_y T_x T_z \quad (2\text{-}35)$$

2.3.2.2　一般三维旋转变换

更一般的旋转变换是绕空间任意轴作旋转变换,可以用平移变换与绕坐标轴旋转变换的复合变换得到其变换公式。如果给定旋转轴和旋转角,可以通过平移及旋转给定轴使其与某一坐标轴重合,绕坐标轴完成指定的旋转,然后再用逆变换使给定轴回到其原始位置。各次变换矩阵乘起来即形成复合变换。

已知空间一点的坐标是 $P(x,y,z)$,设给定的旋转轴为 I,旋转角为 θ,轴上任一点 $P_c(x_c,y_c,z_c)$ 为旋转的中心点。那么旋转轴 I 对三个坐标轴的方向余弦分别为

$$
\begin{cases}
n_1 = \cos\alpha \\
n_2 = \cos\beta \\
n_3 = \cos\gamma
\end{cases}
\tag{2-36}
$$

如图 2-15 所示。

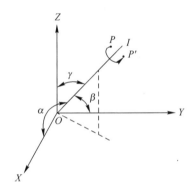

图 2-15　方向余弦图

则复合变换的过程如下。

（1）将 $P_c(x_c,y_c,z_c)$ 平移到坐标原点,变换矩阵为

$$
\boldsymbol{T}_1 =
\begin{bmatrix}
1 & 0 & 0 & 0 \\
0 & 1 & 0 & 0 \\
0 & 0 & 1 & 0 \\
-x_c & -y_c & -z_c & 1
\end{bmatrix}
\tag{2-37}
$$

（2）将 I 轴绕 Y 轴旋转 θ_y 角,同 YZ 平面重合,其变换矩阵为

$$
\boldsymbol{T}_2 =
\begin{bmatrix}
\cos\theta_y & 0 & -\sin\theta_y & 0 \\
0 & 1 & 0 & 0 \\
\sin\theta_y & 0 & \cos\theta_y & 0 \\
0 & 0 & 0 & 1
\end{bmatrix}
\tag{2-38}
$$

（3）将 I 轴绕 X 轴旋转 θ_x 角,同 Y 轴重合,其变换矩阵为

$$T_3 = \begin{bmatrix} 1 & 0 & 0 & 0 \\ 0 & \cos\theta_x & \sin\theta_x & 0 \\ 0 & -\sin\theta_x & \cos\theta_x & 0 \\ 0 & 0 & 0 & 1 \end{bmatrix} \tag{2-39}$$

（4）将 $P(x,y,z)$ 点绕 Y 轴旋转 θ 角,其变换矩阵为

$$T_4 = \begin{bmatrix} \cos\theta & 0 & -\sin\theta & 0 \\ 0 & 1 & 0 & 0 \\ \sin\theta & 0 & \cos\theta & 0 \\ 0 & 0 & 0 & 1 \end{bmatrix} \tag{2-40}$$

（5）绕 X 轴旋转 $-\theta_x$ 角,其变换矩阵为

$$T_5 = \begin{bmatrix} 1 & 0 & 0 & 0 \\ 0 & \cos\theta_x & -\sin\theta_x & 0 \\ 0 & \sin\theta_x & \cos\theta_x & 0 \\ 0 & 0 & 0 & 1 \end{bmatrix} \tag{2-41}$$

（6）绕 Y 轴旋转角 $-\theta_y$,其变换矩阵为

$$T_6 = \begin{bmatrix} \cos\theta_y & 0 & \sin\theta_y & 0 \\ 0 & 1 & 0 & 0 \\ -\sin\theta_y & 0 & \cos\theta_y & 0 \\ 0 & 0 & 0 & 1 \end{bmatrix} \tag{2-42}$$

（7）将 $P_c(x_c,y_c,z_c)$ 平移回原位置,其变换矩阵为

$$T_7 = \begin{bmatrix} 1 & 0 & 0 & 0 \\ 0 & 1 & 0 & 0 \\ 0 & 0 & 1 & 0 \\ x_c & y_c & z_c & 1 \end{bmatrix} \tag{2-43}$$

复合变换矩阵为

$$T = T_1 T_2 T_3 T_4 T_5 T_6 T_7 \tag{2-44}$$

2.3.2.3 地心惯性坐标系与地心坐标系的转换

如图 2-16 所示,这两个坐标系的坐标原点和 $O_E Z_I$、$O_E Z_E$ 均重合,而差别在于 $O_E X_I$ 指向平春分点,而 $O_E X_E$ 指向所讨论时刻格林尼治天文台所在子午线与赤道的交点。这两个坐标轴的夹角可以通过天文年历表查算得到,记为 Ω_G。由于 $O_E X_I$ 轴是固定的,而 $O_E X_E$ 轴是随着地球转动的,所以角 Ω_G 随所讨论的时刻不同而不同。因此,不难解出这两个坐标系之间转换矩

阵关系为

$$\begin{bmatrix} X_E \\ Y_E \\ Z_E \end{bmatrix} = \pmb{E}_I \begin{bmatrix} X_I \\ Y_I \\ Z_I \end{bmatrix} \tag{2-45}$$

其中,两坐标系之间的方向余弦阵为

$$\pmb{E}_I = M_3 [\Omega_G] = \begin{bmatrix} \cos\Omega_G & \sin\Omega_G & 0 \\ -\sin\Omega_G & \cos\Omega_G & 0 \\ 0 & 0 & 1 \end{bmatrix} \tag{2-46}$$

显然,从地心坐标系 E 转换到地心惯性坐标系 I 的方向余弦阵为

$$\pmb{I}_E = \pmb{E}_I^{-1} = \pmb{E}_I^{\mathrm{T}} \tag{2-47}$$

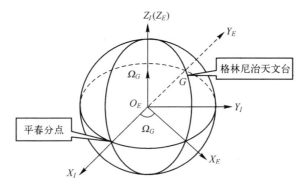

图2-16 惯性坐标系与地心坐标系的关系图

如果考虑岁差、章动、极移的影响,可以有如下的转换关系。

(1)惯性坐标系 $\xrightarrow{\text{转换到}}$ 地心坐标系 模型:

$$\begin{bmatrix} X \\ y \\ Z \end{bmatrix}_D = [\pmb{A}][\pmb{B}][\pmb{C}][\pmb{D}] \begin{bmatrix} X \\ Y \\ Z \end{bmatrix}_{J2000.0} = [\pmb{W}] \begin{bmatrix} X \\ Y \\ Z \end{bmatrix}_{J2000.0} \tag{2-48}$$

(2)地心坐标系 $\xrightarrow{\text{转换到}}$ 惯性坐标系 模型:

$$\begin{bmatrix} X \\ y \\ Z \end{bmatrix}_{J2000.0} = [\pmb{D}]^{\mathrm{T}} [\pmb{C}]^{\mathrm{T}} [\pmb{B}]^{\mathrm{T}} [\pmb{A}]^{\mathrm{T}} \begin{bmatrix} X \\ Y \\ Z \end{bmatrix}_D = [\pmb{W}]^{\mathrm{T}} \begin{bmatrix} X \\ Y \\ Z \end{bmatrix}_D \tag{2-49}$$

式中:$[\pmb{A}]$ 为极移矩阵;$[\pmb{B}]$ 为自转矩阵;$[\pmb{C}]$ 为章动矩阵;$[\pmb{D}]$ 为岁差矩阵。

上述各矩阵的意义及具体定义如下:

极移:由于地球不是刚体及其他一些地球物理因素的影响,地球自转轴相对

37

于地球的位置随时间而变化从而引起观察者的天顶在天球上的位置发生变化，称为极移，矩阵为 $[A]$：

$$[A] = R_Y(-x_p)R_X(-y_p) \tag{2-50}$$

式中：x_p，y_p 为地极坐标，可从地球自转参数文件中给出的极移值插值得到。

自转：即地球公转的同时也在绕自转轴旋转。矩阵 $[B]$ 为

$$[B] = R_Z(\theta_G) \tag{2-51}$$

式中：θ_G 为格林尼治恒星时。

$$\begin{aligned}\theta_G = 67310^s.54841 &+ (8640184^s.812866 + 876600^h)T_u \\ &+ 0^s.093104T_u^2 - 0^s.62 \times 10^{-5}T_u^3 + \Delta\phi\cos(\varepsilon_M + \Delta\varepsilon)\end{aligned} \tag{2-52}$$

$$T_u = \frac{JD(UT1) - 2451545.0}{36525.0} \tag{2-53}$$

章动：是指外力作用下，地球自转轴在空间运动的短周期摆动部分，即同一瞬间真天极相对平天极的运动，月球对地球引力的变化是形成章动现象的主要外力作用，其次是太阳。矩阵 $[C]$ 为

$$[C] = R_X(-\varepsilon_M - \Delta\varepsilon)R_Z(-\Delta\phi)R_X(\varepsilon_M) \tag{2-54}$$

式中：

$$\varepsilon_M = 23°26'21''.448 - 46''.8150T_0 - 0''.00059T_0^2 + 0''.001813T_0^3 \tag{2-55}$$

$$\Delta\varepsilon = \sum_{j=1}^{106} d_j\cos\left(\sum_{k=1}^{5} n_{jk}A_k\right) \text{ 为交角章动；}$$

$$\Delta\phi = \sum_{j=1}^{106} c_j\sin\left(\sum_{k=1}^{5} n_{jk}A_k\right) \text{ 为黄经章动；} c_j，d_j，n_{jk} \text{ 都为常数，可自章动系数表}$$

中查出。

T_0 为自 J2000.0 起算至 t 的儒略世纪数

$$T_0 = \frac{MJD(TDB) - 51544.5}{36525.0} \tag{2-56}$$

岁差：地球在太阳、月球和行星的引力作用下，地球的自转轴在空间不断发生变化，其长期运动称为岁差，矩阵 $[D]$ 为

$$[D] = R_Z(-Z_p)R_Y(\theta_p)R_Z(-\xi_p) \tag{2-57}$$

式中：

$$\xi_p = 2306''.2181T_0 + 0''.30188T_0^2 + 0''.017998T_0^3$$

$$\theta_p = 2004''.3109T_0 - 0''.42665T_0^2 - 0''.041833T_0^3$$

$$Z_p = 2306''.2181T_0 + 1''.09468T_0^2 + 0''.018203T_0^3$$

T_0的意义同上。

2.3.2.4 测站坐标系与地心坐标系的转换

假设地球为圆球,如图 2-17 所示。

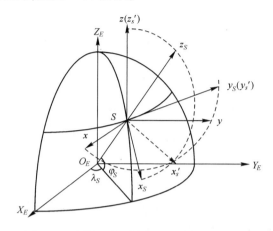

图 2-17 测站坐标系与地心坐标系的关系图

这两个坐标系之间的关系用地面观测站的经度 λ_S 和地心纬度 ϕ_S 来表示,则转换步骤如下:

(1) 第一次旋转:将坐标系 $S-x_S y_S z_S$ 绕其 Sy_S 轴的反方向旋转 $90° - \phi_S$,即

$$S-x_S y_S z_S \xrightarrow{M_2[-(90°-\phi_S)]} S-x'_s y'_s z'_s \tag{2-58}$$

(2) 第二次旋转:将坐标系 $S-x'_s y'_s z'_s$ 绕其 Sz'_s 轴的反方向旋转 λ_S,即

$$S-x'_s y'_s z'_s \xrightarrow{M_3[-\lambda_S]} S-xyz \tag{2-59}$$

此时坐标系 $S-xyz$ 与地心坐标系对应各坐标轴平行。综上所述,可得测站坐标系与地心坐标系间的方向余弦阵为

$$E_S = S_E^T = M_3[-\lambda_S] \cdot M_2[-(90°-\phi_S)]$$

$$= \begin{bmatrix} \sin\phi_S \cos\lambda_S & -\sin\lambda_S & \cos\phi_S \cos\lambda_S \\ \sin\phi_S \sin\lambda_S & \cos\lambda_S & \cos\phi_S \sin\lambda_S \\ -\cos\phi_S & 0 & \sin\phi_S \end{bmatrix} \tag{2-60}$$

由于测站坐标系与地心坐标系的坐标原点不重合,所以,将测站坐标系中的坐标转换成地心坐标系中的坐标还需加入坐标原点的平移量,即

$$\begin{bmatrix} x \\ y \\ z \end{bmatrix} = E_S \begin{bmatrix} x_S \\ y_S \\ z_S \end{bmatrix} + \begin{bmatrix} x_0 \\ y_0 \\ z_0 \end{bmatrix} \tag{2-61}$$

式中:$[\,x_0 \quad y_0 \quad z_0\,]^{\mathrm{T}}$ 为测站 S 在地心坐标系中的坐标。

2.3.2.5　地心坐标系与发射坐标系的转换

站地心坐标系与发射坐标系的关系如图 2-18 所示。

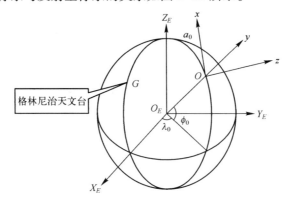

图 2-18　站地心坐标系与发射坐标系的关系

设地球为一圆球,发射点在地球表面的位置可用经度 λ_0、地心纬度 φ_0 来表示,发射方向的地心方位角为 a_0,则转换步骤如下:

(1)将与地心坐标系重合的辅助坐标系平移至发射点,记为 $O - x_s y_s z_s$ 坐标系。

(2)第一次旋转:将坐标系 $O - x_s y_s z_s$ 绕其 Oz_s 轴的反方向旋转($90°$ $-\lambda_0$),即

$$O - x_s y_s z_s \xrightarrow{M_3[\,-(90° - \lambda_0)\,]} O - x_s' y_s' z_s' \tag{2-62}$$

(3)第二次旋转:将坐标系 $O - x_s' y_s' z_s'$ 绕其 Ox_s' 轴旋转 φ_0,即

$$O - x_s' y_s' z_s' \xrightarrow{M_1[\,\varphi_0\,]} O - x_s'' y_s'' z_s'' \tag{2-63}$$

(4)第三次旋转:将坐标系 $O - x_s'' y_s'' z_s''$ 绕其 Oy_s'' 轴的反方向旋转($90°$ $+a_0$),即

$$O - x_s'' y_s'' z_s'' \xrightarrow{M_2[\,-(90° + a_0)\,]} O - xyz \tag{2-64}$$

此时两坐标系对应坐标轴平行。综上所述,可得地心坐标系与发射坐标系之间的方向余弦阵为

$$\boldsymbol{G}_E = \boldsymbol{E}_G^{\mathrm{T}} = \boldsymbol{M}_2[\,-(90° + a_0)\,] \cdot \boldsymbol{M}_1[\,\varphi_0\,] \cdot \boldsymbol{M}_3[\,-(90° - \lambda_0)\,]$$

$$= \begin{bmatrix} -\sin a_0 \sin\lambda_0 - \cos a_0 \sin\varphi_0 \cos\lambda_0 & \sin a_0 \cos\lambda_0 - \cos a_0 \sin\varphi_0 \sin\lambda_0 & \cos a_0 \cos\varphi_0 \\ \cos\varphi_0 \cos\lambda_0 & \cos\varphi_0 \sin\lambda_0 & \sin\varphi_0 \\ -\cos a_0 \sin\lambda_0 + \sin a_0 \sin\varphi_0 \cos\lambda_0 & \cos a_0 \cos\lambda_0 + \sin a_0 \sin\varphi_0 \sin\lambda_0 & -\sin a_0 \cos\varphi_0 \end{bmatrix}$$

$$\tag{2-65}$$

由于地心坐标系与发射坐标系的坐标原点不重合,所以将地心坐标系中的坐标转换成发射坐标系中的坐标还需加入坐标原点的平移量,即

$$\begin{bmatrix} x \\ y \\ z \end{bmatrix} = \boldsymbol{G}_E \begin{bmatrix} x_E \\ y_E \\ z_E \end{bmatrix} + \boldsymbol{R}_0 \qquad (2\text{-}66)$$

式中:$\boldsymbol{R}_0 = \begin{bmatrix} R_{0x} & R_{0y} & R_{0z} \end{bmatrix}^T$ 为地心在发射坐标系中的坐标。

如果将地球考虑为椭球体,则只需将方向余弦阵 $\boldsymbol{G}_E$ 中的发射点地心纬度 φ_0 和地心方位角为 a_0 改为发射点地理纬度 B_0 和发射方位角为 A_0 即可。

2.3.2.6 地心坐标系与航天器本体坐标系的转换

地心坐标系所能确定的仅仅是航天器质心在任一时刻相对于地球的位置,却无法确定航天器相对于地球的运动姿态。所以,只有将这两个坐标系联合使用,才可以同时确定航天器的运动姿态和位置。

地心坐标系与航天器本体坐标系的关系如图 2-19 所示。

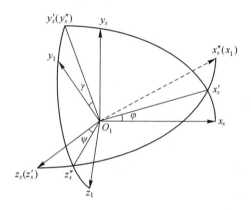

图 2-19　地心坐标系与航天器本体坐标系的关系图

这两个坐标系之间的关系是用航天器相对于地心坐标系的三个姿态角来表示,且按照 3-2-1 顺序,则转换步骤如下:

(1)将与地心坐标系重合的辅助坐标系平移至航天器质心,记为 $O_1 - x_s y_s z_s$ 坐标系。

(2)第一次旋转:将坐标系 $o_1 - x_s y_s z_s$ 绕其 $o_1 z_s$ 轴旋转 ϕ,即

$$o_1 - x_s y_s z_s \xrightarrow{M_3[\phi]} o_1 - x_s' y_s' z_s' \qquad (2\text{-}67)$$

(3)第二次旋转:将坐标系 $o_1 - x_s' y_s' z_s'$ 绕其 $o_1 y_s'$ 轴旋转 ψ,即

$$o_1 - x_s' y_s' z_s' \xrightarrow{M_2[\psi]} o_1 - x_s'' y_s'' z_s'' \qquad (2\text{-}68)$$

（4）第三次旋转：将坐标系 $o_1 - x_s''y_s''z_s''$ 绕其 o_1x_s'' 轴旋转 γ，即

$$o_1 - x_s''y_s''z_s'' \xrightarrow{M_1[\gamma]} o - x_1y_1z_1 \qquad (2-69)$$

此时两坐标系对应坐标轴平行。综上所述，可得地心坐标系与航天器本体坐标系间的方向余弦阵为

$$
\begin{aligned}
\boldsymbol{B}_G = \boldsymbol{G}_B^{\mathrm{T}} &= \boldsymbol{M}_1[\gamma] \cdot \boldsymbol{M}_2[\psi] \cdot \boldsymbol{M}_3[\phi] \\
&= \begin{bmatrix} \cos\phi\cos\psi & \sin\phi\cos\psi & -\sin\psi \\ \cos\phi\sin\psi\sin\gamma - \sin\phi\cos\gamma & \sin\phi\sin\psi\sin\gamma + \cos\phi\cos\gamma & \cos\psi\sin\gamma \\ \cos\phi\sin\psi\cos\gamma + \sin\phi\sin\gamma & \sin\phi\sin\psi\cos\gamma - \cos\phi\sin\gamma & \cos\psi\cos\gamma \end{bmatrix}
\end{aligned}
$$

$$\tag{2-70}$$

由于航天器本体坐标系与地心坐标系的坐标原点不重合，且本体坐标系的原点在质心，它是随着航天器的运动而不断变化的，所以，将地心坐标系中的坐标转换成本体坐标系中的坐标还需加入坐标原点的平移量（每一时刻都不同），即

$$
\begin{bmatrix} x_1 \\ y_1 \\ z_1 \end{bmatrix} = \boldsymbol{B}_G \begin{bmatrix} x \\ y \\ z \end{bmatrix} + \begin{bmatrix} x_0 \\ y_0 \\ z_0 \end{bmatrix} \qquad (2-71)
$$

式中：$[x_0 \quad y_0 \quad z_0]^{\mathrm{T}}$ 为地心 O 在本体坐标系中的坐标。

上述转换用到的三个欧拉角 ϕ, ψ, γ 称为姿态角，它们的定义及其几何意义如下：

（1）ψ 称为偏航角，为航天器纵轴 o_1x_1 在地心坐标系平面 xoy 上的投影量与 x 轴的夹角，且顺着 x 轴正方向看，投影量在 x 轴的左方为正。ψ 描述了弹体偏离射击平面的程度。

（2）ϕ 称为俯仰角，为轴 o_1x_1 与射击平面 xoy 的夹角，且顺着 x 轴正方向看，o_1x_1 在射击平面的上方为正。ϕ 描述了弹体对地下俯（即弹体低头，$\phi < 0°$）或上仰（即弹体抬头，$\phi > 0°$）的程度。

（3）γ 称为滚动角，为火箭绕 o_1x_1 轴旋转的角度，且当 γ 与 o_1x_1 方向一致时为正。γ 描述了弹体绕其 o_1x_1 轴旋转的程度。

参 考 文 献

［1］赵钧.航天器轨道动力学［M］.哈尔滨:哈尔滨工业大学出版社,2011.

［2］刘利生,吴斌,等.航天器精确定轨与自校准技术［M］.北京:国防工业出版社,2005.

［3］张淑琴,王忠贵,等.空间交会对接测量技术及工程应用［M］.北京:中国宇航出版社,2005.

［4］袁建平,等.卫星导航原理与应用［M］.中国宇航出版社,2005.

［5］张守信.外弹道测量与卫星轨道测量基础［M］.北京:国防工业出版社,1999.

［6］于小红,张雅声,等.发射弹道与轨道基础［M］.北京:国防工业出版社,2007.

［7］李济生.航天器轨道确定［M］.北京:国防工业出版社,2003.

第3章 空间信息系统的体系结构建模技术

空间信息系统既是实施空间信息作战的基础,又是空间信息作战的对象。美国在空间信息系统的开发和建设过程中始终注重系统的顶层设计,重视军事卫星及其应用系统的统一规划和管理,以体系化思想规划系统建设,多种空间资源相融合发展,逐步构建了支持全球战略,战区和战术应用的综合信息系统。空间信息系统体系结构是指空间信息系统的组成单元的结构、关系以及制约其设计的原则和指南。空间信息系统作为联合作战的重要组成部分,对其体系结构进行描述和建模,用图形、图像、文本、表格和矩阵等直观的形式,描绘体系的作战能力需求、任务分配、结构组成、性能参数、信息交换和其他相互关系等,能够为面向作战应用的空间信息系统设计和建设提供指导,同时为战场指挥人员做出正确的作战决策提供依据。本章从体系结构的角度研究空间信息系统建模技术。

3.1 体系结构概述

3.1.1 体系结构的概念

体系结构(Architecture)源于建筑学中设计和构造的含义,表示建筑学、建筑样式、建筑物等。人们借鉴建筑学中的许多思想,将体系结构广泛应用到计算机软硬件、系统工程等领域。对于体系结构的认识是不断深化和成熟的过程,1990 年 IEEE STD 610.12 把体系结构(Architecture)定义为"系统或组成部分的组织结构"。1995 年美国国防部一体化体系结构专家组基于 IEEE STD 610.12 把体系结构定义为"组成部分的结构、它们的关系和自始至终指导设计和演进的原则和指南";C⁴ISR 体系结构和美国国防部体系结构均采纳这种定义。2000 年 IEEE STD l472 提出"体系结构是概括系统的组成部分、它们相互之间的关系、对环境的关系和指导设计以及演进原则的基本组织",这种定义补充了系统及各组成部分对环境的关系。

目前学者对体系结构的含义比较一致的认识是:系统的组成结构及其相互关系,以及指导系统设计和发展的原则和指南。如同建筑设计一样,美军在进行

C^4ISR 系统建设时,要求先设计出系统的体系结构,并根据体系结构确定相应的投资和开发计划,指导系统的研制和建设。体系结构具有层次相对性,即在研究子系统时,子系统体系结构是子系统总体结构和设计原理,而不过多拘泥于各子系统内部的具体技术,说明体系结构的概念可适用于各种层次的系统。在一体化的大系统中(体系),下一层系统的体系结构都要遵守上一层系统体系结构规定的必须执行的要求,以保证上个层次系统直至大系统的整体作战能力。

体系结构技术是用于规范体系结构设计的体系结构框架、用于开发体系结构产品的体系结构设计工具、知识库及相关参考资源以及用于验证评估体系结构产品的体系结构评估工具等相关技术的统称。体系结构技术已成为美军进行武器装备体系顶层设计的重要手段,并日益展现出显著的优点和巨大的潜力,有力地支持了军队转型和信息化武器装备体系的建设。为了构建适应21世纪战争需要的武器装备体系,一些发达国家和地区军队也纷纷仿效美军的做法,开展体系结构技术研究,推动了体系结构技术方法理论研究和应用实践的不断深入,体系结构工具、数据模型、知识库等也不断发展和完善。随着信息技术的广泛应用,美军已将体系结构技术的适用范围从 C^4ISR 领域扩展到国防部的各个任务领域,将其作为构建一体化武器装备体系、实现转型的重要技术手段,不断完善体系结构的开发规范,大力推进体系结构的开发进程,加快研制体系结构的开发工具,积极探索提高体系结构开发效率和质量的方法和手段。体系结构技术已经成为美军验证和评估新的作战概念、进行军事能力分析、制定投资决策、分析系统互操作性、拟制作战规划的重要手段和依据。

3.1.2　体系结构在复杂系统研究中的作用

体系结构是对复杂系统的一种抽象,体现了对系统早期设计决策,在一定的时间内保持稳定,支持系统的可重用性。体系结构是系统建设的蓝图,体系结构设计是复杂信息系统建设中不可缺少的环节,它在系统的整个生命周期中都发挥着重要作用。具体来讲,在复杂系统研究中,体系结构具有以下作用:

(1)促进理解与交流。体系结构通过描述系统组成以及组成之间的相互关系,展现了系统复杂的组成以及关系。同时,体系结构采用统一的名词术语,利用科学、规范的方法对系统进行高层抽象,重点描述了系统中重要、关键的因素,隐藏了系统内部大量的细节信息,利用抽象的方法简化了复杂系统的结构。通过这种高层抽象使得系统描述变得简单,也更便于人们理解系统。以体系结构为基础,与系统相关的各类风险承担者能够在系统开发初期进行交流与沟通,保证各类风险承担者对系统形成统一的认识。

(2)为系统建设提供决策支持。复杂信息系统的开发不仅规模大、结构复杂,而且开发的周期长,投入的经费多,这给复杂系统的开发带来了巨大的风险。在系统开发初期建立系统的体系结构,并利用体系结构进行相关性能分析,保证体系结构设计的科学性,为在系统开发初期进行科学决策提供支持。

(3)指导系统开发与集成。体系结构建立了系统组成以及相互关系的描述,明确它们之间的约束关系,科学地勾画了系统的建设蓝图。利用体系结构可以指导系统设计与实现,系统设计与实现必须遵循体系结构。同时,体系结构也为系统建设中的分工协作提供依据,为系统开发后的综合集成提供支持。

(4)体系结构数据重用。除了指导具体系统开发外,体系结构数据还可以重用,可以为具有相同或相似功能的系统建设提供支持。体系结构重用体现在两个方面,一是体系结构作为一个整体可以直接使用或指导需求类似的其他系统开发;二是体系结构中的部分数据和模型重用。通过体系结构的重用,可以提高设计效率,缩短开发周期,节约开发费用。

(5)指导系统运行。体系结构是针对系统需求而设计的系统蓝图,集中体现了复杂系统目前和未来的需求,并包含了为满足系统需求而建立的创新概念和流程,这些创新的概念和流程可以指导系统的运行。

3.1.3 体系结构开发一般流程

按照体系结构框架确定的基本原则和具体规则,体系结构开发的过程如图3-1所示,一般分为6步。

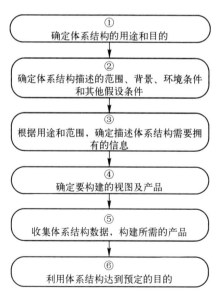

图3-1 体系结构开发步骤

在开发体系结构的 6 个步骤中,前 4 步基本上是确定构建体系结构的用途和目的、确定体系结构的范围、确定描述体系结构需要拥有的信息以及确定要构建的视图与产品。使用部门和用户在这 4 步中起着决定性作用,当然也要求体系结构开发人员参与。后两步基本上是开发符合需求的体系结构产品,主要由体系结构开发人员来完成。各步骤完成的工作如下:

(1) 确定体系结构的用途和目的。不管是支持投资决策、需求审定、系统采办、互操作性鉴定、作战评估或其他用途,体系结构描述都应根据设定的用途来构建。在开始描述体系结构之前,用户必须尽可能明确、详尽地描述期望利用体系结构解决与回答的问题,以及用户关心的问题和基本观点。此外,用户还应当给出期望完成分析的用途。因为分析的用途将对构建什么样的产品和如何构建这些产品产生影响。这种以用户需求为焦点的体系结构开发方法,有助于取得高效率,并使最终形成的体系结构的详细程度合适,更能够符合需求。

(2) 确定体系结构描述的范围、背景、环境条件和其他假设条件。体系结构的描述范围包括使命、活动、组织机构、时间跨度、合适的细度;体系结构运行的背景;环节条件包括作战想定、态势、地理范围、经费数额以及在特定的时间跨度内,专业技术的可用性和能力;其他条件,如计划管理因素、分析体系结构可用的资源、专家以及必不可少的体系结构数据的可用性。

(3) 根据用途和范围,确定描述体系结构需要拥有的信息。核心是确定满足体系结构目的必须拥有的信息。如果忽略了有关的信息,体系结构描述将没有用处;如果不必要的信息被包括进来,在给定的时间跨度内,利用可以得到的资源,就有可能不能如期完成体系结构开发工作,还可能会因为描述了过多的繁文缛节而混淆和干扰了主要工作。这一步的中心工作是预测体系结构描述的未来用途,在有限资源约束情况下,构建一个适应未来需要的可剪裁、可扩展和可重用的体系结构。体系结构的度量标准是一体化体系结构描述的一个关键问题,在这一步骤的初期阶段就应当考虑这个问题。开发者想要保证作战视图、系统视图和技术标准视图具有能够标识的度量指标,以便准确地确定需要构建的产品、产品的细度以及产品应当具有的属性。度量既可以是定量的,也可以是定性的。如果开发者不能确定度量指标,对高级决策者而言,体系结构的最终结果就没有多大意义。

(4) 确定要构建的视图及产品。依据从第一步到第三步获得的信息,可给出不同用途应当选用的体系结构产品,可以确定需要构建哪几种产品,构建这些产品必须获得什么样的体系结构数据。

(5) 收集体系结构数据,构建所需的产品。收集体系结构所必需的基本数据。阐明数据之间的相互关联和组合关系,构建每个体系结构产品。为促进与其他体系结构的集成,所开发的体系结构应当与我军已有的体系结构相兼容。

如果体系结构描述需要作一些剪裁,则剪裁应当尽可能地有效。这一步的核心是确保构建的产品相互是一致的,并能适当地综合集成。

（6）利用体系结构达到预定的目的。体系结构是根据用户确定的日的和用途构建出来的。体系结构描述的最终目标是支持投资决策、需求的确定、系统的开发与采办、互操作性鉴定、作战评估等,但体系结构本身并不能给出结论或答案。因此,必须进行人工分析,或是尽可能进行自动化分析,但不描述如何完成这些分析工作。

3.1.4 体系结构框架

体系结构框架是一种规范化描述体系结构的方法,其定义的体系结构产品构成了体系结构设计的基本语法规则,是设计或开发体系结构的指南。框架指导各种体系结构设计,特定体系结构又指导特定体系设计。

目前,美军已开发了 5 版体系结构框架,如图 3-2 所示。形成了一套较为科学、规范的体系结构设计方法,其适用范围从 C^4ISR 领域扩大到美国国防部的各个领域。

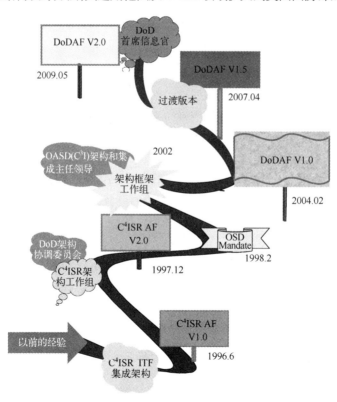

图 3-2 美国体系结构框架发展历程

1. C⁴ISR 体系结构框架 1.0 版,1996.6 – 7

制定指挥、控制、通信、计算和情报、侦察、监视(C⁴ISR)体系结构框架 1.0 版,是为响应克林 – 科恩法案,并落实 1995 年国防部副部长指示中的有关论述: 国防部应当努力确定和开发一种更好的方法和程序,以确保 C⁴ISR 能力能够互操作,并满足战斗人员的需求。

2. C⁴ISR 体系结构框架 2.0 版,1997.12.18

C⁴ISR 体系结构框架 2.0 版是 C⁴ISR 体系结构工作组受体系结构协调委员会委托,持续开发的成果,1998 年 2 月的备忘录规定将其用于所有 C⁴ISR 体系结构的描述。体系结构协调委员会由主管采办与技术的国防部副部长(USD[A&T])、主管指挥、控制、通信与情报的助理国防部部长(ASD[C³I])和参联会的指挥、控制、通信、计算机系统局(J6)领导人等,共同担任主席。

3. 国防部体系结构框架 1.0 版,2003.8 – 30

国防部体系结构框架 1.0 版调整了 C⁴ISR 框架 2.0 版的结构,如图 3-3 所示,提供了指南、产品描述和补充信息,将这些内容分为正文两卷和一个案头手册。 1.0 版将体系结构宗旨和应用拓宽到所有使命域,而不仅仅局限于 C⁴ISR 领域。 这份文档描述了用途、集成体系结构、国防部和联邦政策、体系结构的价值、体系结构度量、国防部的决策支持过程、开发技术、分析技术和转向基于数据仓库的方法等问题。基于数据仓库的方法更加重视组成体系结构产品的体系结构数据元素。

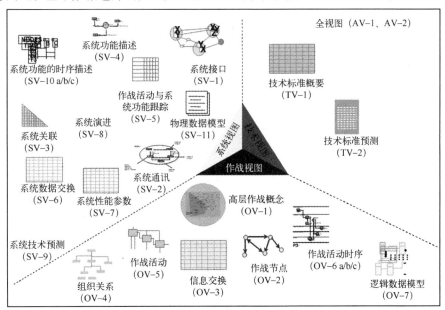

图 3-3 DoDAF1.0 视图产品

4. DoD 体系结构框架 1.5 版,2007.4.23

DoD 体系结构框架 1.5 版是其 1.0 版的演进,它反映和考虑了 DoD 在开发和使用体系结构描述中所获得的经验。这个过渡版本提供了如何在体系结构描述中反映网络中心概念等指导原则,包括体系结构数据管理、整个国防部的联合体系结构等方面的信息,同时也吸纳了预先发布的 CADM v1.5。CADM v1.5 是包含网络中心元素的早期 CADM 版本的简化模型。

5. DoD 体系结构框架 2.0 版,2009.5.20

《国防部体系结构框架》2.0 版版包含了三卷和一份期刊。第一卷,管理者指南－简介、评述和概念。第二卷,设计师指南－架构式的数据和模型。第三卷,开发者指南－国防部体系结构框架元模型交换规范。期刊可对国防部体系结构框架各卷提出变更申请,增补与体系结构、体系结构最佳实践、经验教训和参考文献相关的信息。与前几版相比,2.0 版主要有以下几点变化:①体系结构开发过程更加强调以数据为中心;②三大视图(作战、系统和技术)改为更具体的 8 种视图,如图 3-4 视图产品图所示,分别是全视图(All Viewpoint)2 个、数据与信息视图(Data and Information Viewpoint)3 个、标准视图(Standards Viewpoint)2 个、能力视图(Capability Viewpoint)7 个、作战视图(Operational Viewpoint)9 个、服务视图(Services Viewpoint)13 个、系统视图(Systems Viewpoint)13 个、项目视图(Project Viewpoint)3 个;③描述了数据共享和在联邦环境中获取信息的需求;④定义和描述了国防部企业体系结构;⑤明确和描述了与联邦企业体系结构的关系;⑥创建了国防部体系结构框架元模型;⑦描述和讨论了面向服务体系结构(SOA)开发的方法。最显著的特点是:DoDAF 2.0 进一步强调以数据为中心,引进了国防部体系结构元模型(Meta－model)的概念,元模型由概念数据模型(Conceptual Data Model)、逻辑数据模型(Logical Data Model)和物理交换规范(Physical Exchange Specification)组成,是构成国防部体系结构框架整体的重要组成部分。

其他国家如挪威陆军装备司令部提出了一个名为 MACCIS(Minimal Architecture for CCIS in the Norwegian Army)初步的体系结构框架;澳大利亚国防军针对自己的实际情况,以美军 C^4ISR 体系结构框架和 Meta 公司的企业体系结构战略(EAS)为基础,制定了国防体系结构框架(DAF);以色列在美国国防部体系结构框架的基础上也在研究自己的体系结构框架;英国国防部参照美军 DoDAF 1.0,并结合自身特点制定并于 2005 年颁布《英国国防部体系结构框架》(MOD Architecture Framework 1.0,简称 MODAF 1.0)。

DoDAF 2.0 版本扩展了体系结构视图种类和产品的数量,但其核心内容基本没变,同时 DoDAF 1.0 版本中的视图产品在 DoDAF 2.0 版本中有相同或不同表现形式的产品与之对应,在 DoDAF 1.0 下采用以数据为中心的体系结构开发

图 3-4　DoDAF2.0 视图产品

方法建立的体系结构模型对于 DoDAF 2.0 的研究同样具有一定的适用性和借鉴意义,因此目前体系结构设计研究大都仍以 1.0 版本为基础。表 3-1 为 DoDAF 1.0 版本 4 视图产品图。

表 3-1　DoDAF 1.0 产品目录

应用视图	产品代号	产品名称	概要描述
全视图	AV-1	概述和摘要信息	范围、用途、设想的用户,环境描述和分析的结论
	AV-2	综合词典	体系结构数据仓库,给出了所有产品中使用的全部术语的定义
作战视图	OV-1	高级作战概念图	作战概念的高级图形描述和文本
	OV-2	作战节点连接能力	作战节点、连接性和节点间信息交换需求线
	OV-3	作战信息交换矩阵	节点间交换的信息和信息交换的有关属性
	OV-4	组织关系图	组织、作用和组织之间的关系
	OV-5	作战活动模型	能力、作战活动、活动之间的关系、输入和输出,可以标注说明费用、完成任务的节点和其他的适当的信息
	OV-6a	作战规则模型	用来描述作战活动的 3 种产品之一,它确定限制作战活动的规则
	OV-6b	作战状态转换描述	用来描述作战活动的 3 种产品之一,它确定响应事件的业务过程
	0V-6c	作战事件/跟踪描述	用来描述作战活动的 3 种产品之一,它映射作战想定或事件序列中的行动
	OV-7	逻辑数据模型	描述作战视图的系统数据要求和结构化业务过程规则的文件

应用视图	产品代号	产品名称	概 要 描 述
系统视图	SV-1	系统接口描述	确定节点内和节点间的系统节点、系统、系统部件以及它们的相互联接关系
	SV-2	系统通信描述	系统节点、系统、系统部件和与它们有关的通信设计
	SV-3	系统相关矩阵	在一个已知体系结构中系统间的关系，为了说明感兴趣的关系，如系统类型的接口、计划的接口与现有接口之间的关系等而进行设计
	SV-4	系统功能描述	系统完成的功能和系统功能之间的信息流
	SV-5	作战活动与系统功能追溯矩阵	系统对能力的追溯或系统功能对作战活动的追溯
	SV-6	信息系统交换矩阵	详细描述在系统间将交换的系统数据元素以及这些交换的属性
	SV-7	系统性能参数矩阵	在适当的时段内，系统视图元素的性能特性
	SV-8	系统发展描述	为了将一种系统状态移植到一种效率更高的系统状态，或是把现有系统扩展为未来系统状态而计划好的提高步骤
	SV-9	系统技术预测	预计在给定的时段内，正在出现的技术和软件与硬件产品，以及它们对未来的体系结构开发产生的影响
	SV-10a	系统规则模型	用来描述系统功能的3种产品之一，确定由于系统设计或实现的某些原因，将对系统功能产生的限制
	SV-10b	系统状态转换模型	用来描述系统功能的3种产品之一，确定系统对事件的响应
	SV-10c	系统事件跟踪描述	用来描述系统功能的3种产品之一，确定特定系统对作战视图中描述的关键事件序列的明确表达
	SV-11	物理模式	逻辑数据模型实体，如文电格式、文件格式、物理模式的实际实现
技术标准视图	TV-1	技术体系结构配置文件	适用于一个已知体系结构中的系统视图元素的各种标准表
	TV-2	标准技术预测	描述在一个适当的时段内，正在出现的标准和它们对现有系统视图元素的潜在影响

3.2 空间信息系统体系结构建模方法

3.2.1 以数据为中心的体系结构建模思想

以数据为中心的体系结构建模思想是以体系结构核心实体对象为基础，以数据的分析、数据的收集、数据的描述、数据的存储、数据的管理等过程构成体系结构设计的生命周期。以数据为中心的产品描述不仅需要考虑产品如何实现，同时也要考虑产品数据如何存储、产品之间如何保持一致性等，因此在数据层面上，它可以提供产品之间的数据共享，从而自动生成相应的体系结构产品。相对于以往的以产品为中心设计的体系结构，以数据为中心的体系结构具有数据可重用性高、开发效率高的特点，能够保证体系结构产品之间一致性，并可生成体系结构数据报告进行分析。基于活动的建模与分析方法是一种用来描述以信息集成为特点的体系结构建模方法，它使用以数据为中心和以产品为中心相结合的体系结构开发思路。在数据收集、存储等方面，继承了以数据为中心的体系结构设计方法的思想开发体系结构元素和产品，保证了体系结构在数据上的一致性；同时也带有以产品为中心的体系结构设计方法的特点，规定了设计体系结构产品的过程，体系结构表现为图形、表格或文本产品的集合，这些产品是组成体系结构的复杂的数据及数据关系的可视化表现方式，有助于用户的理解和接受。

以数据为中心的体系结构设计中，体系结构对象可分为 3 个对象类：实体、联系和属性。实体是体系结构数据存储和处理数据的对象，联系是实体之间的关系，属性是辨别实体和联系对象的特征。体系结构对象相互联系。在作战方面，信息、活动、节点、角色、过程代表手动建立的实体，需求线代表信息之间的联系，活动和信息交换的节点提供需求线的属性，组织是角色、知识技能、角色的能力属性的联合体，系统层面有类似的关系。核心实体的相互关系如图 3-5 所示，具体为：

（1）角色在某一作战节点上执行相应的作战活动；系统在某一系统节点上发挥相应的系统功能的作用。

（2）作战活动接收和发送对应信息；数据由系统功能产生、消耗和应用。

（3）作战活动和作战节点相关联的接口是角色；系统功能和系统节点相关联的接口是系统。

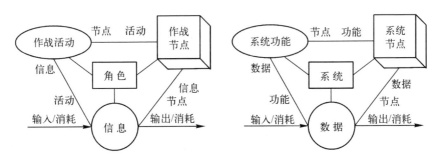

图 3-5　核心体系结构对象之间的关系

3.2.2　结构化分析方法

结构化分析方法是一种较成熟的过程驱动设计方法,以系统执行的功能和活动为基础,通过自顶向下的功能分解设计系统结构,广泛应用于系统的需求分析、系统设计和系统体系结构设计。基于结构化设计方法的开发过程分为三个阶段(图3-6):①分析阶段,以作战概念为基础,利用技术体系结构视图进行指导,建立系统的功能体系结构(图3-7)和物理体系结构,功能体系结构包括数据模型、功能模型和数据词典;②综合阶段,通过得到的静态和动态模型以及物理体系结构,获取体系结构的可执行模型;③评估阶段,通过可执行模型进行系统的性能和效能的度量,可执行模型在评价阶段得到验证和修正。这三个开发阶段是一个循环的过程,直到体系结构的结果可以满足用户对系统的要求。

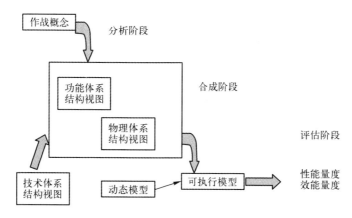

图3-6　基于结构化分析方法的体系结构开发过程

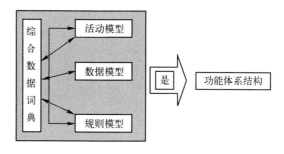

图3-7　功能体系结构

结构化分析方法的基础是活动模型(也称过程模型)、数据模型、规则模型和动态模型,另外还需要综合词典。使用该方法需要注意,由于四个模型是采用不同的方法和工具得到的,容易产生一致性问题。功能体系结构是结构化分析方法的核心,它包括活动模型(过程模型)、数据模型、规则模型和综合词典,但是不包括动态模型或组织模型。物理体系结构则包括对实现各种功能的物理资源的具体描述以及由信息系统支持的人员管理结构。

结构化设计方法理论较成熟,应用广泛,支撑产品和技术多。但是在结构化设计中,体系结构包含的模型比较多,主要涉及过程或活动模型、数据模型、规则模型以及动态模型,还通常要涉及 IDEF0、IDEF1x、E－R 图等常用工具。

1. 分析阶段

在分析阶段,需要开发物理体系结构。没有标准化的方法可用来表示物理系统,体系结构是利用现有的系统和已经规划的系统来实现的。描述物理系统的方法有很多,包括系统关键线程、方框图表示法、节点模型、组织机构图等(图3-8)。

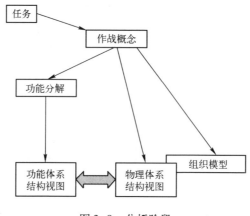

图 3-8　分析阶段

2. 合成阶段

合成阶段将分析阶段所产生的信息和相关知识合成到可执行模型中。它可以被看作是一个两阶段的过程。首先,可以在功能体系结构的基础上创建一个可执行模型。这个可执行模型能够揭示体系结构的逻辑和行为特性。当满意的行为被演示出来,就可以将物理体系结构视图中包含的信息结合到可执行模型中,用来完成性能评估。这需要功能体系结构视图和物理体系结构视图之间的相互关联(图3-9)。

3. 评价迭代阶段

根据所解决的问题的不同,需要确定出与作战概念相一致的、现实的输入想定。这一阶段考虑将要进行验证的功能和性能要求,如果模拟得出的结果表明性能量度值满足要求,则表示该系统不需要再进行修改;反之,则表示该系统需要进行修改来解决存在的问题。这是一个反复迭代的过程。可执行模型既可以

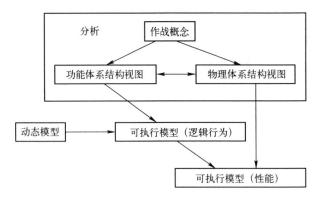

图3-9 合成阶段

用于逻辑和行为层次,也可以用于性能层次,后者需要包含物理体系结构。在由一组模型支持的相容的体系结构框架中,可以完成需求分析、设计和评估。可执行模型的创建允许将论述的焦点放在体系结构的行为和性能方面。该过程还提供了一组带有说明性文件的模型,这些模型包含了所有的必要信息(图3-10)。

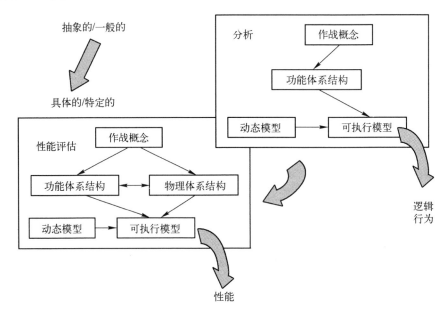

图3-10 评价迭代过程

3.2.3 面向对象设计方法

面向对象设计方法是一自底向上归纳和自顶向下分解结合的方法。面向对

56

象的方法常使用统一建模语言(UML),设计系统体系结构可分为分析、综合和评估三个阶段。根据系统支持作战概念和过程的描述,建立说明系统用途的用例图,用例图说明体系结构中的成员、任务和联系;用例图分析系统中的类之间的交互关系(即行为图表、交互图表);然后建立系统的行为模型,即建立状态模型和相关的对象行为模型;得出系统的逻辑体系结构,结合系统的物理体系结构生成系统的可执行模型;用分析和仿真的方法对系统进行性能评估和测试。

面向对象分析方法从对象出发开发系统,可以通过单一的工具来支持设计的全过程,从而在具体的设计上更容易获得完整的设计数据,支持部件的重用。系统易于升级和维护,适于大型复杂系统的开发。但不足之处是互操作性差、设计过程中过于依赖经验,工程性不够强。

1. 基于 UML 的体系结构产品设计思想

基于 UML 的体系结构产品设计,首先要建立需求、确定作战概念,作战概念是对如何达到军事目的的简明陈述,它可采用带有文字叙述的作战概念图进行描述;同时,以作战概念及其确定的系统用户和行为为基础,进行用例分析以确定体系结构所代表的系统与系统参与者之间的交互作用,开发用例图。

其次,体系结构的面向对象分析的过程即开发系统的逻辑体系结构的过程。系统的逻辑体系结构描述那些完成作战概念的活动流和信息流,主要包含了DODAF 中作战视图产品。使用 UML 应从静态结构和动态结构两方面对系统的逻辑体系结构进行描述。静态结构是构成系统的各种元素的概念及各概念之间的相互关系,即它描述了系统的组成概念及各概念之间的静态关系,在 UML 中以类图形式进行表示。动态结构描述了构成系统的各概念的动态行为及各概念之间的动态关系,在 UML 中分别以状态机图(活动图、状态图)和交互图(序列图、协作图)等行为图进行表示。其中活动图和状态图等状态机图侧重于描述对象的动态行为,序列图和协作图等交互图侧重于描述对象之间的动态关系。

再者,以逻辑体系结构为基础,进行体系结构的面向对象设计——开发物理体系结构。物理体系结构是构成系统的物理资源及其连通性,描述了系统的物理节点和物理连接,这些节点和连接将被实例化来执行逻辑视图中的活动。它主要包含了 DODAF 中系统视图产品。它可以使用 UML 中的类图或组件图和配置图进行表示。同时在组件图和配置图的开发时需要技术体系结构的指导。

总的来说,基于 UML 的体系结构产品设计的基本思想是:以类的形式进行描述,通过对类引用而创建的对象是系统的基本构成单位。这些对象对应着系统的各个组成元素,它们内部的属性与操作刻画了元素的静态特征与动态特征。对象类之间的继承关系、聚合关系、消息和关联如实地表达了各元素之间实际存在的各种关系。因此,基于 UML 的体系结构产品设计应以需求信息为基础,首先识别组成系统的各个对象,继而确定各个对象间的逻辑关系及每个对象的逻辑行为,然后再对实现这些对象的物理资源进行分析考察,即通过面向对象分析确定系统的逻辑体系结构,通过面向对象设计确定系统的物理体系结构。在确定系统的物理体系结构的同时需要技术体系结构的指导。

2. 开发过程的指导原则

两个主要的指导原则构成了该开发方法的基础。第一个指导原则是"自上而下、横向优先";第二个指导原则是依靠"基于事件的交互"作为描述和分析技术。

"自上而下、横向优先"的指导原则是:在开发体系结构规范的过程中应该遵循"自上而下、横向优先"的宗旨。"自上而下"意味着在开发过程中,应该首先将体系结构看作是一个"黑盒",这个"黑盒"上带有与外部实体之间的连接或关系。然后将体系结构分成各个主要的组成部分,这个过程称为"分解"。然后再将这些组成部分进一步分解,依此类推。分解过程在每个层次上都要进行,一直到能够分解成可以实际操作的具体内容为止。"横向优先"意味着在增加分解深度时,必须确保整个体系结构的分解过程应该横向同步进展,不应该出现体系结构内某个特定的方面,在分解深度上超过其他方面的"出头"现象。这个指导原则的基本原理就是自上而下地开展统一的开发过程,并且保持体系结构在分解程度上的一致性,这对于确保体系结构的实现和系统需求的实现是非常有必要的。而且这样做还可以尽早地将超前的设计工作稳定下来,避免出现体系结构中的某一个部分不必要地"拖动"其他部分的需求、接口和行为,这对于尽可能地降低重复性的工作也是很必要的。

"基于事件的交互"的指导原则是:必须依靠对象之间的"基于事件的交互"作为定义体系结构的机制。不管对象代表的是一个复杂的系统,还是只代表了一部分软件,"输入/输出"事件都是用来详细说明对象行为的关键方法,对象的行为可以通过状态图来获得。由于系统只能控制自己的"输出",因此必须假定由系统所处的环境(也就是系统的外部条件)来控制系统的"输入"。

3. 开发过程

整个开发过程中最主要的本质特征是迭代,整个开发过程是在系统的"预期"行为基础上开展的一个迭代循环(图3-11)。这个迭代过程最主要的"输入"和"输出"是系统的行为,其中"预期的"系统行为是"输入","建模的"系统行为是"输出"。不管是"预期的"系统行为,还是"建模的"系统行为,都是通过使用"统一建模语言"的序列图来表示的。

体系结构的 UML 设计和产品生成过程主要包括以下步骤(图3-12):

(1)建立顶层的概要描述。

(2)用顺序图对顶层概要描述,紧接着下一步就是迭代过程的起点。

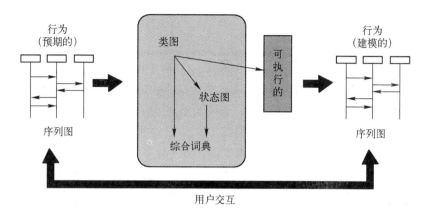

图 3-11　开发过程的迭代循环

（3）针对顺序图对信息对象类进行抽取，并在顺序图上加入系统的分解功能形成扩展顺序图；然后进行对象分解，将系统分成各个"组件"，这样就可以由各个"组件"形成新的顺序图。

（4）对分解的各个对象进行状态建模形成状态图。

（5）使用类图建立信息—接口映射。

（6）获取系统演化类图。

（7）将 UML 设计元素与体系结构产品设计元素进行映射，导出体系结构产品。

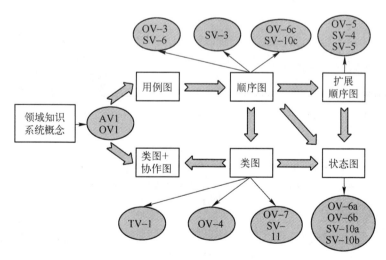

图 3-12　面向对象的开发过程

3.2.4 基于活动的方法

Steven J. Ring 等提出基于活动的设计方法(Activity – based Methodology, ABM)以活动为出发点,以体系结构核心实体对象为基础,采用"以数据为中心"思想进行体系结构要素和产品描述,这样能够更为灵活地满足网络中心体系结构、一体化体系结构和联合体系结构等不同的设计需求。基于活动的方法具有较高的灵活性,以数据为中心的体系结构设计方法支持跨产品关联,可以自动生产某些体系结构产品。基于活动的方法设计成可以获取足够的关于"静态"行为/信息流体体系结构模型的描述,以便把它们转换成"动态"可执行过程模型。基于活动的设计方法遵守以下几个原则;相对应的作战体系结构和系统体系结构要素分成三个对象类:实体,关联和属性。每个视图中的四个基本对象实体活动(系统功能)、作战(系统)节点、角色(系统)、信息(数据)都被视为核心,它们是构成一体化体系结构的基础。体系结构产品的关联和属性可由核心对象实体(如:信息交换)自动生成这些关联和属性形成一种标准,使它们能够维持在一定水平并且可以供所有的任务领域和开发人员共享。

ABM 指出作战活动、作战节点、信息、角色、系统功能、系统节点、数据、系统等实体是体系结构设计的核心实体,作战节点—活动—角色、系统功能—系统节点—系统、组织单元—角色—系统形成设计体系结构的主线,其他体系结构设计内容都必须和它们相对应(图3–13)。

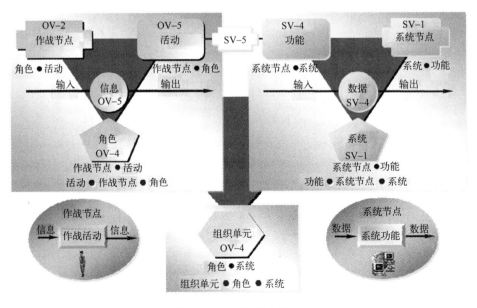

图3–13 ABM 基本思想

在 ABM 中,强调体系结构数据之间的相关性。一方面,同一视图产品之间存在相关性。作战(系统)视图中的多种关系和属性可以从核心产品和实体中得到,如作战信息交换矩阵和系统数据交换矩阵。另一方面,不同视图数据之间存在相关性,如作战视图和系统视图存在相关性。作战视图和系统视图可以采用对称的实体来描述,即作战活动—系统功能、作战节点—系统节点、信息—数据、角色—系统。

利用 ABM 中定义的核心实体以及它们之间的关系,可以对体系结构进行分析,包括功能、节点、时间和费用等分析。此外,ABM 方法提出通过将活动模型或系统功能模型转换为可执行模型为投资决策提供支持。

ABM 定义的基本设计过程如图 3-14 所示。

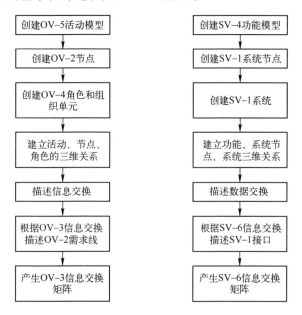

图 3-14   ABM 基本设计过程

3.2.5   面向服务的体系结构建模方法

基于作战、系统、技术等多视图描述的体系结构框架提供了一种面向作战过程的体系结构设计方法,能够从整体上描述系统的体系结构。在此基础上,DoDAF 1.5 和 2.0 中引入服务的思想,以面向服务的视角,将系统视图中军事系统资源建模封装为服务,通过服务视图描述军事系统资源之间连接关系,提高体系结构设计的灵活性和适应性。借鉴美国国防部体系结构框架[1],本节研究面向服务的体系结构建模方法。

3.2.5.1 面向服务的思想

"面向服务体系结构"（Service – Oriented Architecture, SOA）[2]是一种分布式软件体系构架,它将应用程序的不同功能单元封装为服务,通过定义标准的接口和协议将服务联系起来。接口独立于实现服务的硬件平台、操作系统和编程语言,使不同系统的各种服务以统一和通用的方式进行交互。面向服务的理念将信息技术从传统的"以系统为中心"转向"以服务为中心",通过服务的组合和重用,达到系统集成的目的。面向服务的体系结构如图 3-15 所示,包括三种角色:①服务提供者——按服务发布的格式发布自己可提供的数据和服务,并响应对服务的请求;②服务注册中心——注册已经

图 3-15　SOA 结构

发布的服务,并提供分类、搜索等服务;③服务请求者——利用服务注册中心查找所需的服务,然后获取所需的服务。这些角色之间通过标准的服务描述、通信协议及数据格式等实现服务的发布、查询和绑定操作。在以服务为中心的体系结构中从业务流程的角度来看待技术,把信息服务的实现过程分解为 SOA 架构下的业务流程,把实现过程所涉及的各种操作和运算封装成相应的服务接口,将数据和业务脱离、过程和实现分离、用户和数据分离,这种灵活的运行机制可以解决信息的互操作和信息共享。面向服务的军用体系结构具有以下特点和优势:

（1）以服务的形式对军事资源的封装及对服务动态交互描述,有利于分析不同系统间的动态连接关系。

（2）精确地表示业务模型,更好地支持业务流程分析。

（3）面向服务的体系结构提供全新的资源共享的方式和载体,体现网络中心战和全球信息栅格的作战思想。

在面向服务的指挥控制过程中,每个作战任务可由不同层次的(子)任务构成,应用过程体现了服务的组合过程,即服务与(子)任务的关联、匹配组合过程。服务和任务的主体呈网络化分布,服务之间通过统一的机制进行交互,形成独立完整的服务流程,为指挥控制组织成员协作完成一定的共同任务目标提供灵活的保障。

3.2.5.2 体系结构总体建模思路

在系统设计中加入服务元素,采用如图 3-16 所示的以作战视图、服务视图和系统视图为核心的体系结构描述框架。作战视图（Operational View, OV）主要

描述为完成作战使命/目标的作战任务分解、作战节点划分、作战活动模型、作战过程模型以及作战信息交换等。作战任务、作战活动、作战节点、作战信息等数据元素构成了作战视图模型的主要内容。系统视图（Systems View，SV）主要描述为支持作战活动的系统、系统功能、数据传输等连接关系。系统数据、系统功能、系统节点、系统等数据元素构成了作战视图模型的主要内容。

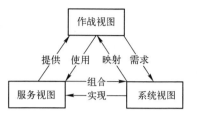

图 3-16　体系结构描述框架

服务视图（Services View，SvcV）以面向服务的视角对系统中能够提供的服务、服务之间关系以及服务之间交互过程进行描述。

从服务自身描述、服务元素之间的静态结构和动态交互描述、服务元素与其他体系结构元素之间的关系描述三方面对服务模型进行分类，模型名称和描述内容如表 3-2 所示，各模型之间的关系可用图 3-17 来描述。其中以 SvcV-4 服务功能描述、SvcV-1 服务接口描述、SvcV-8 服务过程及其演化为基础，通过 SvcV-3a 系统-服务矩阵、SvcV-5 作战活动到服务的映射矩阵建立服务视图与作战视图和系统视图模型之间的联系。

表 3-2　服务模型描述

描　述　关　系	模　　型	描　述　内　容
服务自身描述	SvcV-1 服务接口描述	描述了服务的构成及其交互关系
	SvcV-3b 服务-服务矩阵	对一个或多个 SvcV-1 中所有服务资源交互关系的浏览
服务元素之间的静态结构和动态交互描述	SvcV-2 服务资源流描述	明确了服务间的资源流，还可以列出各连接中的协议栈
	SvcV-4 服务功能描述	描述了人员和服务功能
	SvcV-6 服务资源流矩阵	说明了服务之间服务资源流交换的特征
	SvcV-7 服务度量矩阵	描述了资源的度量（衡量）
	SvcV-8 服务过程及其演化描述	给出了资源（服务）的全寿命视角，描述如何随时间而变化
	SvcV-9 服务技术技能预测	界定了目前以及未来的支撑技术和技能
	SvcV-10a 服务规则模型	详细说明体系结构执行方面的功能性和非功能性约束
	SvcV-10b 服务状态转变描述	描述体系结构资源（或系统功能）通过改变其状态对各种事件的响应
	SvcV-10c 服务事件追踪描述	描述提供了按时间顺序进行功能性服务资源间的关系的检测

描 述 关 系	模 型	描 述 内 容
服务元素与其他体系结构元素之间的关系描述	SvcV-3a 系统-服务矩阵	系统与服务间交互的总结列表
	SvcV-5 作战活动到服务的溯源矩阵	描述了服务功能(有些情况下,可以是提供这些服务的能力和执行者)与作战活动的关系

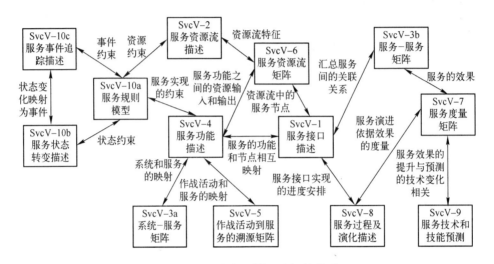

图 3-17　服务视图模型之间的关系

在面向服务的思想下,体系结构建模具体包括 5 个方面(图 3-18):①根据使命任务需求建立作战视图模型;②建立作战需求与服务之间的连接;③服务自身结构描述;④建立服务与系统之间的连接;⑤建立系统视图模型。相对于以往体系结构建模思想,面向服务的体系结构建模需要建立作战需求与服务之间的连接和建立服务与系统之间的连接。服务层与作战需求和系统之间都是松耦合的连接,通过建立服务视图,描述服务、服务层次、服务之间的交互过程,分析服务支持作战任务过程变化情况以及系统资源的动态集成。

(1)建立作战需求与服务之间的连接。将作战需求封装成服务,外部表现为作战节点与服务端口之间的连接,服务层通过服务之间的信息交互来实现对作战过程的描述。

(2)建立服务与系统之间的连接。把服务表示对系统功能的封装,系统功能主要满足服务端口根据规范所需的服务,从而建立起服务与系统之间的联系。这种联系是松耦合的,根据服务规范可改变需求,也可对系统功能进行组合来满足所需的服务需求。

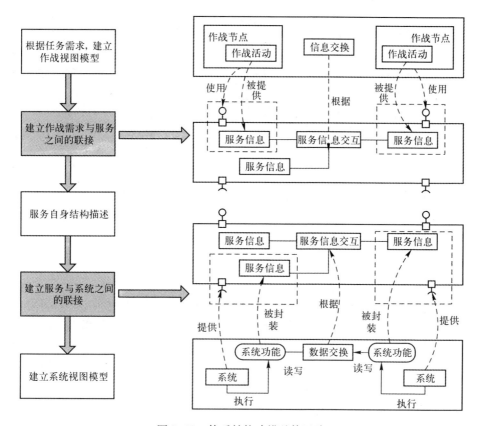

图 3-18　体系结构建模总体思路

3.2.5.3　面向服务的体系结构建模流程

以往体系结构建模以概述和总结信息(AV-1)、集成字典(AV-2)、作战节点连接描述(OV-2)、作战信息交换矩阵(OV-3)、作战活动模型(OV-5)、系统接口描述(SV-1)和技术标准概要(TV-1)为最小产品集,通过加入服务元素,除全视角和技术视角外,采用以下体系结构核心建模集:高级作战概念图(OV-1)、作战节点连接描述图(OV-2)、信息交换矩阵(OV-3)、作战活动模型(OV-5)、逻辑数据模型(OV-7)等作战视图,系统接口图(SV-1)、系统功能模型(SV-4)、功能活动跟踪矩阵(SV-5)和系统数据交换矩阵(SV-6)等系统视图,服务接口描述(SvcV-1)、服务过程及演化描述(SvcV-8)、系统-服务矩阵(SvcV-3a)、服务功能描述(SvcV-4)、作战活动到服务的映射矩阵(SvcV-5)等服务视图模型。通过核心体系结构实体将各个视图模型联系起来,共同构成体系结模型和产品集,如图 3-19 所示。

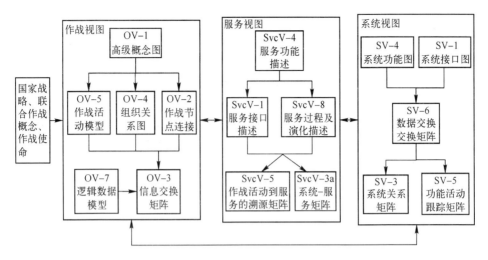

图 3-19　面向服务的体系结构模型集

根据核心体系结构模型集,面向服务的体系结构以服务功能—服务节点—资源、作战节点—活动—角色、系统功能—系统节点—系统、组织单元—角色—系统为体系结构的设计主线来对体系结构进行建模,其他体系结构内容都必须和它们相对应,并能自动生成相应的体系结构模型,对基于活动的建模过程进行扩展[3,4],面向服务的建模按以下步骤进行:

（1）根据国家安全战略、联合作战概念和系统的体系结构使命,创建高级作战概念图 OV-1。

（2）作战层面,首先建立 OV-5、OV-2、OV-4,通过关联作战活动、作战节点和角色三者关系,形成 OV-3,描述作战信息交换内容和特性,创建逻辑数据模型 OV-7,描述体系结构内的信息和数据结构及关系。

（3）系统层面,首先建立 SV-4、SV-1,通过关联系统功能、系统节点和系统三者关系,形成 SV-3,描述数据交换内容,然后创建 SV-3,描述系统之间的连接关系。

（4）服务层面,首先创建 SvcV-4、SvcV-1,描述服务功能和接口关系,在此基础上构建服务过程及演化描述模型 SvcV-8,以适应作战过程动态构建。

（5）创建 SvcV-5、SvcV-3a,将服务视图和作战视图、系统视图联系起来,建立 SV-5 将作战视图和系统视图联系起来,构建一体化的体系结构模型。

3.3 体系结构模型描述技术

3.3.1 IDEF0 建模方法

IDEF0 方法采用图形化及结构化的方式描述一个系统当中的活动、功能以及彼此之间的限制、关系、相关信息与对象,能同时表达系统的活动和信息流以及它们之间的联系,全面描述系统。IDEF0 采用自顶向下逐层细化分解的方式来构造模型,其主要活动、功能在顶层说明,然后分解得到逐层有明确范围的细节表示,每个模型在内部是一致的。一个父活动可以分解成若干子活动,如图 3-20 所示,A-0:在此阶层清楚地定义该模型的主题和范围,是该模型的最高层级。A0:将 A-0 层级更进一步地展开,并且将 A-0 的主题和范围明显地描述出设计者所要表达的观点。A3:对 A0 所展开的某一项过程活动,做出更详细的分解,更充分地描述此活动。A31:对 A3 所展开的某一项过程活动,做出更详细的分解,进一步细化描述。

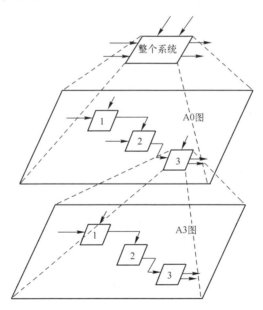

图 3-20 IDEF0 建模过程

IDEF0 的基本组件包括两方面:活动和流向。

(1) 活动(或功能模块):描述系统内部的执行单元,可以指一个活动、一个功能过程或者一个功能部件等。箭头用以连接系统中各活动,表示输入、控制、输出和机制。输入是实行或完成特定活动所需的资源,输出是经由活动处理或修正后的产出,控制是活动所需的条件限制,机制是完成活动所需的工具,如图3-21所示。输入与输出箭头表示活动进行的是什么,控制箭头表示为何这么做,机制箭头表示如何做。某一活动的输出,可以是另一活动的输入、控制或机制。如图3-22所示,活动B有一个输入和两个控制条件,产生一个输出,而活动B的这个输出构成活动C的控制条件。

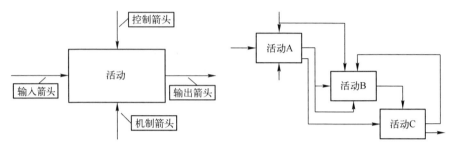

图3-21　活动及输入和输出　　　　图3-22　活动间的关系

　　(2) 流向:描述系统内部执行单元的数据联系,在图中用箭头连线表示。它可以是从某一活动到另一活动的数据流向,也可以是从系统外部过程到系统中某个活动的控制流向。常见的流向包括:输入流——表示输入本活动的数据;输出流——表示本活动输出的数据;控制流——表示执行本活动必须遵循的规则、条件、方法和要领等,控制管理或者规定活动如何执行、什么时候执行以及如果活动被执行、产生哪些输出;机制流——表示执行或参与本活动的外部要素;调用流——表示本活动执行流程的内部转移,类似于程序调用。

　　在体系结构方法中,活动模型的建立可以没有控制或机制,控制变成了输入,机制体现在活动和角色的关系上。

3.3.2　IDEF1X 建模方法

　　IDEF1X 是一种信息建模方法,通过概念模式对现实世界的事物进行抽象描述,建立信息模型(语义数据模型),并设计信息的存储方式,能够反映从现实世界事物到物理数据存储映射的中间状态,理解现实世界的信息需求。用 IDEF1X 模型对数据结构进行建模有利于体系结构数据上保持一致性,美国国防部体系结构框架中的核心体系结构数据模型是采用 IDEF1X 模型表示的。IDEF1X 模型包括三个要素:实体、联系和属性,其模型结构如图3-23所示。

　　(1) 实体:IDEF1X 中主要的模型概念是数据实体。一个实体表示一个现实和抽象事物的集合,且具有相同的属性或特征。实体分为两类:独立标识符实体和从属标识符实体。独立标识符实体是指由本身的属性能唯一确定标识的实体,否则为从属标识符实体。属性可以是它自身所具有的或是通过一个联系而继承得到的,而且应有一个或多个能唯一标识实体每一个实例的属性。

(2)属性:属性表示实体的特征或性质,在 IDEF1X 模型中,属性是与具体的实体相联系的,如图 3-25 所示。一个实体必须具有一个属性或属性组,其值唯一地确定该实体的每一个实例,这个属性或属性组就构成该实体的主关键字,简称主键,其他为候选关键字。如果一个实体的属性是从其父实体的属性继承而来,这些继承属性则称为外来关键字,简称外键。外键可以作为子实体的主键、候选关键字及非键属性(通常是作为主键)。

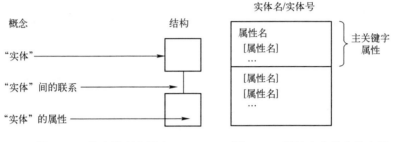

图 3-23 基本模型化概念 图 3-24 属性在实体中的表示

(3)联系:实体之间存在的作用关系称为联系,子实体将继承父实体的属性。实体之间的联系包括连接联系和分类联系。连接联系分为两种:确定联系和非确定联系。确定联系指子实体的实例是通过它与父实体的联系来确定的,如图 3-25 所示。非确定联系指子实体的实例不是通过它与父实体的联系来确定的,即子实体的存在与否不依赖于父实体。

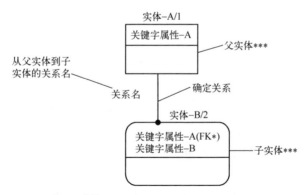

注: * 外键FK(Foreign Key)。
    ** 可标定联系中的子实体总是一个从属标识符实体。
    *** 父实体可以是独立实体,也可以是从属实体,若是从属实体,那它必定从属于其他实体。

图 3-25 实体之间的联系

3.3.3 数据流图

数据流图简称 DFD(Data Flow Diagram),是描述数据处理过程的一种图形工具,从数据传递和加工的角度,以图形的方式描述数据在系统流程中处理和变换的过程,反映数据的流向、自然的逻辑过程和必要的逻辑数据存储。数据流包括的图形元素如表 3-3 所示。

表 3-3 数据流图元素

符　号	名　称	说　明
◯	数据处理(加工)	在图中注明加工的名字与编号
→	数据流	在箭头上给出数据流名称,不是控制流
═	数据存储文件	给出存储名称
▭	数据源点或终点	方框中注明数据源点或终点名称

数据处理(加工)是对数据进行的操作,它把流入的数据流转换为流出的数据流。数据存储是存储数据的工具,数据存储名应与它的内容一致。数据的源点或终点表示数据的外部来源和去处。数据流由一组确定的数据组成,用带有名字的具有箭头的线段表示,名字称为数据流名,表示流经的数据,箭头表示流向。数据流可以从处理流向处理,也可以从处理流进、流出数据存储,还可以从源点流向处理或从处理流向终点。建模步骤和 IDEF0 类似,即对顶层系统功能逐步细化分解达到适当的程度。

3.3.4 服务描述方法

服务描述模型涉及的体系结构基本数据元素包括服务、服务接口、服务行为、服务规则、服务属性等。文献[5]中有关服务的描述模型和方法,在现有Web 服务描述模型研究基础上结合网络化信息系统体系结构成员服务描述的特点,采用一种基于 OWL-S(Ontology Language for Services)和 CADM(Core Architecture Data Model)的体系结构描述模型。OWL-S 是用本体来描述 Web 服务的标记语言,CADM 提供了组织和描述体系结构信息和数据的公共模型,明确表述了体系结构各视图产品及模型所涉及的实体、信息、数据及其之间的关系,因此,体系结构服务视图模型中的服务描述模型以 CADM 作为底层一致、通用的规范术语,能够保证服务描述信息的一致性,有利于服务信息的交换和描述。服务描述可以采用列表的形式进行描述,如表 3-4 所示。

表 3-4　服务描述模型模板

	服务 1	服务 2	服务 3	服务 4	服务 5	……
ID(服务标识)						
Name(服务名称)						
Provider(服务提供者)						
Input(服务输入)						
Output(服务输出)						
Qos(服务质量属性)						

3.4　基于 IDEF3 的体系结构流程仿真方法

在当前体系结构框架下设计体系结构模型通常描述的系统静态信息或是动态信息的静态表示(如作战活动模型和服务过程演化描述模型),这些模型不能提供信息在什么条件下产生,以及信息是如何接收和发送的具体细节,很难对系统之间的交互作用等动态行为进行分析。动态可执行模型可以定义信息接收、产生发送的条件,反映随时间变化的活动、行为的信息交换以及活动和角色之间的动态交互。通过可执行模型的运行进行性能评估,并对在作战环境中的资源转化为功能的效率进行评价。可执行模型中的执行规则描述行为单元之间的执行、调用关系以及与静态模型产品之间的数据流关系。

3.4.1　任务时序和逻辑关系描述模型

流程模型包括服务节点、服务行为的任务时序关系和逻辑关系。本小节首先介绍典型的任务时序和逻辑关系描述模型。

任务的执行一般都有比较严格的时序关系,规定了开始时间和结束时间,根据不同的任务要求有不同的时序关系。任务的时序关系是进行任务描述和建立任务描述模型的基础。通常把任务的时序关系分为串行和并行两大类。根据任务执行时间的重叠形式,串行又可分为汇合和超前关系,并行又可分为相等、期间、重叠、开始和结束关系。任务时序关系如图 3-26 所示。

设有任务 A 和 B,T_{As} 和 T_{Bs} 分别为 A 和 B 任务开始时间,T_{Ae} 和 T_{Be} 分别为 A 和 B 任务结束时间。任务主要有串行和关系两种时序关系。

(1)串行关系。A 与 B 为串行关系,有 $T_{Ae} \leqslant T_{Bs}$。当 $T_{Ae} = T_{Bs}$ 时,称为汇合关系(meets),如图 3-26(a)所示;当 $T_{Ae} < T_{Bs}$ 时,称为超前关系(before),如图 3-26(b)所示。

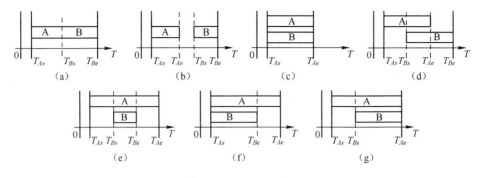

图 3-26　任务时序关系

（2）并行关系。A 与 B 为并行关系，有 $T_{Ae} > T_{Bs}$。当 $T_{As} = T_{Bs}$，$T_{Ae} = T_{Be}$ 时，称为相等关系（equals），如图 3-26（c）所示；当 $T_{As} < T_{Bs}$ 且 $T_{Bs} < T_{Be}$ 时，称为期间关系（during），如图 3-26（d）所示；当 $T_{As} = T_{Bs}$ 且 $T_{Be} < T_{Ae}$ 时，称为重叠关系（overlaps），如图 3-26（e）所示；当 $T_{As} = T_{Bs}$ 且 $T_{Be} < T_{Ae}$ 时，称为开始关系（starts），如图 3-26（f）所示；当 $T_{As} < T_{Bs}$ 且 $T_{Ae} = T_{Be}$ 时，称为结束关系（finishes），如图 3-26（g）所示。

根据任务之间的时序关系，多个任务通过某种逻辑关系形成任务的整个过程，从而完成任务。任务的基本逻辑关系有串联、并联、k/n 和旁联关系等。串联关系系统中任务由 n 个子任务组成，当且仅当 n 个子任务全部成功，任务才能成功；或只要一个子任务故障，则任务失败，如图 3-27（a）所示。并联关系系统中任务由 n 个子任务组成，只要有一个子任务成功，则任务成功，当任务失败时，必定是 n 个子任务全部失败，如图 3-27（b）所示。k/n 关系，任务由 n 子个任务组成，只要有 k 个或 k 个以上子任务成功，任务就成功，也称为表决系统，k/n 关系如图 3-27（c）所示。旁联关系系统中任务的 n 个子任务中只要任务 1 成功，任务就成功；否则，执行第 2 个子任务，如果成功，任务成功；否则，再执行下一个任务，如此类推到 n 个子任务，n 个旁联关系组成的任务系统如图 3-27（d）所示。

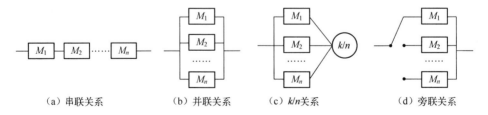

图 3-27　任务逻辑关系

3.4.2 IDEF3 技术

流程分析方法以 IDEF3 为基础,IDEF3 解决了 IDEF0 不能反映时间和时序的问题,并能和流程分析软件相结合,用来检验过程的合理性并指导过程重构,实现优化。IDEF3 采用图形化的语言描述,通过一些基本元素的不同组合来描述系统的动态过程,可以满足描述任务过程的时序关系和逻辑关系的需要,通过对行为单元的属性定义能够对任务事件进行详细描述,包括任务事件的时间与任务执行概率、任务事件的子事件等。IDEF3 描述任务过程的优点是简单、快速和描述性好。

IDEF3 过程流描述语言的基本语法元素有下列几种(图 3-28):①行为单元 UOB(unit of behavior);②交汇点(junction);③连接(link);④参照物(referent);⑤细化说明(elaboration);⑥分解(decomposition)。行为单元 UOB 用以描述一个组织或一个复杂系统中的过程或活动;连接是把 IDEF3 的图形符号组合在一起的粘接剂,它可以进一步阐明一些约束条件和各成分之间的关系,包括时间的、逻辑的、因果的等。过程活动间的逻辑关系则通过交汇点来描述,交汇点可以表示多股过程流的汇总或分发。通过 IDEF3 可以记录状态和事件之间的优先和因果关系以及过程中产生的数据,可以确定信息资源在系统的流程中的作用。

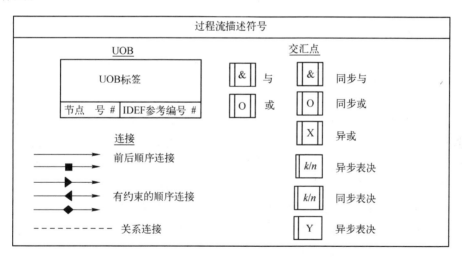

图 3-28　IDEF3 基本语法元素

3.4.3 流程分析方法

用于流程建模分析的 IDEF3 有两种视图:以过程为中心的进程流图

(Process Flow Network Diagram,PFN)和以对象为中心的对象状态转移网图(Object State Transition Network Diagram,OSTN)。进程流图可以用于流程验证的建模[7],OSTN 图用于状态转换描述的建模。基于 IDEF3 的流程分析方法的基本原理如图 3-29 所示,以 IDEF3 元素建立可执行模型,包括流程模型、资源模型、时间模型和组织模型,通过交汇点和链接模块等执行规则,建立完整的服务流程模型,可执行模型的相关对象以及内部关系在图左边显示,在 SA 仿真参数和环境下进行动态可视化仿真,以统计学为基础收集和记录仿真数据,在 SA Simulator 中形成仿真报表和图形结果,并分析时间、资源利用等指标,以优化仿真模型。

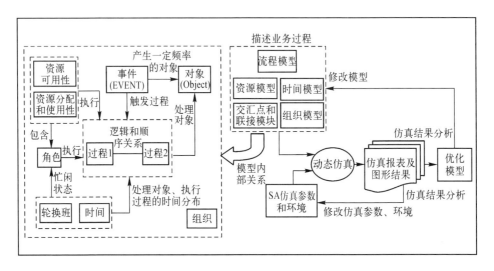

图 3-29 基于 IDEF3 的流程分析原理图

（1）流程模型。流程是仿真执行的核心,它通过活动、子活动、连接弧以及各种连接节点来描述各任务之间的依赖关系。在仿真中,IDEF3 的建模元素 UOB 分为四种类型:事件、过程、结果和保持。事件表示流程的开始,过程是组成流程的基本类型,结果表示流程的结束,保持表示流程中的缓冲、延迟等概念。在仿真中,通过事件产生仿真对象,并确定对象产生的规律和数量,过程主要负责处理事件产生的对象。处理对象的时间由事件模型描述,过程的执行者由角色描述,处理对象需要的资源由资源模型描述,过程之间的关系由交汇点和连接模块描述。在流程中的每一个过程都可以细化,定义下一级子流程图,当对象进入该过程时,同时也就是进入了子流程的处理,从子流程流出后,又进入下一个过程的处理,直到结束。

（2）资源模型。与流程相关的资源信息,每个资源模型包含一定数量的具有相同功能的资源实体(包括角色或装备系统实体),它们按照一定的排队规则分配给活动。当出现多个活动同时请求占用某个资源的情况,就会出现排队现象。资源模型包括资源可用性模型,同一时间完成工作有多少资源可用;资源分配使用模型,完成一项工作需要分配多少资源。资源模型的建立可用于分析资源利用率。

(3)组织模型。主要定义与流程模型虚拟执行有关的组织信息。

(4)时间模型。人员的活动和系统资源的使用遵循一定的时间,例如如果某活动在一个时间段内执行,而某个角色资源在这个时间段内不可用,则这个角色不能被这个过程所利用。只有在时间表所定义的时间范围内,资源才是可用的,活动才能被执行。时间模型和资源模型共同驱动流程模型。

(5)交汇点和连接模块。在构建流程模型时,可以根据任务之间的逻辑关系按需选择相应的交汇点类型。

服务流程分析以 Telelogic SA Simulator[8] 为平台,使用 Telelogic SA 作为软件开发工具进行流程验证,一般采用如下步骤:

(1)开发与仿真相关的静态体系结构模型。

(2)建立流程规则模型。采用 IDEF3 的形式建立完整的服务流程规则模型,对模型中的服务行为单元分解到所需要的程度,形成进程流。

(3)创建仿真对象。仿真对象是在流程中运行的实体,设置仿真中对象的表现形式。

(4)设置对象到达率。对象的到达频率(arrival profile)包含两个方面的内容,一是单位时间内到达系统的对象数量,二是上述频率将持续多长时间。另外,也可用对象到达的时间间隔(inter - arrival time)表示对象的到达率,并将仿真对象分配到事件和进程上。

(5)创建角色。角色是行为单元中涉及的人力资源或者抽象资源,每一个行为单元至少要分配一个角色,否则无法执行它的功能。

(6)创建轮换班。轮班制度表示某段时间资源的可用性,也表示了某段时间进程的可用性。

(7)创建资源可用性和分配使用等资源模型。将角色和班次结合起来形成资源的可用性模型,并将资源分配到进程上。

(8)设置角色资源执行进程所需的时间,和轮换班共同表示仿真模型中的时间模型。

(9)设置交汇点和连接模块的属性。交汇点和连接一起构成了流程中的同步、异步等概念,作为流程模型的执行规则。

(10)设定仿真参数。仿真参数包括模型运行的时间、速度等一些参数,并可以在模型运行仿真的过程中进行调节。仿真参数的设定为后续数据的统计、分析提供依据。

（11）验证可执行模型。检验各模型参数是否设置完毕等的语法规则,生成验证报告,根据验证的错误信息检查和修正仿真模型。

（12）在 SA Simulator 中运行仿真模型,分析仿真结果,修改作战规则模型,进行比较分析,达到对结构优化的目的。

3.5 典型空间信息系统体系结构建模与分析

本节以典型空间信息系统为实例,以空间信息体系支援反导作战为背景,综合运用以数据为中心的体系结构设计方法,采用军事信息系统体系结构设计工具,进行空间信息支援下反导作战的体系结构设计案例研究,构建典型的体系结构视图模型,用于验证本章研究的基于体系结构的信息系统设计方法的有效性。

3.5.1 作战体系结构视图建模

作战体系结构视图对任务、活动、作战要素和完成任务所需要相关信息流进行描述,目的是完整地描述作战任务,明确作战任务对系统的需求。针对空间信息系统在反导作战中的应用,本节综合应用面向对象、结构化和基于活动的体系结构设计方法,采用军事信息系统体系结构设计工具,所建立的作战体系结构视图模型包括:高级作战概念图 OV – 1,作战活动模型 OV – 5,组织关系图 OV – 4,作战节点连接描述图 OV – 2 和作战事件跟踪描述 OV – 6c。

3.5.1.1 高级作战概念图

在空间信息支援下的反导作战过程中,假定敌方战术弹道导弹对我方阵地进行袭击,我方的作战实体包括:预警装备、侦察装备、通信导航装备、测绘装备、指控装备、电子对抗装备以及火力单元(反导武器)。侦察装备和测绘装备完成战前对敌方导弹发射阵地位置等的侦察,并在反导拦截过程中提供情报、气象和地形等支援,在空间信息支援和上级指令下,由反导部队对敌方导弹进行反导作战,其中天基预警系统提供早期预警信息,地面和空中预警系统对来袭导弹进行更为精确的跟踪预警,通过地面有线或无线通信网将预警信息传输给指挥中心,信息融合后制定作战计划,由反导武器对敌方导弹进行拦截。根据想定建立高级作战概念图如图 3-30 所示。

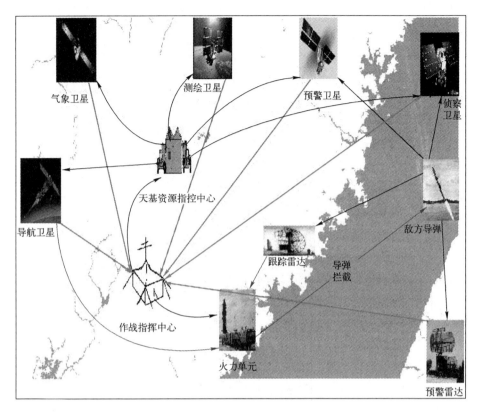

气象卫星

测绘卫星

预警卫星

侦察卫星

天基资源指控中心

导航卫星

跟踪雷达

敌方导弹

导弹拦截

作战指挥中心

火力单元

预警雷达

图 3-30　高级作战概念图

3.5.1.2　作战活动模型

作战活动模型用于描述在实现作战使命和目标的过程中需要完成的作战活动、活动之间的输入/输出(I/O)流。活动模型一般采用分层结构,对作战活动进行逐级分解,直到满足作战需求所要求的层次为止。在分析需求、作战任务和使命,了解作战环境以及作战资源配置的基础上,建立包括天基资源指挥调度、情报获取、作战指挥控制和拦截作战的分解层次图(OV-5 节点树),如图 3-31 所示。

为了详细描述作战活动,需要对节点树模型进行分解。本节以活动描述语言 IDEF 0 为基础,建立了"父子活动"模型,实现步骤分解的活动模型如下。

(1) 一级作战活动模型。建立的一级作战活动分解模型如图 3-32 所示。根据作战想定,对天基信息支援下的反导作战活动分解为天基资源指挥调度、情报获取、作战指挥控制和拦截作战四个子活动,活动与活动之间的箭头分别表明了该活动执行所具备的条件、所需的数据信息(输入)、活动执行平台和活动的执行结果(输出)等。

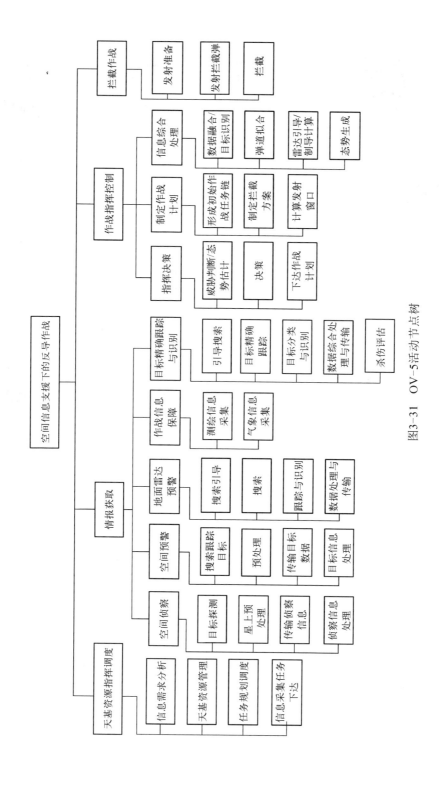

图3-31 OV-5活动节点树

78

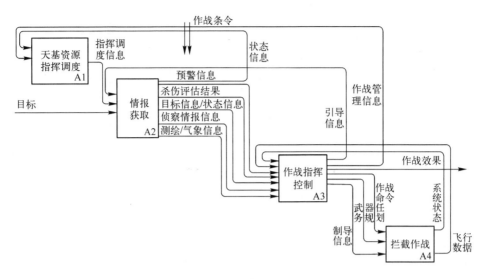

图 3-32　一级作战活动模型

（2）二级作战活动分解模型。对一级分解模型进行分解,得到二级作战活动分解模型,天基资源指挥调度活动分解模型如图 3-33 所示。分解模型包括信息需求分析、天基资源管理、任务规划调度和信息采集任务下达活动,活动之间的信息交换用箭头表示。在作战管理信息的输入下,进行信息需求分析,同时对空间卫星资源进行管控,规划信息采集任务,最终输出指挥调度信息,用于指导天基资源的信息获取活动。

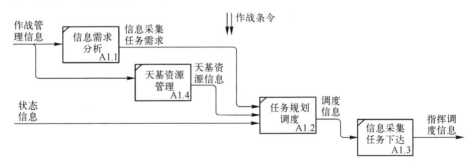

图 3-33　天基资源指挥调度活动分解模型

情报获取活动可分解为空间侦察、空间预警、地面雷达预警、作战信息保障、目标精确跟踪与识别活动,分解模型如图 3-34 所示。模型的输入是指挥调度信息、目标和引导信息,输出信息是侦察情报信息、状态信息、预警信息、测绘气象信息、杀伤评估信息等。

作战指挥控制活动分解模型如图 3-35 所示,包括指挥决策、制定作战计划、信息综合处理活动,对已经获得的侦察情报信息、状态信息、预警信息、测绘

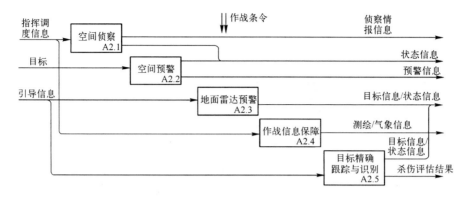

图 3-34　情报获取活动分解模型

气象信息进行综合处理,得到制导信息和引导搜索信息,制定作战计划和方案,形成作战管理信息、作战命令、武器任务规划信息等输出信息。

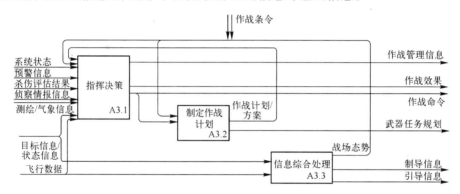

图 3-35　作战指挥控制活动分解模型

拦截活动可分解为发射准备、发射拦截弹和拦截活动,分解模型如图 3-36所示。在作战命令、武器任务规划信息的输入下,启动拦截系统,发射拦截弹,根据制导信息,完成对敌方导弹的拦截作战活动。

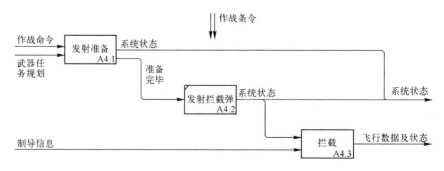

图 3-36　拦截活动分解模型

（3）三级作战活动分解模型。分别对二级分解模型中的空间侦察、空间预警、地面雷达预警、作战信息保障、目标精确跟踪与识别活动、指挥决策、制定作战计划、信息综合处理活动进行分解，得到相对应的三级作战活动分解模型。图3-37和图3-38分别为空间侦察活动分解模型、目标精确跟踪与识别活动分解模型。由于篇幅关系，其他三级分解模型本书中没有给出。

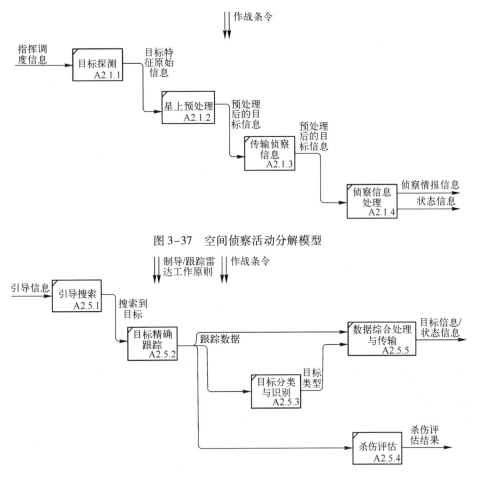

图3-37　空间侦察活动分解模型

图3-38　目标精确跟踪与识别活动分解模型

3.5.1.3　组织关系图

组织关系图OV-4描述在体系结构中发挥主要作用的组织或组织类型，以及组织中包含的角色，这些关键角色可分配到OV-2中的作战节点上，角色执行OV-5中作战活动以及完成活动之间的交互。通过建立OV-4视图，不仅可显示实现作战过程的军事组织，而且理清在体系结构中的组织之间、组织与角色之间可能存在的各种关系(如指挥控制关系、协调关系)。图 3-39 是空间信息支援下反导作战的组织关系图,主要包括预警雷达站、作战指控中心、天基资源指控中心和信息中心,其中虚箭头表示情报支持关系,其他线条表示指挥关系。

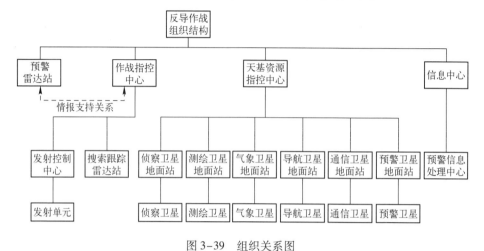

图 3-39 组织关系图

3.5.1.4 作战节点连接描述图

作战节点是在执行任务过程中作战体系结构中产生、使用或处理信息的一个要素和实体,可以是一个真实的物理实体,也可以是物理实体的组合或者是一个从作战活动中抽象出来的虚拟实体,包括体系结构的内部节点,以及与内部节点通信的外部节点,作战节点的确定取决于体系结构所要求的详细程度。作战节点连接描述视图 OV-2 描述作战节点、节点的部署以及节点间用于信息交换的需求线,确定信息流动的逻辑网络,同时还显示了完成 OV-5 中相关作战活动所必需的关键角色和必要交互。空间信息支援下反导作战的作战节点有指挥控制节点、预警雷达节点、天基侦察节点、天基预警节点、通信卫星节点、天基资源指控节点、测绘卫星节点、气象卫星节点、搜索跟踪雷达节点、导航卫星节点、发射控制节点、拦截弹等,各节点间完成信息交换,形成信息流网络,构成作战节点连接描述视图 OV-2,如图 3-40 所示。其中天基资源指控节点的主要作用是管理各卫星资源,完成对目标的探测需求。

对天基预警节点进一步细化,得到高轨预警卫星、中轨预警卫星、低轨预警卫星、预警卫星地面站、预警卫星处理节点等作战节点,在天基资源指控节点的管理下,预警卫星节点获取目标红外信息,通过卫星地面站转发至信息处理节点进行处理,将处理后的目标信息传输至指挥控制节点,各节点间的信息交换关系如图 3-41 所示。

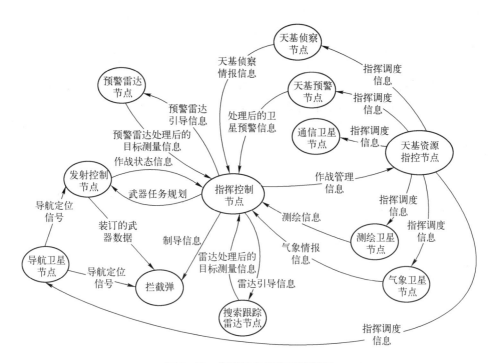

图 3-40　作战节点连接描述视图

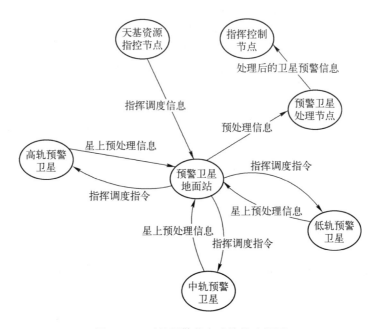

图 3-41　天基预警节点连接描述视图

3.5.1.5 作战事件跟踪描述

作战事件跟踪描述图 OV-6c 用于按照时间顺序检查参与其中的作战节点之间的信息交换,确定交互作用和作战线程,能够对想定中的行动或事件关键序列进行跟踪,确保每个参与作战的节点能在适当的时间获得必要信息,从而执行指定的活动。OV-6c 中消息的信息内容与 OV-2 作战节点和 OV-5 作战活动模型中的信息流有关。根据已经建立的 OV-2 和 OV-5 视图,建立作战事件跟踪描述如图 3-42 所示,空间信息支援下反导作战事件顺序为:发现目标→发送引导信息→上报目标信息→发送引导信息→上报目标信息→发送拦截指令→发送装订信息→制导。

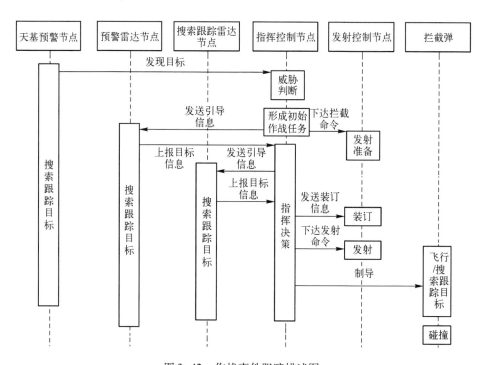

图 3-42 作战事件跟踪描述图

对预警事件进一步细化描述如图 3-43 所示,对事件的描述形式为:传送卫星预处理信息事件,源作战节点为中、高轨预警卫星,目的节点为预警卫星地面站,预警事件流为:来袭目标飞行→传送卫星预处理信息→传送卫星预处理信息→传送预警信息→上报预警信息→上报目标信息→下达作战命令。

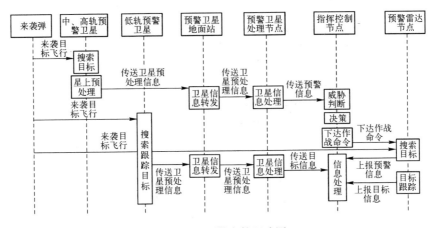

图 3-43　预警事件跟踪图

3.5.2　系统体系结构视图建模

系统体系结构视图是用来描述系统组成单元、功能和单元之间的关系,本节建立系统功能图 SV-4、系统接口图 SV-1、系统功能图 SV-4、作战活动与系统功能跟踪图 SV-5、系统关系矩阵 SV-3、系统规则模型 SV-10 等系统体系结构视图模型,分析不同系统之间的连接关系。

3.5.2.1　系统功能图

系统功能图(SV-4)展示了系统功能、系统功能的层次以及它们之间的系统数据流,与作战活动模型(OV-5)具有相关性,主要对每个系统输入(消费)和输出(生产)的必要系统数据流进行清晰的描述。SV-4 的建立要确保系统功能上的连接是完整的,同时功能分解的详细程度要适当。对于空间信息支援下反导作战体系,建立包括信息获取功能、信息传输功能、(SV-4 功能节点树),如图 3-44 所示。对系统功能进行分解,建立包括最顶级功能的高级关联图后,用低层的系统功能分解这些功能,直到所需要的程度。

将顶层信功能分解为信息获取功能、信息处理功能、信息传输功能、指挥控制功能、导弹拦截功能和电子对抗功能,如图 3-45 所示,采用数据流图的形式描述系统功能间的数据流动,显示数据的输入和输出以及存储。

信息获取功能分解为预警探测功能、情报侦察功能、环境侦测功能和导航定位功能,其中预警探测功能包括红外探测和雷达探测功能,功能分解图如图 3-46 所示,蓝色方框表示信息数据的存储器。

红外探测功能和雷达探测功能分解图如图 3-47 所示。

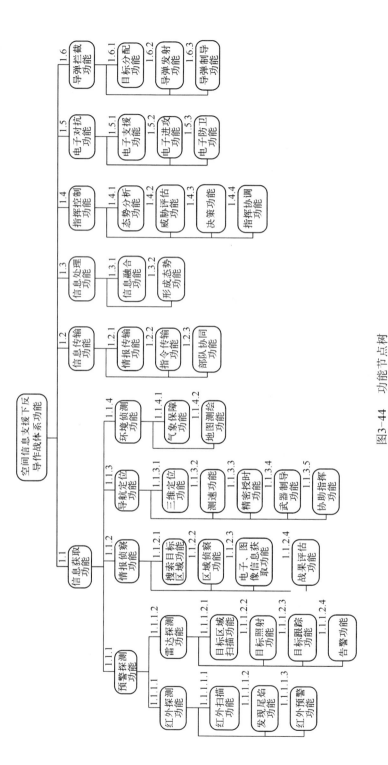

图3-44 功能节点树

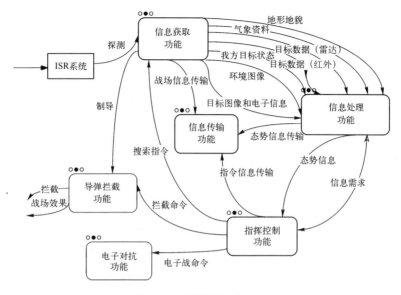

图 3-45 顶层功能分解图

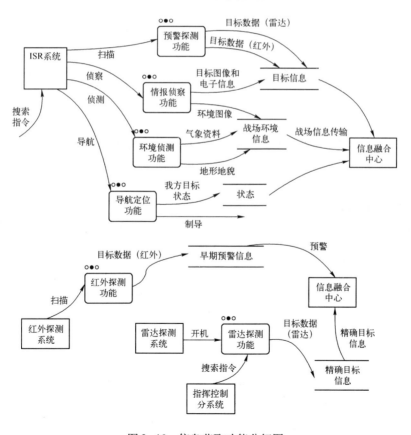

图 3-46 信息获取功能分解图

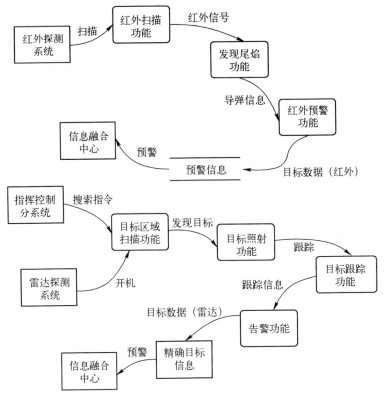

图 3-47　预警探测功能分解图

图 3-48 是情报侦察、环境侦测和导航定位功能分解图,其中情报侦察功能分解为搜索目标区域功能、区域侦察功能、电子图像信息获取功能和战果评估功能,环境侦测功能包括气象保障和地图测绘功能,导航定位功能包括三维定位、精密授时和测速功能。

信息处理功能分解为信息融合功能和形成态势功能,信息传输功能分解为情报传输功能、指令传输功能和部队协同功能,指挥控制功能分解为态势分析功能、威胁评估功能、决策功能和指挥协调功能,导弹拦截功能包括目标分配功能、导弹发射功能和导弹制导功能。各子功能间的数据流如图 3-49 所示。

3.5.2.2　系统接口图

系统接口图 SV-1 描述了系统,确定了系统之间的接口以及系统所处的节点,记录了节点的系统特征。SV-1 和 OV-2 之间具有一定的对应关系,即作战节点部署在系统节点上。空间信息支援下反导作战系统组成描述图如图 3-50 所示。

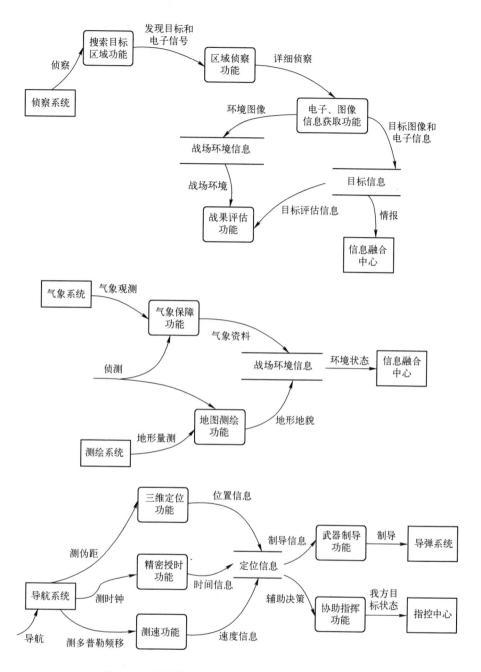

图 3-48　情报侦察、环境侦测和导航定位功能分解图

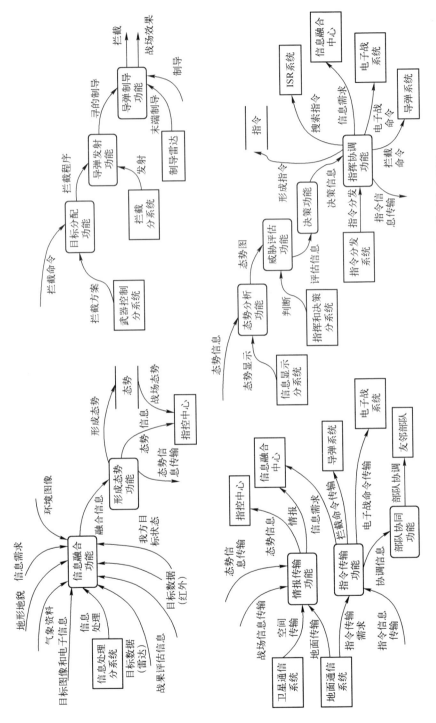

图3-49 信息处理、传输、指挥控制和导弹拦截功能分解图

90

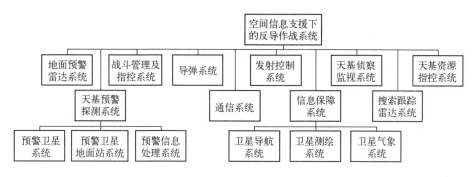

图 3-50　系统组成图

空间信息支援下反导作战的系统节点包括天基预警节点、天基资源指控节点、指挥控制节点、地面预警雷达节点、搜索跟踪雷达节点、发射控制节点、拦截弹等,关联系统、系统节点和系统功能的关系(系统执行发生在系统节点上的系统功能),将三者的关系映射到功能、节点、系统上(系统执行发生在系统节点上的系统功能)。并将数据交换映射到需求线上,形成系统功能之间的输入和输出数据流,得出 SV–1 系统接口描述视图,如图 3-51 所示。

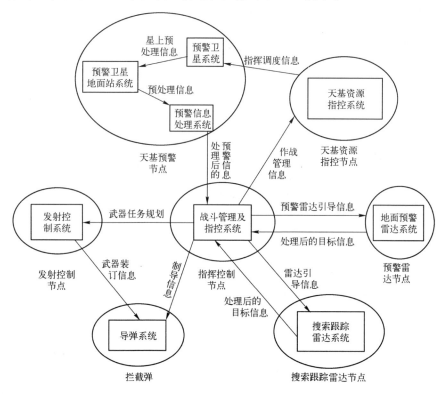

图 3-51　系统接口图

3.5.2.3 作战活动与系统功能跟踪图

SV-5 描述了作战活动与系统功能之间的映射关系,确定了作战需求向系统所执行的特定目的的行动(由某个系统执行)的转化,即系统功能如何支持作战活动的执行,作战活动从 OV-5 中的叶子活动获得,系统功能从 SV-4 中获得。作战活动与系统功能并不是一一对应的关系,一个作战活动可以由多个系统功能支持;同样,一个系统功能通常支持多个作战活动。关联体系结构中的系统功能和作战活动,形成二维关系如表3-5所示,表中"×"表示所对应的作战活动与系统功能具有关联关系。通过 SV-5 映射系统功能和作战活动的关系,将作战体系结构模型和系统体系结构模型联系起来。

表3-5 作战活动与系统功能关系(部分)

系统功能＼作战活动	天基资源管理	目标探测	星上预处理	侦察信息处理	搜索跟踪目标	目标信息处理	传输目标数据	搜索引导	跟踪与识别	数据处理传输	测绘信息采集	气象信息采集	目标精确跟踪	目标分类识别	威胁判断	下达作战计划	制定拦截方案	态势生成	发射拦截弹	拦截
红外扫描功能		X	X		X			X												
红外预警功能		X			X			X												
目标跟踪功能													X	X						
告警功能			X				X													
区域侦察功能		X	X																	
情报传输功能							X			X										
三维定位功能													X				X			X
测速功能													X							
武器制导功能																			X	X
气象保障功能												X					X			
地图测绘功能											X						X			
指令传输功能																X	X			
信息融合功能													X				X			
态势分析功能															X		X			
威胁评估功能															X					
决策功能																X	X		X	
指挥协调功能	X															X	X			
目标分配功能																	X			
导弹制导功能																			X	X
⋮									⋮											

3.5.2.4 系统关系矩阵

系统关系矩阵 SV－3 以矩阵的形式,提供 SV－1 所描述的接口的详细特征,通过 SV－3 可快速浏览多个 SV－1 图中的接口,进一步总结描述 SV－1 接口框图中的节点间和节点内确定的系统—系统间的关系。在已经建立的 SV－1 的基础上,构建空间信息系统的系统关系矩阵如图 3-52 所示,图中"·"表示两个系统间具有连接关系。

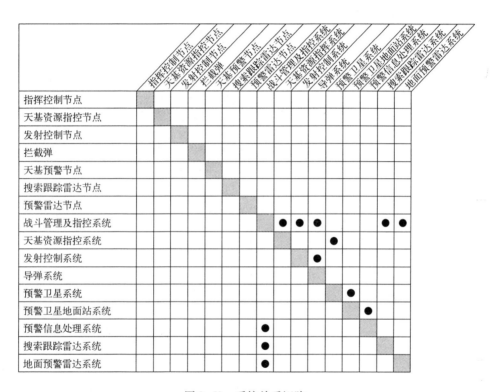

图 3-52　系统关系矩阵

3.5.2.5 系统规则模型

系统规则模型是对体系结构、系统、系统功能的约束,它描述系统与系统功能在特定条件下的运行规则与约束。在较高层次,SV－10 描述对体系结构静态属性和动态行为的约束。在较低层次,SV－10 描述系统设计或实现的具体规则。系统规则主要分为以下三类:①结构规则,反映了体系结构的静态属性,分为实体规则和实体之间关系规则;②行为规则,体现系统状态变化,约束体系结构的动态行为;③推演规则,是实体以及实体之间关系的推演算法。

图 3-53 和图 3-54 是建立的威胁判断规则、作战计划拟定规则、预警卫星告警规则、数据融合规则系统运行规则,采用"if,else"形式描述,并关联相应的作战活动,较为全面地描述了系统运行流程和动态行为的约束,其他规则模型本书中没有给出。

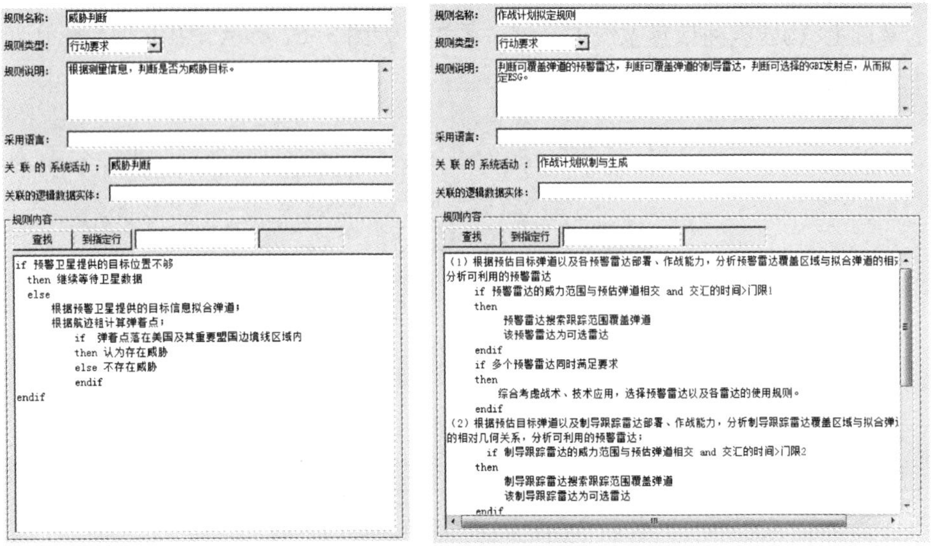

图 3-53　系统规则模型(1)

图 3-54　系统规则模型(2)

3.5.3 服务流程描述与验证

在当前体系结构框架下设计体系结构模型通常描述的是系统静态信息或是动态信息的静态表示(如作战活动模型和服务过程演化描述模型),这些模型不能提供信息在什么条件下产生,以及信息是如何接收和发送的具体细节,很难对系统之间的交互作用等动态行为进行分析。动态可执行模型可以定义信息接收、产生发送的条件,反映随时间变化的活动、行为的信息交换以及活动和角色之间的动态交互。通过可执行模型的运行进行性能评估,并对在作战环境中的资源转化为功能的效率进行评价。可执行模型中的执行规则描述行为单元之间的执行、调用关系以及与静态模型产品之间的数据流关系。根据空间信息支援下反导作战的体系结构视图模型,基于 IDEF3 技术对反导作战预警服务流程进行建模和验证分析,描述天基预警系统的动态服务过程,分析天基预警服务的效用。

3.5.3.1 服务流程模型

建立面向反导作战的天基预警系统服务流程模型如图 3-55 所示,服务流程模型中包含三个组织:①进攻导弹模块,根据实际情况模拟产生相应的来袭弹道导弹的信息,描述敌方导弹的生存状态;②信息获取和指控模块,描述我方对敌方导弹的探测跟踪等服务过程,并进行信息处理;③拦截模块,根据敌我双方目标信息进行拦截决策,描述反导系统对敌方导弹的拦截过程及其拦截效果反馈。服务行为节点有:目标发现服务(高轨)、单源信息处理服务(高轨)、目标助推段跟踪服务、目标发现服务(低轨)、单源信息处理服务(低轨)、目标自由段跟踪(低轨)、目标发现服务(雷达)、目标跟踪服务(雷达)、指挥控制服务、导弹拦截服务、二次拦截服务。服务节点对应的服务资源为:高轨预警卫星节点、高轨卫星信息处理节点、高轨预警节点、低轨预警卫星节点、低轨预警信息处理节点、低轨预警节点、地面雷达节点、地面雷达节点、指控节点、导弹拦截节点、导弹拦截节点。其中指挥控制服务、导弹拦截服务节点可以根据服务功能中的子服务转换成 IDEF3 规则模型的子流程图,本书中没有列出。

3.5.3.2 模型参数设置

在服务流程模型中,事件产生仿真对象,通过设置对象的到达率来模拟服务流程。对服务流程模型的作战想定可作如下设定:敌方弹道导弹射程为 1000km,

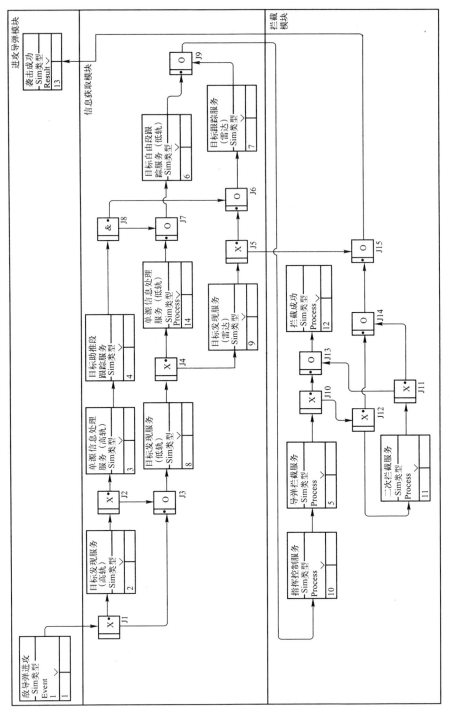

图3-55 服务流程模型

从发射开始,整个弹道的运行时间 T 窗口服从正态分布 $N(500,10)$,其中 500 为期望值,10 为方差,时间为秒,假定拦截系统对目标的拦截时间窗口不大于 460s。服务执行的时间不是固定的,通常服从某一分布,可以作为排队问题来求解,计算方法是首先根据原始资料并按照统计学的方法(例如 χ^2 检验法)以确定其符合哪种理论分布,并估计其参数值,最后根据相关公式计算时间的期望值。参数的计算和获取不是本书的重点,本书通过设置服务流程中的时间参数进行验证。通过仿真得到对于某型导弹,预警卫星对目标稳定探测 30s 时能达到 90% 以上的探测概率,根据仿真结果,在本想定中,设定预警卫星发现目标(即探测概率接近 90% 时)所需的时间服从正态分布 $N(30,1)$ 。模型中服务节点的时间参数如表 3-6 所示,交汇点的属性在表 3-7 中列出部分。在表 3-6 中设置了四种方案,从服务资源数量(1(1)和 1(2)对比)和服务能力(2(1)和 2(2)对比)两方面进行对比验证分析。服务资源数量的增加可以间接提高系统整体服务能力,服务能力可以通过对目标的探测时间和稳定跟踪时间来表示,在表中列出。其中方案 1(2)、2(1)参数相同。表中服务资源的可用性表示系统在同一时间可提供服务的资源数。

表 3-6 资源模型和时间模型参数

服务行为节点	资源分配、可用性			服务执行时间(分布)		
	方案 1(1)	1(2)、2(1)	2(2)	方案 1(1)	1(2)、2(1)	2(2)
目标发现服务(高轨)	1(3)	1(4)	1(4)	$N(35,1)$	$N(30,1)$	$N(22,1)$
单源信息处理服务(高轨)	1(3)	1(4)	1(4)	$N(28,1)$	$N(25,1)$	$N(20,1)$
目标助推段跟踪服务	1(3)	1(4)	1(4)	$N(29,1)$	$N(25,1)$	$N(23,1)$
目标发现服务(低轨)	1(4)	1(6)	1(6)	$N(36,2)$	$N(32,2)$	$N(29,2)$
单源信息处理服务(低轨)	1(4)	1(6)	1(6)	$N(28,1)$	$N(25,1)$	$N(20,1)$
目标自由段跟踪(低轨)	1(4)	1(6)	1(6)	$N(130,2)$	$N(120,2)$	$N(100,2)$
目标发现服务(雷达)	1(3)	1(3)	1(3)	$N(53,3)$	$N(53,3)$	$N(53,3)$
目标跟踪服务(雷达)	1(3)	1(3)	1(3)	$N(130,3)$	$N(130,3)$	$N(130,3)$
指挥控制服务	1(1)	1(1)	1(1)	$N(60,0.5)$	$N(60,0.5)$	$N(60,0.5)$
导弹拦截服务	1(3)	1(3)	1(3)	$N(65,2)$	$N(65,2)$	$N(65,2)$
二次拦截服务	1(3)	1(3)	1(3)	$N(65,2)$	$N(65,2)$	$N(65,2)$

表 3-7 部分服务流程模型交汇点属性描述

交汇点名称	类 型	(前)后置 IDEF3 元素名称	属 性
J1	异或(输出)	目标发现服务(高轨)、J3	可采取高、低轨卫星对目标进行探测
J2	异或(输出)	单源信息处理服务(高轨)、J3	设置高轨卫星的探测概率90%
J3	或(输入)	J1、J2	任何一分支的对象都可通过交汇点
J4	异或(输出)	单源信息处理服务(低轨)、目标跟踪服务(雷达)	设置低轨卫星的探测概率90%
J5	异或(输出)	J6、J15	设置雷达对目标的探测概率90%
J10	异或(输出)	J12、J13	设置导弹单次拦截概率90%
J11	异或(输出)	J13、J14	设置导弹单次拦截概率90%
J12	异或(输出)	二次拦截服务、J14	设置导弹拦截时间窗口范围436s

3.5.3.3 服务流程仿真结果分析

通过流程仿真,四种方案的服务资源的繁忙程度、服务行为节点的繁忙程度统计如表 3-8 和表 3-9 所示,总的拦截数据统计如表 3-10 所示。服务资源繁忙程度的对比分析用图形化表示如图 3-56 和图 3-57 所示。服务行为节点的繁忙程度对比如图 3-58 和图 3-59 所示。

表 3-8 服务资源的繁忙程度统计

服务资源繁忙程度	方案 1(1)	方案 1(2)、2(1)	方案 2(2)
低轨预警信息处理节点	16.42%	10.09%	7.39%
低轨预警卫星节点	16.71%	10.26%	7.59%
地面雷达节点	13.11%	13.11%	13.11%
导弹拦截节点	9.18%	9.46%	9.66%
高轨预警信息处理节点	5.47%	3.30%	1.09%
指控节点	23.46%	23.46%	23.46%
高轨预警卫星节点	6.95%	4.18%	2.62%

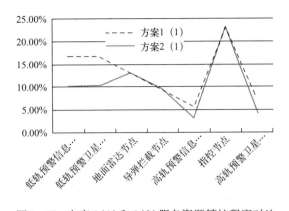

图 3-56　方案 1(1) 和 1(2) 服务资源繁忙程度对比

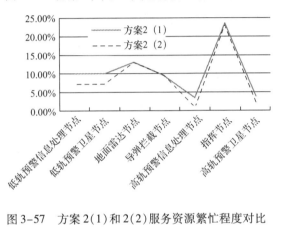

图 3-57　方案 2(1) 和 2(2) 服务资源繁忙程度对比

表 3-9　服务行为节点的繁忙程度统计

服务行为节点的繁忙程度	方案 1(1)	方案 1(2)、2(1)	方案 2(2)
单源信息处理服务(低轨)	6.75%	3.45%	1.96%
目标自由段跟踪(低轨)	32.46%	24.04%	18.20%
目标发现服务(低轨)	8.91%	3.47%	2.15%
目标发现服务(雷达)	0.57%	0.57%	0.57%
目标跟踪服务(雷达)	38.76%	33.76%	28.76%
二次拦截服务	2.13%	2.96%	3.55%
单源信息处理服务(高轨)	9.06%	7.20%	5.76%
指挥控制服务	4.69%	4.69%	4.69%
目标发现服务(高轨)	13.51%	10.72%	6.87%
导弹拦截服务	8.47%	8.47%	8.47%
目标助推段跟踪服务	9.34%	6.19%	4.61%

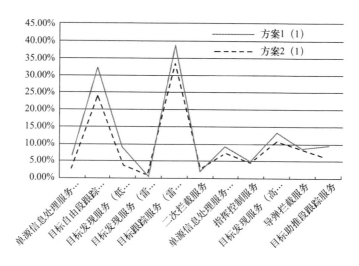

图 3-58 方案 1(1) 和 1(2) 服务行为节点繁忙程度

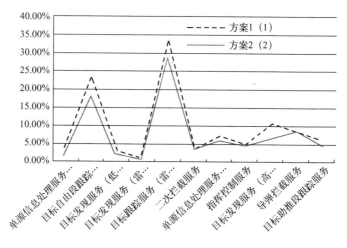

图 3-59 方案 2(1) 和 2(2) 服务行为节点繁忙程度

表 3-10 拦截数据统计

	仿真对象总数	成功拦截总数	袭击成功总数	总拦截概率
方案 1(1)	2000	1751	249	87.55%
方案 1(2)、2(1)	2000	1810	190	90.50%
方案 2(2)	2000	1852	148	92.60%

综合以上统计数据和图表可以看出:

(1) 预警资源本身的服务能力是影响服务效率的重要因素。方案 2(1) 和 2

（2）进行对比,在方案2(2)中天基预警服务资源能力高于2(1),服务效率指标更好。如低轨预警信息处理节点繁忙程度小3%以上,拦截成功概率高2%。

（2）增加天基服务资源的数量可提高服务的效率。方案1(1)和1(2)进行对比,方案1(2)的服务资源数更多,系统可选择服务能力更高资源组合执行服务,服务效率指标更好。如低轨预警信息处理节点资源的繁忙程度小6%以上,拦截成功概率高近3%。

因此,为提高天基预警系统服务效率,一方面提高系统本身服务能力(传感器性能或是优化空间布局),另一方面可以增加可供选择的服务资源,在可供选择的资源中选择具有较优服务能力的传感器组合对目标进行探测和跟踪。

参 考 文 献

[1] Lee,Shelton. DoDAF V2.0 Overview[R]. Addepartment of defense washingdon DC chief information officer,2010(4):1 – 38.

[2] (美)Thomas Erl. SOA 概念、技术和设计[M].王满红,陈荣华译.北京:机械工业出版社,2006.

[3] 简平,熊伟.基于活动的 C4ISR 体系结构建模方法研究[J].装备指挥技术学院学报,2009,20(5):50 – 55.

[4] RING S J,NICHOLSON D,THILENIUS J,et al. An Activity – Based Methodology for Development and Analysis of Integrated DoD Architectures[C]//The MITRE Corporation. 2004 Command and Control Research and Technology Symposium. Washington:The MITRE Corporation ,2004:1 – 14.

[5] 王磊. C⁴ISR 体系结构服务视图建模描述与分析方法研究[D].长沙:国防科技大学,2011.03.

[6] Mounira Harzallah. Incorporating IDEF3 into the Unified Enterprise Modelling Language [C]. EDOC Conference Workshop,2007. EDOC 07. Eleventh International IEEE,2007 (10):1 – 8.

[7] Whitman L,Huff B. Structured Models And Dynamic Systems Analysis:The Integration Of The IDEF0/IDEF3 Modeling Methods And Discrete Event Simulation[C]. Simulation Conference,1997.,Proceedings of the 1997 Winter,1997(12):518 – 524.

[8] 北京凌瑞智同科技有限公司.系统工程与软件工程方案技术手册[K].北京:凌瑞智同科技有限公司,2008.5.

[9] DoD Architecture Framework Working Group. DODArchitectureFramework1.0 Volume I[R]. Washington:DoD,2004:1 – 5

[10] Liu Liangcai. Application of SOA technology in the command automation system development [C]. 2010 5th International Conference on Computer Science and Education (ICCSE),2010 (8):1849 – 1851.

［11］ Zoughbi Gregory, Kattnig Gerald, et al. Considerations for Service – Oriented Architecture (SOA) in military environments［J］. GCC Conference and Exhibition (GCC),2011 IEEE, 2011(2):69 – 70.

［12］ DoD CIO. Department of Defense Global Information Grid Architectural Vision1. 0 for a Net – Centric,Service – Oriented DoD Enterprise［R］. Washington:DoD,2007:11 – 31.

［13］ DoD Architecture Framework Working Group. DOD Architecture Framework 1. 5 Volume I ［R］. Washington：DoD,2007:4 – 6.

［14］ DoD Architecture Framework Working Group. DOD Architecture Framework 2. 0 Volume I ［R］. Washington：DoD,2009:13–28.

［15］ IEEE standard for functional modeling language – syntax and semantics for IDEF0［M］. Software Engineering Standards Committee of the IEEE Computer Society,USA,1998,09.

［16］ Kacprzak,Marek；Kaczmarczyk,Andrzej. Verification of integrated IDEF models［J］. Journal of Intelligent Manufacturing,2006,17(5):585 – 596.

［17］ IEEE standard for conceptual modeling language syntax and semantics for IDEF1X／sub 97/ (IDEF／sub object/)［M］. Software Engineering Standards Committee of the IEEE Computer Society,USA,1999,02.

［18］ 王磊,罗雪山,罗爱民. C⁴ISR 体系结构服务视图产品描述方法研究［J］. 科学技术与工程,2010,10(10): 2323–2329.

［19］ 于晓浩. 面向任务的军事信息服务组合方法与关键技术研究［D］. 长沙：国防科技大学,2011. 04.

［20］ Ryan Michael H ,Hanoka We、ston J. A Study of Executable Model Based Systems Engineering from DODAF Using Simulink［R］. AIR FORCE INST OF TECH WRIGHT – PATTERSON AFB OH GRADUATE SCHOOL OF ENGINEERING AND MANAGEMENT, 2012(9):1 – 93.

［21］ Cheng Kai,Zhang Hong – Jun . Framework to evaluate operational effectiveness based on extended IDEF3 method［C］. 2011 International Conference on Advanced Materials and Computer Science,ICAMCS,2011,2329 – 2334.

［22］ Huihua Cheng,Benli Wang,Changjun Wei. Research of Information Weapon System Performance Evaluation Based – on DoDAF［C］. Optoelectronics and Image Processing (ICOIP),2010,192 – 195.

［23］ 姜军,吕翔,罗爱民,等. IDEF 3 过程模型执行性研究［J］. 计算机仿真,2009,26(7): 325 – 328.

［24］ 张帆. 导弹预警卫星系统分析与仿真［D］. 北京：装备指挥技术学院,2007,03.

［25］ 姜志平. 基于 CADM 的 C⁴ISR 系统体系结构验证方法及关键技术研究［D］. 长沙：国防科技大学,2007,10.

［26］ 鲁严京. 基于能力的武器装备体系需求视图产品研究［D］. 长沙：国防科技大学,2006,11

第4章 空间信息系统的 MAS 建模技术

空间信息系统作为一种典型的复杂系统,难以采用传统的系统建模方法如模拟法、统计分析法、有限状态机、基于规则的方法、基于范例推理等进行处理。主要是由于其理论基础尚不足,系统分析所产生的数学模型可信度比较低,难以一种严格的数学形式来对它进行定义及定量分析。在此情况下,可以采用基于 Agent 的行为建模方法,以准确地表述和表达空间信息系统中各类实体的模型。采用 Agent 技术可以方便地构建出基于 Agent 模型模拟空间信息系统的复杂行为,构建出更实用的行为模型。

4.1 MAS 建模理论与方法

4.1.1 Agent 基本理论

4.1.1.1 Agent 定义

Agent 术语最早是由麻省理工学院的著名人工智能学者 Minsky 提出,Agent 方法的提出为分布式开放系统的分析、设计和实现提供了一个崭新的途径。近些年,由于计算机技术的快速发展,引起了许多学者对 Agent 技术的兴趣,并且促进了 Agent 技术的快速发展。同时,由于 Agent 系统的许多特性,为众多学者研究和解决复杂系统的许多问题提供了一个新的解决思路和方向。

不同的研究领域对 Agent 有不同的理解,因此到目前为止,对 Agent 还没有一个明确的定义。通常对于 Agent 有两种观点:一个是弱概念,另一种是强概念。如 Y. Shoham 认为 Agent 是一个其状态可以看作由诸如信念、能力、选择、承诺等职能部件所组成的实体。也有认为 Agent 是一个自动执行的实体,它通过传感器感知环境,通过效应器作用于环境。综上所述,一般情况下 Agent 具有以下部分或全部特征:

(1) 自治性。这是 Agent 最本质的特征。其自治性体现在:Agent 的行为应该是主动的、自发的(至少有一种行为是这样的);Agent 应该具有自主的目标或意图;根据目标、环境等的要求,Agent 应该能自发地感知周围环境的变化,并做出反应。

（2）社会性。在一个系统里面，单个 Agent 的行为必须遵循和符合 Agent 的社会规则，并能通过某种 Agent 交互语言，以某种合适的方式与其他 Agent 进行灵活的交互，实现与其他 Agent 的有效合作。

（3）反应性。具有选择地感知和行动的能力。Agent 能够感知它们所处环境的变化，并能及时迅速地做出反应，以适应环境的变化。

（4）智能性。能够在明确的问题边界内根据预先了解的知识进行推理求解，具有根据目标采取行动的分析能力，可以根据经验和学习进行改进。

（5）异构性。可以比较容易地在不同的环境和平台之间进行移动。

综上所述，结合本书的论述内容，定义 Agent 为：Agent 是军事信息系统中某一部分的抽象（物理实体或者系统功能的抽象），能够在一定的环境下独立自主地运行，为了完成某一任务而作用于环境，并能不断地通过传感器感知其所处的环境，能够将推理和知识表示相结合，通过效应器自主做出反应的功能实体，具有自治性、反应性、自适应性、可通信性以及主动性等特征。

4.1.1.2　Agent 模型

Agent 模型是将实际的军事信息系统转化为仿真系统的关键，Agent 模型描述了 Agent 内部组成结构和工作机制，为具体军事信息系统转化为 Agent 模型设计提供了一套指导性的模板。对于 Agent 有多种分类方法，目前最常用的分类方法是根据 Agent 的智能程度进行划分，在实际的应用中常被分为三种类型：反应型 Agent、慎思型 Agent 和混合型 Agent。

（1）反应型 Agent。主要特点是可以响应环境的变化或者响应来自其他 Agent 的消息，在该模型中，Agent 不需要知识，不需要表示，也不需要推理，决策的制定过程是通过环境与行为的直接映射以"感知—动作"的规则来实现的，如图4-1所示。麻省理工学院的 R. Brooks 的行为语言和包容结构是反应型 Agent 的基础。

（2）慎思型 Agent。主要特点是能够针对意图和信念进行推理，建立行为计划，并执行这些计划。在该模型中，Agent 决策的制定过程是通过逻辑演绎实现的，类似于专家系统。慎思型 Agent 的最大特点就是将 Agent 看作是一种意识系统，如图4-2所示。目前比较有代表性的慎思型 Agent 结构是 BDI（belief - desire - intention，信念—期望—意图）模型。

（3）混合型 Agent。反应型 Agent 能及时而快速地响应外来信息和环境的变化，但其智能程度较低，也缺乏足够的灵活性。慎思型 Agent 具有较高的智能，但无法对环境的变化做出快速响应，而且执行效率相对较低。混合型 Agent

包含了慎思型和反应型两个子系统,融合了经典人工智能和非经典人工智能系统,是目前研究较多的一种结构,具有较强的灵活性和快速响应性,如图4-3所示。

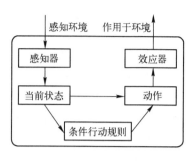

图4-1　反应型 Agent 模型

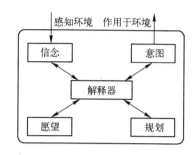

图4-2　慎思型 Agent 模型

由于 Agent 技术正在处于发展之中,各种模型都有待于不断完善。上述各种模型各有优势,但是不管采用何种模型,都可以将 Agent 视为由感知器、效应器、决策模块以及内部状态四部分组成,如图4-4所示。即每个 Agent 都有自己的状态;每个 Agent 都拥有一个效应器作用于环境,即用来改变环境状态的方法,并根据需求来采用相应的处理手段。其处理的原则是:能简单则尽量简单,而不用过分追求方法的复杂性,应以实用且具操作性作为最大的法则。

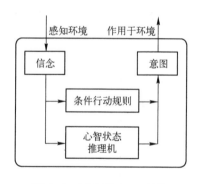

图4-3　混合型 Agent 结构

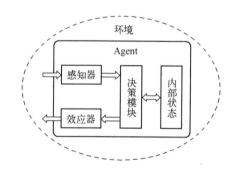

图4-4　Agent 通用模型

4.1.2　MAS 建模方法

随着建模仿真技术的不断发展,要研究的信息系统越来越庞大,由于单个 Agent 知识、能力有限,面对这样的复杂系统,用单个 Agent 来描述显然是不合适的,必须用多个 Agent 来刻画、抽象这样的复杂系统。通常,这种由多个相互作用、相互联系的 Agent 按照一定的组织结构组合起来,相互协同、相互服务共同完成目标求解的系统称为多 Agent 系统(Multi - Agent System,MAS)。

为了减小构建 MAS 的复杂度,增加仿真模型的重用和可维护性,需要研究基于 MAS 进行仿真的建模方法,包括确立基于 MAS 的复杂系统仿真基本原则,对复杂系统建模、Agent 建模以及 Agent 分布进行分析的方法,确定基于 MAS 的复杂系统分布式仿真的建模步骤。

4.1.2.1 MAS 的概念

多 Agents 系统(MAS)是指由多个自治或半自治的 Agent 组成的一个现实问题求解的系统,通常是一个分布式的系统。它并不只是多个 Agent 的简单集合,而是具有一定的组织结构,能够面对具体的问题进行合作,是一种新的问题求解方法。虽然每个 Agent 都是独立自主的,但是能对环境做出反应并作用于环境,通过与其他 Agent 进行通信、交互和协同实现系统目标。正是由于 MAS 更能体现复杂系统的智能特性,具有更大的灵活性和适应性,更适合开放、动态的世界环境,已经广泛应用于复杂系统的仿真领域。MAS 一般包括以下组成部分:

(1) 一个多 Agent 运行的环境。

(2) 一系列的对象,这些对象占据环境中的一个位置,这些对象是被动的,它们能被环境中的 Agent 感知、创建、修改和增删。

(3) 一系列 Agent 集合。

(4) 一系列的关系集合,用来联系 Agent 和对象。

(5) 一系列操作的集合,使 Agent 能够感知、构造、消费、传输和控制对象集合中的对象。

相比于其他建模方法,MAS 方法主要有以下四个的特点:

(1) Agent 是主动的、具有自适应性的实体。这点是 MAS 模型的关键所在,使得它能够用于经济、社会、生态、军事等其他方法难于应用的复杂系统。

(2) Agent 与环境(包括 Agent 之间)间的相互影响,相互作用,都是系统演变和进化的主要动力。这个特点使得 MAS 建模方法能够运用于个体本身属性极不相同,但是相互关系却有许多共同点的不同领域。

(3) MAS 建模方法把宏观和微观有机地联系起来。通过 Agent 和环境的相互作用,使得个体的变化成为整个系统变化的基础,统一地综合起来加以研究。

(4) MAS 建模方法中引进了随机因素的作用,使它具有更强和更灵活的描述和表达能力。

正是由于以上这些特点,使 MAS 建模方法成为研究军事信息系统的强有力方法。

4.1.2.2 MAS 建模原则

对系统进行基于 Agent 仿真的基本原则为:由简单到复杂,由易到难。具体实现为从系统建模的粗粒度到细粒度;从单处理器仿真到分布仿真;从 Agent 数量比较少到大量 Agent 的仿真。在基于 MAS 的复杂系统建模中,分为两个互相联系、相互促进的部分:

(1) 军事信息系统建模分析。包括确定所需要研究的军事信息系统的边界、范围,建立军事信息系统仿真的目标、选择合适的抽象层次,确立军事信息系统中消息流的类型和方向等。

(2) 军事信息系统中个体的 Agent 建模。包括确定每类 Agent 的边界,确立每类 Agent 的行为等。最后将所有的 Agent 分布到计算机上进行仿真。

实际的 MAS 建模与仿真是一个反复和逐步逼近的过程。随着计算机集群系统使用日趋广泛,MAS 系统已经在向分布式系统发展,在进行分布式 MAS 的设计时,必须在系统建模和 Agent 设计中注意以下两点:

(1) 相互间协作频繁的 Agent 尽量分布在同一个节点。由于计算集群中各个节点通过网络进行连接,各个节点之间的通信开销不可忽略,分布在各个节点上的 Agent 需要尽可能的减少节点之问的通信,避免大量的网络通信带来的开销。

(2) 各个节点上 Agent 的计算量尽量一致。从纯粹计算机的角度来看,MAS 实质上是一种离散事件的并行分布式仿真,各节点负载是否均衡将影响仿真的性能和速度。

4.1.2.3 MAS 系统分析流程

在进行 MAS 的具体建模工作之前,首先需要对系统进行充分的分析,在掌握系统结构和层次的基础上,合理确定 Agent 类型,完成信息流的设计。具体流程如下:

1. 系统分析

首先需要对系统进行分析,确定所需要研究的目标复杂系统的边界,明确系统仿真的目标,预期会出现的现象,需要验证的结果以及仿真结果的评价方法,定义系统整体行为表现、系统的交互方式以及数据的表现方式等。其中,整体行为的定义和评价机制是复杂系统分析中最重要的组成部分。

2. 抽象层次选择

对复杂系统进行基于 Agent 的仿真时,由于复杂系统中 Agent 的数目众多,关系复杂,因此,难以直接从最底层的个体建立其仿真结构。针对复杂系统具有层次性的特点,可以采用多层次抽象的建模方法,模型的抽象层次决定了模型中包含的信息数量,随着抽象层次的提高,模型中信息数量也随之减少,低层次的抽象模型比高层次的抽象模型包含了更多的信息。

3. 消息流分析

在确定了复杂系统的抽象模型层次之后,可以对该抽象层次上的复杂系统中的消息流进行分析,包括对消息的类型进行分类和建立各种不同信息的可能流动模式。为了保证仿真目标系统中各个 Agent 之间消息流动的畅通,以及 Agent 模型的重用与综合,需要定义 Agent 之间的消息、协议、消息格式等。通过分析消息流,可以进一步明确复杂系统中某一个抽象层次上各部分之间的关联关系。

4.1.2.4 MAS 建模仿真步骤

在完成 MAS 的建模分析流程之后,根据建模确立的抽象层次,可以对复杂系统中的个体进行 Agent 建模分析。Agent 建模过程有以下几个步骤:

(1)Agent 分类。根据目标系统的抽象层次,给系统中的 Agent 分类,确定每类 Agent 的边界范围,从而确定复杂系统中个体 Agent 的框架。每个 Agent 不能直接访问其他 Agent 的内部状态,它们之间的消息流动必须通过消息通信接口来实现。

(2)建立每类 Agent 的内部状态。内部状态指的是每类 Agent 所具有的属性,如所有 Agent 都应该具有的 Agent 标识、逻辑时钟、消息缓冲区等,以及不同的目标系统中不同的 Agent 所处特定的状态。

(3)确定 Agent 的消息系统。Agent 的消息系统包括有消息接口系统、消息选择机制和消息处理方法等。根据复杂系统建模中定义的信息流和 Agent 分类,Agent 可以确定该 Agent 可能接收到的消息的集合。对每种消息,建立消息处理方法。由于 Agent 可能接收到来自其他多个 Agent 的不同消息,为了保证消息的处理满足消息的时戳顺序,需要有消息选择机制来保证。在基于 Agent 的分布仿真中,消息接口系统和消息选择机制由仿真支持软件来处理,并且应该对应用系统透明。

(4)建立规则系统。根据复杂系统的不同特点,规则处理系统可能只包括简单的反应式的处理,也可能包括有规则库、规则生成系统、规则选择系统和规则评价系统等比较完全意义上的规则系统。根据目标系统中 Agent 的特点,建立适合于仿真目标的规则系统。

(5)Agent 分布。当仿真的复杂系统中的 Agent 数量增加时,单个处理器的计算能力已经不能满足要求。这时,需要将 Agent 分布到集群中各个节点上,利用集群中各个节点的计算能力和复杂系统具有的内在并行性,提高目标系统的仿真效率。

Agent 的分布,需要根据具体的复杂系统应用、采用的仿真算法以及仿真所处的硬件环境来综合考虑。多 Agent 建模仿真步骤如图 4-5 所示。

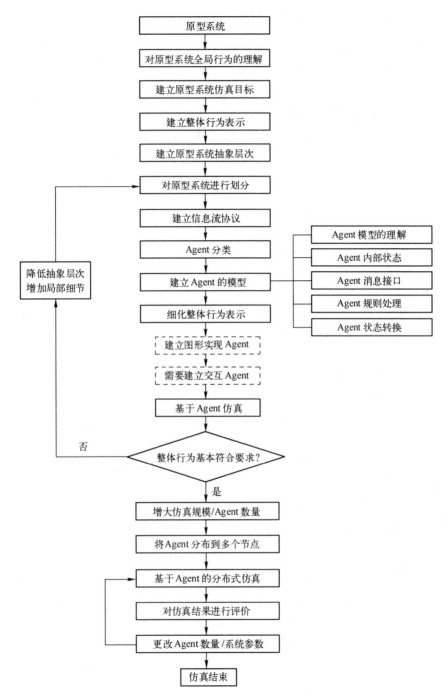

图 4-5　多 Agent 建模仿真步骤

4.1.2.5　军事信息系统的 MAS 总体框架

根据研究内容的客观需要,参考 MAS 建模仿真步骤,在"总体遵循,细节把握"的原则下,建立起面向军事信息系统的 MAS 建模与仿真总体研究框架。将整个建模仿真过程分为四个阶段:系统运行过程分析与建模、系统框架设计、模型详细设计和仿真系统实现。

(1)系统结构分析。对军事信息系统及其作战过程进行分析,明确仿真系统的构成要素、要素功能、作战任务和方式,建立系统作战模型和数学模型。

(2)系统框架设计。在系统结构分析的基础之上,对系统进行层次划分,根据系统的仿真粒度,对 Agent 进行聚合,抽象出符合仿真要求的 Agent 类,确定 MAS 的组织结构框架,建立系统的交互模型、协作模型和通信机制。

(3)Agent 模型详细建模。在系统框架设计的基础之上,建立各个 Agent 的结构模型,描述 Agent 的属性、行为和规则,实现 MAS 中各个 Agent 的详细细节。

(4)仿真系统实现。用 UML 类图实现 Agent 类功能模块设计,将 Agent 分布到高性能并行仿真计算机的各个节点,根据作战想定进行仿真,并对仿真进行可视化分析验证。

下一节将采用 MAS 方法来进行空间信息系统建模,针对空间信息系统的属性和行为规则定义来设计空间信息系统平行系统的 MAS 模型,自上而下与自下而上相结合地完成空间信息系统设计构建,得到有效针对 MAS 模型。

4.2　基于 MAS 的空间信息系统建模

4.2.1　空间信息系统建模框架

基于 MAS 的空间信息系统建模思路是:根据 Agent 的自然属性和特征,在一定分辨率上对于空间信息系统进行分类,将仿真系统中与实际系统相对应的各个单元抽象成各个 Agent,然后建立对应的 Agent 的实体模型即虚拟的空间信息系统实体,并通过对于每个 Agent 模型的封装,采用合适的多智能体体系结构对于 Agent 实体模型进行综合集成,最终实现对系统仿真模型的构建。

1. 构建平台的仿真实体分析与划分

主要研究空间信息系统仿真系统设计和实现。由于空间信息系统包括地基部分和天基信息系统,其组成对象众多,不可能将所有目标都进行建模,权衡实现可能性和系统结构有效性,只能对于研究对象进行初步筛选,纳入本书研究的空间信息系统只包括重要的天基信息系统,即各种监视卫星。

2. 空间信息系统实体模型构建

空间信息系统的实体模型主要是对微观个体进行 Agent 建模,主要包括个体的属性描述、行为、规则模型(其中行为和规则是系统模型研究的重点)。

3. 空间信息系统组织与交互模型

空间信息系统的宏观模型主要是搭建 MAS 整体结构框架,同时建立各层次各个 Agent 的交互模型,其中交互模型需要对于 Agent 交互的协作和通信方式进行定义。

4. 综合集成

通过个体 Agent 模型的运行以及 Agent 模型的交互、耦合来实现系统整体特性的体现,并对于系统整体特性进行把握和控制,特别是系统涌现性。系统整体涌现行为建模的关键是实现系统仿真中大量 Agent 实体行为的自然演进以及其行为引起的 Agent 实体间的交互。

4.2.2 空间信息系统实体分析与划分

空间信息系统仿真系统中涉及的实体对象指各种卫星——"Satellites"(卫星对象)。而本书主要进行天基信息系统仿真系统构建,因此系统模型粒度的选取应该适合系统运行时间要求以及计算量要求等,以下面几个对象作为空间信息系统仿真系统研究的主体对象,如表 4-1 所示。

表 4-1　空间信息系统仿真系统研究主体对象及其属性表

空间目标研究对象	单个对象	卫星	卫星 ID,轨道属性(位置—速度、轨道根数)、载荷属性
		碎片	碎片 ID,轨道属性(位置—速度、轨道根数)
	组合对象	星座	星座编号 ID,成员 ID 集合,星座效能属性
		卫星编队	卫星编队编号 ID,成员 ID 集合,编队效能属性
		链路	链路编号 ID,成员 ID 集合,链路效能属性
	系统对象	侦察监视卫星系统	卫星系统 ID,单元 ID 集合,系统效能属性
		导航定位卫星系统	卫星系统 ID,单元 ID 集合,系统效能属性
		通信中继卫星系统	卫星系统 ID,单元 ID 集合,系统效能属性
		导弹预警卫星系统	卫星系统 ID,单元 ID 集合,系统效能属性
		气象卫星系统	卫星系统 ID,单元 ID 集合,系统效能属性
		……	……
	体系对象	空间信息系统	子系统构成 ID 集合,体系量化评估指标属性

4.2.2.1 单个对象

1. 卫星

卫星按载荷分类,分为侦察监视、导弹预警、通信中继、导航定位、气象监测等各类卫星、星座以及各类航天飞行器。卫星由平台和载荷组成,从而拥有两种属性:空间运动状况(空间位置和速度)和工作性能(例如导航定位精度,导弹预警时间等)。

2. 碎片

空间碎片系指位于地球轨道或重返大气稠密层不能发挥功能而且没有理由指望其能够发挥或继续发挥其原定功能或经核准或可能核准的任何其他功能的所有人造物体,包括其碎片及部件,不论是否能够查明其拥有者。目前只对于在轨已编目的空间碎片进行建模仿真,其来源可划分为:任务相关的物体、在轨解体的物体和结束任务的空间系统等。

4.2.2.2 组合对象

在大多数情况下,单靠一颗卫星难以实现全球或特定区域的不间断通信、侦察、探测目的。卫星星座(简称星座)是指多颗卫星组成,卫星轨道形成稳定的空间几何构型,卫星之间保持固定的时空关系,用于完成特定航天任务的卫星系统。同时由微小卫星构成,卫星间相对距离较近,存在紧密的信息互联和协同控制的分布式卫星系统表现为多颗卫星的编队飞行,简称卫星编队。卫星编队要求星间关系满足一定条件,从而形成封闭的相对运动轨迹,利用编队构型的特定几何形状实现任务目标,与星座概念不同。卫星星座和卫星编队是常见的卫星协同工作的组合方式,在空间信息系统组合在一起完成某项任务时,星座和卫星编队可以被视为整体的空间信息系统的组合单元来研究。

4.2.2.3 系统对象

1. 侦察监视卫星系统

侦察监视卫星系统的主要任务是从空间获取地面目标的特征信息,监视低速运动目标的动态变化。平时用于获取战略情报,战时用于获取战场信息特别是动态敌情信息,发现、识别、监视敌方重要战略战术目标,进行打击效果评估,系统由以下三个部分组成:①空间部分,主要包括卫星、星座或分布式卫星编队;②数据链路,主要包括上行链路、下行链路(通信、测控、数传)及星间链路;③地面支持设施,主要包括发射设施、测控站和数据接收站。

侦察监视卫星系统包括各类侦察监视卫星,如电子侦察卫星系统、光学成像侦察卫星系统、雷达成像侦察卫星系统、海洋目标监视卫星系统等,通常搭载的载荷有可见光相机、红外敏感器、多光谱相机、合成孔径雷达(Synthetic Aperture Radar,SAR)、电视摄像仪等。侦察监视卫星系统以单星工作方式为主,也有海洋监视卫星系统以卫星编队形式工作,天基红外系统(Space – Based Infrared System, SBIRS)以星座方式工作,各卫星的数据在地面数据接收站进行融合。

2. 导航定位卫星系统

导航定位卫星系统是利用天基导航定位卫星和用户接收天线之间的距离的观测量为基础,根据已知的卫星瞬时坐标,为地球表面和近地空间的广大用户提供全天候、全天时、高精度的位置、速度和时间等导航信息服务。导航定位卫星系统大多是由星座形式构成的,例如美国的 GPS 全球定位系统、俄罗斯的 GLO-NASS 全球导航卫星系统、欧洲的 GALILEO 导航卫星系统和我国的"北斗"1 代、2 代导航定位系统。

3. 通信中继卫星系统

通信中继卫星系统包括卫星通信系统、数据中继卫星系统、战场态势直播卫星系统。

(1)卫星通信系统:地球上的无线电台站之间利用人造卫星作为中继站进行信息传输的系统,包括战术通信卫星系统、战略通信卫星系统、特殊通信卫星系统等,其主要任务是:全球远距离通信;孤立地区通信;对迅速扩展到新地区的支援;紧急行动;陆海空三军协同通信;对特殊用户(如军舰、飞机)的支援。

(2)数据中继卫星系统(跟踪与数据中继卫星系统):利用同步卫星和地面终端站对中低轨航天器进行高覆盖率测控和数据中继的测控通信卫星系统。它是一个部署在空间的"天基测控站",具有跟踪测轨和数据中继两方面功能,其主要任务是进行高速数据中继传输和多目标测控,为全球侦察、预警数据实时回传地面提供高速数据通道,对中、低轨道航天器发回地面的数据、图像、话音等信息进行实时、连续的中继;对各类卫星进行天基测控,跟踪、测量和控制其他航天器,转发地球站对中、低轨道航天器的跟踪测控信号,并将其他航天器的轨道数据和遥测数据等转发给地面测控站。

(3)战场态势直播卫星系统:通过地球同步轨道卫星,以大功率辐射地面某一区域,向作战单元实时传送战场态势信息,如高分辨率图像、侦察报告、导弹预警、气象信息等。与传统通信卫星相比,直播卫星具有如下特点:卫星波束窄,仅覆盖某一国家或地区;卫星辐射功率大;用户接收设施实施成本低、易推广普及等。

4. 导弹预警卫星系统

导弹预警探测系统如天基红外预警系统和天基雷达预警系统,能够对敌方的导弹攻击进行预警,获取空中和空间运动目标信息,为反导和防空等作战任务提供敌方弹道导弹、空间信息系统、战略轰炸机和巡航导弹等信息服务。通常以单星或卫星编队或星座形式构成,例如美国 1995 年起研制的天基红外预警卫星系统(Space – Based Infrared System,SBIRS),其主要任务是导弹预警、导弹防御、技术情报、战场描述和空间监视,分为高轨系统(SBIRS – High)和低轨系统(SBIRS – Low)。

5. 天基空间目标监视卫星系统

天基空间目标监视系统是指依托卫星搭载探测设备实现对空间目标的探测与跟踪,确定可能对航天器构成威胁的目标形状、尺寸、轨道参数等重要特性,并对目标特性数据进行处理、归类和分发的综合系统。天基空间目标监视系统主要由空间监视网和地面中心站组成。空间监视网的主要作用是承担测量目标数据的任务,是空间目标监视的基础;而地面中心站的主要作用则是负责数据采集与分配、数据预处理、轨道确定、威胁判断以及效能评估等。

6. 其他卫星系统

其他卫星系统包括气象卫星系统、海洋卫星系统、空间环境探测系统等,其中气象卫星搭载的载荷通常有无线电信标机、多普勒接收装置、激光装置、微波、红外探测器、各种气象遥感仪器等。

4.2.2.4 体系对象

空间信息系统是侦察监视卫星系统、导航定位卫星系统、通信中继卫星系统、导弹预警卫星系统、天基空间目标监视卫星系统和其他卫星系统等系统对象构成的体系对象。

空间信息系统处在一定的空间环境中,通过数据链路获取军事目标的信息,并为系统用户提供信息支持。在空间信息系统中,侦察监视卫星系统主要完成信息获取功能,负责收集空间信息系统所需要的各种信息,比如敌方的兵力部署、武器装备的分布、战场环境以及导弹发射等突发事件的信息;导航定位卫星系统为地面和空中的用户提供定位信息,并为整个空间信息系统提供时空基准;通信中继卫星系统负责完成各种信息的传输,例如将侦察监视卫星系统获取的信息传给指挥控制中心、将指挥控制中心的各种指令传给相应的单元、为系统用户提供所需的信息等;指挥控制中心负责监控和调整空间信息系统各部分的状态,制定和发布各种任务指令。

4.2.3 空间信息系统实体 Agent 模型

本节对于空间信息系统 MAS 模型进行个体建模研究,分别从四个层次进行研究(单个对象、组合对象、系统对象、体系对象),研究过程中分别通过对于 Agent 模型的属性、行为、规则模型出发,构建整个对象的 Agent 模型。

4.2.3.1　基元模型

对于空间信息系统微观模型建模需要考虑三个方面：环境建模、物理建模、行为建模。环境建模应对空间信息系统所处的电磁环境、碎片环境、特殊环境等进行定性或定量的描述和建模。物理建模侧重于实体物理结构建模和性能参数的设定，它是空间信息系统建模的基础，是行为建模的前提。物理建模通常包括卫星单元结构模型、地面设备模型、载荷等的运动学和动力学模型等的描述和建模。行为建模包括平台级行为建模和聚合级行为建模。行为模型由卫星载荷的功能模型、卫星间协商任务分配的机制模型、指挥决策模型、想定任务模型、机动模型等组成。

基于行为建模的基本 Agent 的概念需要包括行为（Behavior）、动作（Action）、时间（Time）、约束（Constraints）和状态（State）等考虑要素。然而空间信息系统主体的基元模型是描述主体行为活动和决策方式的基本元素，是构建空间信息系统仿真系统最基本单元。在行为建模的基础上赋予 Agent 更高的智能性，可以将 Agent 的行为更加完善地仿真实现，但该过程需要受到很多影响因素影响，包括记忆、意愿（偏好）等，因此本书设计的空间信息的基元模型应该包括行为单元、知识（记忆）单元、决策单元、控制单元和学习单元，如图 4-6 所示。

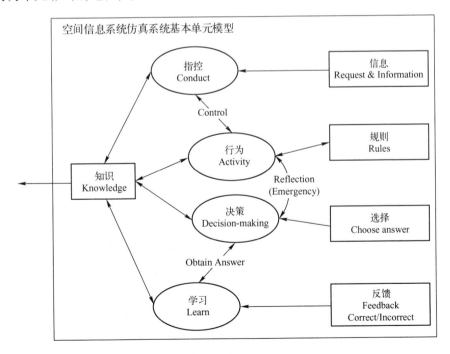

图 4-6　空间信息系统基元模型图

1. 知识单元

每个 Agent 在运行过程中都具有自身的状态信息、交互信息等一系列属性，同时也具有一定的反应能力，这种反应能力能够对于快速计算要求和紧急情况做出直接反射行为，这时 Agent 主要依靠的信息就是通过自身 Agent 知识模块提供的信息支持。因此知识模块是 Agent 最经常访问的模块，能够为其他模块运行提供信息支持。

空间信息系统仿真系统中，由于单 Agent 强化学习不考虑其他 Agent 的状态变化，故它的学习带有一定的自私性，从而整个系统无法充分地协调配合工作。利用知识共享机制，每个 Agent 学习完后会得到一个对应于该状态下的信息，于是可以建立共享知识库来存储得到的各个 Agent 的共享信息。知识共享结构如图 4-7 所示，其中，Agent 在一个周期结束之后，则共享它们此时的一部分信息，作为下个周期($t+1$)学习的基础。

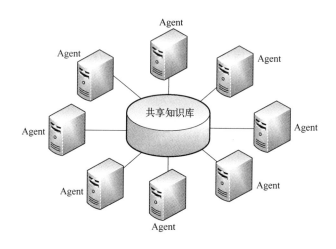

图 4-7　知识共享机制图

2. 行为单元

行为，简单地说是指对象的动态活动、变化以及与环境和其他对象之间的交互关系，其目标是模拟不同的对象实体(如动物、机器人、飞机、卫星等)的行为。按照美国国防部的定义，行为建模是指"对在军事仿真中需要表示的人的行为或表现进行建模"，主要应用于计算机生成兵力(Computer Generated Forces，CGF)领域。但实际上行为建模涵盖的领域非常广泛，目前尚没有标准定义。我们可以将行为模型看成是虚拟环境中虚拟实体所遵循的行为规律，相应地，行为建模指的是"对虚拟环境中虚拟实体对象所遵循的行为规律的建模"。行为建模的目的是真实反映实体对象的动态特性和物理特性对行为产生的影响。行为模型定义了动态对象响应内部激励的内部行为和响应外部刺激的外部行为,以及活动的特征。内部行为是动态对象本身所特有的活动特征,外部行为是该动态对象与环境及其他动态对象交互的有关行为。随着虚拟现实技术的不断发展,为了将 Agent 的真实特性在虚拟环境中表现出来,有必要把各种复杂的行为嵌入到虚拟环境中。行为分类如表4-2所示。

表4-2 行为分类分析表

行为	确定性	实体的状态是时间的一元函数,也就是说,实体在任意给定的仿真时间片内的完整状态是确定的,包括静态型行为和被动型行为	静态型	
			被动型	
	不确定性	行为是不可预见的,具有一定的"智能性",如动物、人所具有的行为,包括反应型行为和智能型行为。本书主要针对反应型行为和智能型行为	反应型	行为随环境的变化做出反应,如根据刺激-反应规则实施的行为
			智能型	行为是目标导向的复杂行为,是根据环境刺激、目标并由一定的推理规则产生的非直接预期行为,如人、自主飞行无人机等的行为

3. 控制单元

Agent 通过控制模块来控制信息的查询、转发和存储。MAS 进行协同工作时,不同 Agent 间对于工作的分工合作信息进行传递交流,进而对于要求任务产生相应的行为动作。

4. 决策单元

决策单元是 Agent 基元模型的主要组成部分,由事件进行驱动,根据基元模型的计算结果,整合 Agnet 的属性、Agent 可以获取的资源和环境,共同形成 Agent 对空间信息系统仿真系统的作用(输出),包括决策的偏好、决策的规则集合和决策满足的约束等。

在进行 MAS 建模的过程中,以决策论方法将宏观行为约束进行进一步研究即可以完成基于涌现的复杂系统控制模型的建立。决策准则基本分为:悲观主义准则、乐观主义准则、等可能性准则、最小机会准则,它是依据决策者所处的研究环境和自身属性的不同而制定的,特别的。战争或垄断机制下,这时系统意愿可以看成布尔常数,则系统工作效能主要受决策准则的选择影响;在决策者对于环境情况一无所知时,即通常的不确定型决策,系统可以完全根据不同决策准则建立系统仿真方案。

4.2.3.2 单个对象

单个对象研究里主要针对表4-3中的实体进行研究,

表4-3 单个主体对象概念表

单个对象	概 念	
卫星	按载荷分类分为: 侦察监视、导弹预警、通信中继、导航定位、气象监测等	卫星由平台和载荷组成 有两种主要属性: 空间运动状况(空间位置、速度和姿态等); 工作性能(例如导航定位精度,导弹预警时间等)
碎片	(目前只对于在轨已编目的空间碎片进行研究)其来源可划分为: 任务相关的物体;在轨解体的物体;结束任务的空间系统	空间碎片指位于地球轨道或重返大气稠密层,不能发挥功能而且没有理由指望其能够发挥或继续发挥其原定功能或经核准或可能核准的任何其他功能的所有人造物体,包括其碎片及部件,不论是否能够查明其拥有者
地基设施	空间信息系统研究中不可或缺的地面支持设施,包括陆、海、空支持设施,如通信地面站,典型任务区域目标,运载火箭及发射装置等	
天基设施	天基目标运行的必要设备设施,包括星间链路、数据接收与存储设施等	

1. 系统学模型

由定义和应用范围,定义上表中各实体的系统学模型为:

定义 4.1:卫星 Satellite Agent 卫星 ζ_i 可以描述为五元素组 $(ID, O, E, C, \mathscr{R})$,其中:

- ID 表示包含卫星的身份特征等属性,如卫星编号、国别等;
- $O = (x, y, z, v_x, v_y, v_z)$ 表示卫星的空间位置和速度等平台属性;
- E 表示卫星所发挥其效能的载荷属性(其依据不同卫星 ID 中功能的分类,以卫星效能指标作为依据进行量化研究得到);
- $C(Context)$ 表示该卫星所处的系统环境关系,依据子类继承原理,这里令卫星的 $Context$ 为其所处的最小空间关系范围(例如卫星编队、卫星星座、能协同完成一定任务的卫星系统等);
- $\mathscr{R}$ 表示卫星所遵循的行为规则(如轨道运行规律、星间协同工作规则等)。

定义 4.2:碎片 Debris Agent 碎片 δ_i 可以描述为三元素组 $(ID, O, \mathscr{R})$,其中:

- ID 表示碎片的身份特征属性,如编号、大小等;
- $O = (x, y, z, v_x, v_y, v_z)$ 表示碎片的位置和速度等运动属性;
- $\mathscr{R}$ 表示碎片所遵循的行为规则(如轨道运行规律、碰撞规则等)。

定义 4.3:地面设施 Earth – Equipment Agent 地面设施 ε_i 可以描述为四元素组 $(ID, O, C, \mathscr{R})$,其中:

- ID 表示地面设施的身份特征等属性;
- $O = (x, y)$ 表示地面设施的地理位置属性(经纬度);
- $C(Context)$ 表示该地面设施所处的系统环境关系,地面设施的 $Context$ 同

样为其所处的最小空间关系范围(例如能协同完成一定任务的地面设施系统等);

- $\mathfrak{R}$ 表示地面设施所遵循的行为规则(如工作规则等)。

定义 4.4:空间链路 Link Agent 空间链路 η_i 可以描述为四元素组(ID,B, C,$\mathfrak{R}$),其中:

- ID 表示空间链路的身份特征等属性;
- B($Boolean$)表示空间链路存在与否,即工作状态属性;
- C($Context$)表示该空间链路所处的连接对象关系;
- $\mathfrak{R}$ 表示空间链路所遵循的工作规则。

空间信息系统个体属性分类如表4-4所示。

表 4-4 系统个体 Agent 模型组成表

	表示	ID	O	B	E	C	$\mathfrak{R}$
卫星 Agent	ζ_i	√	√		√	√	√
碎片 Agent	δ_i	√	√				√
设施 Agent	ε_i	√	√			√	√
链路 Agent	η_i	√		√		√	√

2. 单个对象 Agent 设计

由单个对象的系统学模型,研究分析得到单个对象 Agent 的具体模型如表4-5、表4-6所示(由 ABMS 技术,对于 Agent 模型主要从 Agent 属性、行为模型、规则模型方面进行设计)。

表 4-5 卫星 Agent 设计表

	ID	目 录 号
属性	Orbit(轨道)	定义卫星的轨道,包括预报器、坐标系、轨道要素和时间参数
	Attitude(姿态)	定义卫星的姿态
	Mass(质量)	卫星的转动惯量和质量
	Reference(参考)	用于在卫星编队飞行时,指定一个运载器作为参考卫星
	Ground Ellipses(地面椭圆)	在沿运载器路径或运载器下方的固定区域的地面上,为运载器增加一组任意数量的椭圆
行为	轨道推进	
	轨道机动	
	轨道转移	

行为	失效
	发送请求
	接收请求
规则 （轨道运 动规则）	Two Body（二体运动）
	J2 Perturbation（J2 项摄动）
	J4 Perturbation（J4 项摄动）
	HPOP（高精度轨道预推）
	SGP4（简化通用摄动）
	LOP（长期轨道运动）
	Real – time（实时运动）
	Astrogator（轨道机动）
	Breakdown（故障）

表 4-6　碎片 Agent 设计表

属性	ID	目录号
	Orbit（轨道）	定义碎片的轨道,包括预报器、坐标系、轨道要素和时间参数。
	Mass（质量）	卫星的转动惯量和质量
行为	轨道推进	
	碰撞	
规则 （轨道运 动规则）	Two Body（二体运动）	
	J2 Perturbation（J2 项摄动）	
	J4 Perturbation（J4 项摄动）	
	HPOP（高精度轨道预推）	
	SGP4（简化通用摄动）	
	Collision（碰撞）	

其中,Agent 规则模型中定义了:

（1）卫星轨道计算规则(在实现时可以选择一种或几种受力情况适用于不同研究需求,常用的有地球引力模型、太阳光压模型、大气阻力模型),如图 4-8 所示。

（2）通信模型,实现 Agent 之间通信的模型,常用的有黑板模型,消息/对话模型,结构如图 4-9 所示。

（3）其他模型,可以增添其他模型,如可以设置第三体引力、卫星内部气体释放产生加速度模型等。

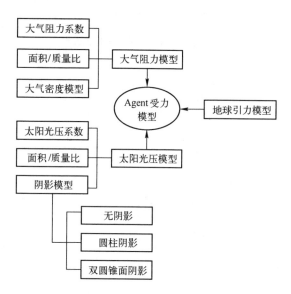

图 4-8　卫星 Agent 受力模型图

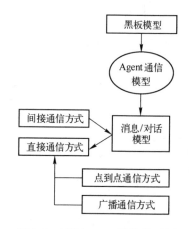

图 4-9　卫星 Agent 通信模型图

3. 单个对象 Agent 行为

卫星的行为除轨道运动之外,主要由其搭载的载荷所决定,在实现时把它看作是卫星 Agent 的一种继承,在共同模型的基础上通过调用不同行为准则来实现,如侦察卫星、监视卫星、预警卫星、通信卫星的各种功能。如定义侦察卫星主要行为如表4-7所示。

表 4-7　侦察卫星主要行为表

发现来袭目标	侦察卫星按照正常程序进行常规扫描探测
捕获来袭目标	侦察星座根据各个精度不同,与目标可发现最小分辨率不同来计算捕获目标
星上数据处理	星上数据处理器对扫描相机获得的图像数据进行处理,提取出目标方位和辐射信息
跟踪	跟踪相机切换至中长波红外谱段以深空为背景进行探测。星上处理器对跟踪相机长波红外谱段数据进行处理,引导二维指向机构对导弹中段目标进行持续跟踪探测,同时提取出目标方位和温度信息
数据下传	将目标的相关信息实时传送到通信卫星或者地面控制中心

4. 单个对象 Agent 结构

碎片目标 Agent 的结构如图 4-10 所示。

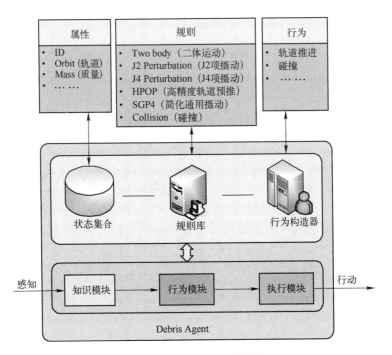

图 4-10　碎片 Agent 结构图

卫星目标 Agent 的结构如图 4-11 所示。

4.2.3.3　组合对象

组合对象研究主要针对表 4-8 中实体进行研究。

122

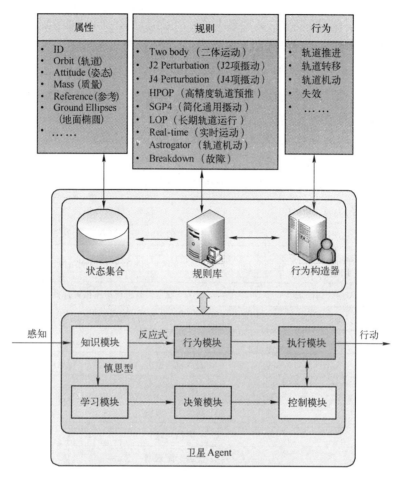

图 4-11 卫星 Agent 结构图

表 4-8 组合主体对象概念表

组合对象	概念
星座	将一组相关对象,比如一组地面站或卫星,聚合成为一个独立的单位,称为星座。星座可以作为链路的成员之一
卫星编队	通常是微小卫星在非常接近的轨道上形成绕飞构型,从而实现编队飞行

1. 组合对象 Agent 系统学模型

定义 4. 5:卫星星座 Satellite Agent 星座 ϑ_i 可以表示为三元素组 (S, T, V),其中:

(1) $S = \{\zeta_1, \zeta_2, \cdots, \zeta_n\}$ 是组成星座 ϑ_i 的卫星 ζ_i 的集合;

(2) $T \subset N^+$ 表示时钟同步下的时间集;

(3) V 能够映射出在某一时刻 t 某一星座 Agent ϑ_i 中卫星 Agent ζ_i 能够进

行通信的 $Agent$ 集，即表示二元关系 $V:\zeta \times T \rightarrow 2^{\zeta}$ 得到一个可通信 Agent 集。

同理，卫星编队采用同样的系统学模型定义，这里不再赘述。

定义 4.6：星座周期 Periodicity 星座 $\vartheta = (S,T,V)$，$\forall \zeta_i \in S\zeta_i$ 的轨道运行周期为 p_i，那么整个卫星星座的周期 $\tilde{p}$ 为集合 $\{p_1, p_2, \cdots, p_n\}$ 的最小公倍数。

2. 组合对象 Agent 设计

由组合对象的系统学模型，研究分析得到组合对象 Agent 的具体模型如表 4-9、表 4-10 所示。

表 4-9 星座 Agent 设计表

属性	Available ObjectID	包含个体编号集合
	星座构型	星座中卫星的空间分布、轨道类型、卫星间相互关系
	Compute Time Period 计算时间周期	确定星座计算的时间阶段
	Access 访问属性	设定何时进行星座相关计算
	Angle Between	对象之间的最大/最小向量角
	Link Duration	两个访问对象的最小值
行为	成员轨道推进	
	计算星座访问	
	成员交互通信	
规则	通信规则	
	任务分配规则	

表 4-10 卫星编队 Agent 设计表

属性	Available ObjectID	包含个体编号集合
	编队形状	卫星成员位置构型
	Compute Time Period 计算时间周期	确定编队计算的时间阶段
	Access 访问属性	设定何时进行星座相关计算
	Angle Between	对象之间的最大/最小向量角
	Link Duration	两个访问对象的最小值
行为	轨道推进	
	计算访问	
	成员交互通信	
规则	通信规则	
	绕飞规则	

3. 组合对象 Agent 结构

星座 Agent 的结构如图 4-12 所示。

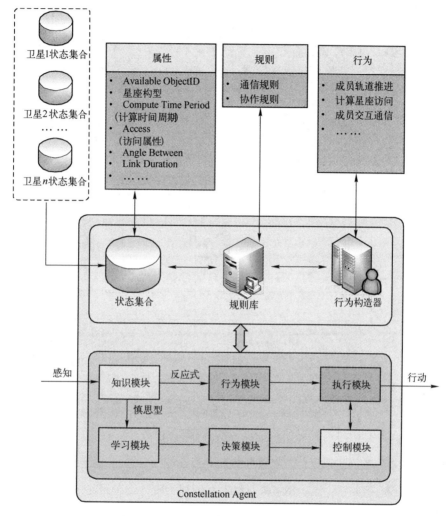

图 4-12　星座 Constellation Agent 结构图

卫星编队 Agent 的结构如图 4-13 所示。

4.2.3.4　系统对象

1. 系统 Agent 属性

系统对象 Agent 采用对其性能进行量化评估的指标体系来指导系统属性的设定，主要的属性设置如表 4-11 所示。

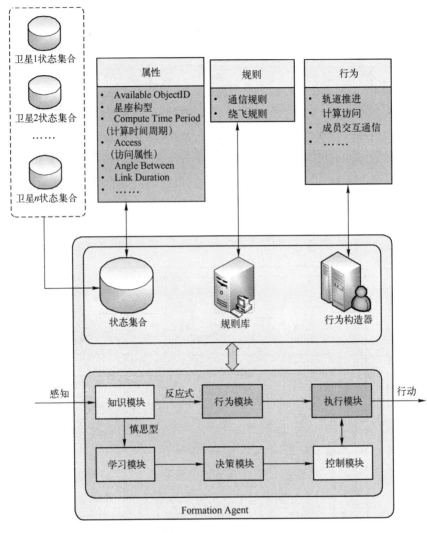

图 4-13　编队 Agent 结构图

表 4-11　系统对象属性设置表

系统对象 Agent	属　　性
侦察监视子系统 Agent	包含卫星 ID 集合,工作(布尔常数)空间分辨率(照相侦察、电视侦察、红外侦察)等
导航定位子系统 Agent	包含卫星 ID 集合,地理定位精度、时间分辨精度等
通信中继子系统 Agent	包含卫星 ID 集合,频率分辨率、误码率、丢包率、频段覆盖率等
预警探测子系统 Agent	包含卫星 ID 集合,发现概率、虚警概率等

2. 系统 Agent 行为模型

面向各子系统的功能来构建 Agent 结构,以导航定位卫星系统和通信卫星系统为例,其 Agent 行为模型如图 4-14 和图 4-15 所示。

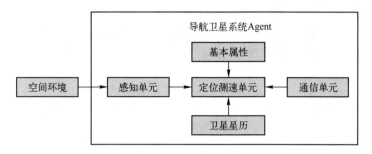

图 4-14 导航定位卫星系统 Agent 行为模型图

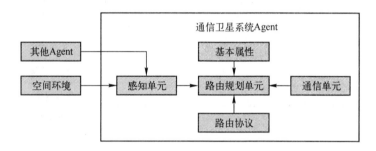

图 4-15 通信卫星系统 Agent 行为模型图

普遍的,在对子系统 Agent 内部功能建模时,需考虑以下几点:

(1) 四个子系统总体 Agent 在接收到想定任务后,会根据任务先进行协商以寻求一个比较好的协同工作策略。例如,在想定任务下发到空间信息系统总体 Agent 之后,下面四个子系统根据想定任务和自身工作特性进行分工和协作任务划分。

(2) 子系统总体 Agent 在接受总体 Agent 下发的想定任务后,会对任务要求的特性进行解析,针对不同的特性的要求,子系统总体 Agent 会采用不同的策略。例如,在确定各自的任务后,侦察系统总体 Agent 要对任务的时间性进行解析,导航系统总体 Agent 要对于任务定位精度进行解析,通行系统对于通信要求进行解析。

(3) 通过比较卫星 Agent 的"代价指数"(即完成任务所需的代价),指定执行任务的卫星 Agent。

(4) 判断卫星 Agent 是否完成任务。

（5）融合卫星 Agent 获得的反馈信息。

4.2.3.5 体系对象

1. 空间信息系统 Agent 属性

空间信息系统具备信息获取、信息传输和安全防护等属性,而由于系统功能繁杂,细分可以达到四级属性,如表4-12所示。

表4-12 体系对象属性表

信息获取能力	信息获取范围	地面覆盖范围	侦察覆盖范围
			导航定位覆盖范围
		信息获取谱段范围	可见光成像
			多光谱成像
			微波成像
	信息获取分辨率	空间分辨率	可见光成像
			多光谱成像
			微波成像
		时间分辨率	平均侦察周期
			获取侦察信息所需时间
			每圈可观测时间
	信息获取精度	电子侦察精度	电子侦察测频精度
			电子侦察测向精度
		导航定位信息获取精度	导航定位精度
			导航定位测速精度
			导航定位授时精度
信息传输能力	时延		
	时延抖动		
	吞吐量		
	丢包率		
	队列长度		
	平均跳数		
	误码率		

安全防护能力	抗摧毁能力	抗物理摧毁能力	
		抗软摧毁能力	
	抗干扰能力	反电子对抗能力	反电子压制能力	处理增益
			传输差错
			多址方式
			频谱利用率
		反电子欺骗能力	对己网假信息的识别率
			对敌网假信息的识别率
	反电子支援能力	反侦察能力	低截获率
			同步隐蔽性
		反定向能力	功率隐蔽性
			示假能力
		反窃听能力	信息可检测性
			加密保密能力
网络生存能力	抵制能力	身份验证	
		访问控制	
		信息加密	
		信息过滤	
		功能模块独立	
	故障修复能力	设备冗余	
		数据备份	
		故障想定	
	确认能力	入侵检测	
		完整性校验	
	适应能力	外部目标识别模型	

2. 空间信息系统 Agent 行为

空间信息系统的行为如表4-13所示。

表4-13　空间信息系统的行为设置表

行　　为	属　　性
任务分发	进行空间信息系统任务规划和分发
覆盖分析	对于空间信息系统所针对的目标区域(或全球)进行覆盖性能分析

行　为	属　性
计算导航精度	计算空间信息系统提供的导航定位精度值
计算抗毁伤能力	计算系统抗毁伤能力值
计算信息支援速度	计算系统整个流程中信息提供的速度是否达到所需要求

4.2.4　空间信息系统组织和交互模型

4.2.4.1　空间信息系统组织模型

从运行控制的角度看，MAS系统的体系结构可以分为集中式、分布式和层次式三种基本结构，如图4-16和图4-17所示。集中式结构由一个中心Agent负责系统的任务规划和任务分配，并控制底层各Agent的运行和状态；分布式结构中不存在中心Agent，各Agent的地位平等，彼此通信，每个Agent都可以获得其他（全部或部分）Agent的知识，任务的规划在各Agent之间分散完成；层次式结构实际上集合了前两种结构，它由多个层次组成，每个层次内包含多个Agent，这些Agent之间可以是集中式结构，也可以是分布式结构，相邻层之间的Agent可以直接通信，也可以广播通信。

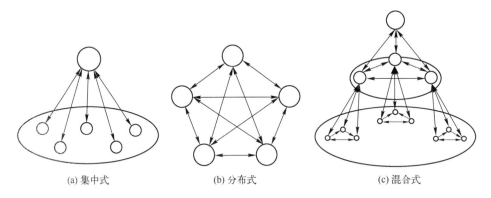

(a) 集中式　　　　　　(b) 分布式　　　　　　(c) 混合式

图4-16　MAS的体系结构图

建立空间信息系统的模型是整个系统建立的基础，以混合式结构为基础系统整体模型结构主要包括三个层次：系统层、协调层、执行层，如图4-18所示。

系统对外表现为一个整体，系统总体Agent负责管理整个系统并表现整个系统的效能；导航、指控、通信、侦察卫星分系统作为一个分总体Agent；每个分卫

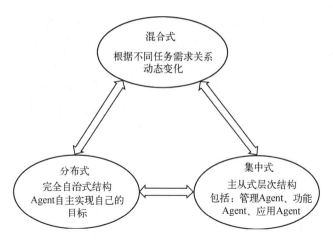

图 4-17　MAS 组织结构概念图

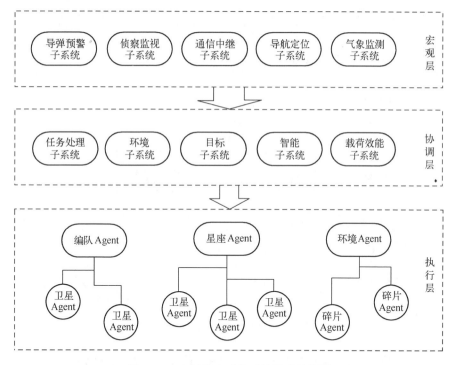

图 4-18　空间信息系统系统模型结构图

星系统再细分下去,例如侦察卫星仿真系统中,必须包含若干携带光学、雷达和电子三种不同载荷的卫星 Agent,每个卫星 Agent 都具有自己的动力学模型和功能模型。

　　此外按照 Agent 都具有可通信性的特征,如果让其中某个卫星 Agent 和系统中别的 Agent 都进行通信交流,在卫星 Agent 数量很多的情况下,Agent 之间的通信将会显得非常杂乱,同时网络流量会非常大。为此,将侦察卫星仿真系统根据卫星携带载荷不同划分成三个子系统:光学侦察卫星子系统、雷达侦察卫星子系统和电子侦察卫星子系统,对每个子系统都建立一个子系统总体 Agent。这样同类卫星 Agent 之间可以直接通信交流,而不同类型卫星 Agent 之间可以通过子系统总体 Agent 进行间接通信交流,减小了网络流量,同时还便于对同类侦察卫星进行管理。

4.2.4.2 空间信息系统交互模型

体系对象空间信息系统作为顶层 Agent,通过自上而下的模型分析可以实现 Agent 联盟问题的解决方案,下面对于自上而下的模型交互关系进行研究。

空间信息系统作为一个复杂系统,包含系统中所有卫星的在轨运行、控制、卫星与卫星之间的协调以及卫星自身构成等多方面的问题。空间信息系统分为侦察监视卫星系统、导航定位卫星系统、通信中继卫星系统和指挥控制中心四个部分,如图 4-19 所示。空间信息系统处在一定的空间环境中,通过数据链路获取军事目标的信息,并为系统用户提供信息支持。

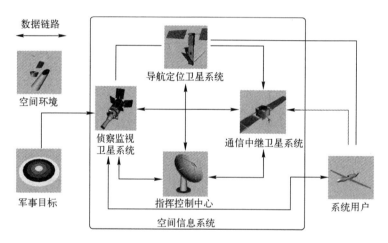

图 4-19　空间信息系统分系统关系图

1. 宏观层体系 Agent 与各子系统 Agent 间的交互关系(图 4-20)

在空间信息系统中,侦察监视卫星系统负责信息获取、导航定位卫星系统为用户及整个系统提供定位、授时服务;通信中继卫星系统负责信息的传输;指挥控制系统负责处理信息并生成控制指令。每个分系统又包含着大量卫星(单星)、卫星编队、星座、地面设施、数据链路等个体。各子系统 Agent 的交互关系和通信、导航子系统结构示意图如图 4-21 所示。

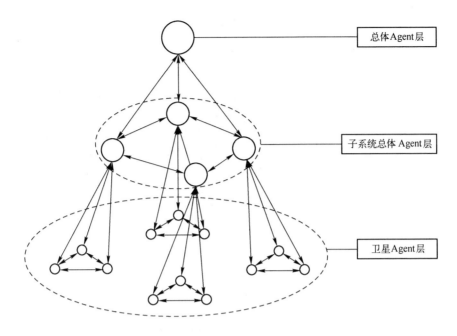

图 4-20　系统各 Agent 之间信息交流示意图

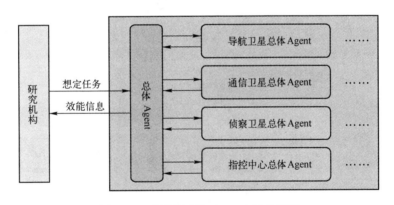

图 4-21　总体子系统 Agent 交互关系图

2. 各子系统 Agent 之间的交互关系

各子系统的交互模型如图 4-22 所示。

3. 组合 Agent 之间的交互关系

星座和卫星编队作为能够视为整体的空间信息系统单元,在完成空间任务中发挥着灵活的自主的重要性。同时,由于空间环境和地面信息系统的环境都直接影响对于空间信息系统的工作效能,指控 Agent 是对于具体任务进行量化评估的主要单元。各主体间的交互关系如图 4-23 所示。

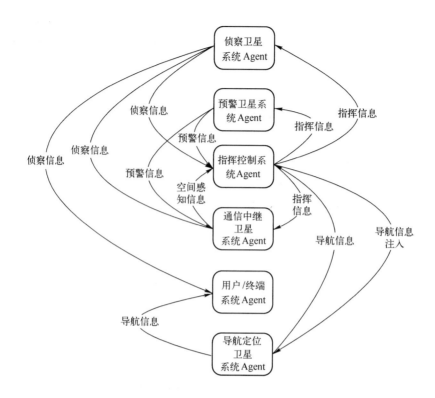

图 4-22 各子系统 Agent 之间的交互关系图

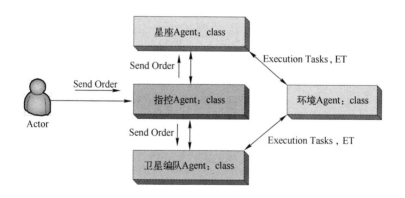

图 4-23 高级执行层交互关系结构图

4. 个体 Agent 之间的交互关系

执行层个体间的 Agent 交互关系如图 4-24 所示。

而执行层中卫星 Agent 是主要的空间信息系统系统研究对象,其交互关系如图 4-25 所示。

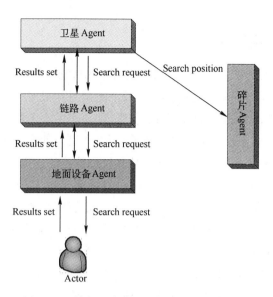

图 4-24　执行层个体 Agent 交互关系示意图

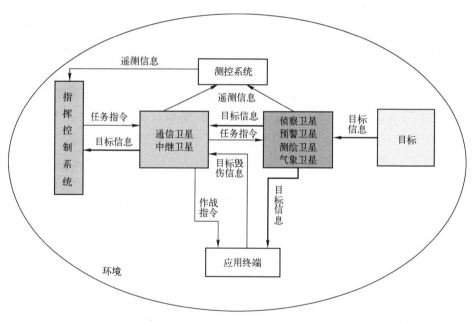

图 4-25　卫星 Agent 交互关系示意图

4.3　空间信息系统的 MAS 建模实例

下面以侦察卫星系统为例,进行侦察卫星系统的 MAS 建模。

4.3.1 系统建模分析

侦察卫星仿真系统本身就是一个复杂的系统,它包含系统中所有卫星的在轨运行、控制、卫星与卫星之间的协调以及卫星自身构成等多方面的问题。在本节中,只是将模拟抽象的粒度划分到卫星级,即不去关心卫星自身由什么部件组成、这些部件是怎么工作等卫星内部问题,而是在设定侦察卫星系统的任务时对指定区域进行搜索,以获取位于区域内某些目标信息的前提下,通过构建若干卫星 Agent 对地侦察、搜索目标、识别目标、对目标定位以及相互之间的信息交流等功能模型,来模拟一个能够自主运行、具有一定智能性的侦察卫星系统。

这个仿真系统对外需表现为一个整体,为此,在对系统建模时,需要设计一个系统总体 Agent 来负责管理整个系统并对外展现整个系统的功能。

而在内部,侦察卫星仿真系统必须包含若干携带光学、雷达和电子三种不同载荷的卫星 Agent,每个卫星 Agent 都具有自己的动力学模型和功能模型。此外如果按照 Agent 都具有可通信的特征,让其中某个卫星 Agent 和系统中其他 A-gent 都进行通信交流,在卫星 Agent 数量很多的情况下,Agent 之间的通信将会显得非常杂乱,同时网络流量会非常大。为此,将侦察卫星仿真系统根据卫星携带载荷划分成三个子系统:光学侦察卫星子系统、雷达侦察卫星子系统和电子侦察卫星子系统,对每个子系统都建立一个子系统总体 Agent。这样同类卫星 A-gent 之间可以直接通信交流,而不同类型卫星 Agent 之间可以通过子系统总体 Agent 进行间接通信交流,减小了网络流量,同时还便于对同类侦察卫星进行管理。

根据以上分析,可以将侦察卫星仿真系统的体系结构划分为三层。

第一层为总体管理协调层。它由一个总体 Agent 组成,主要用于协调管理下一级,同时体现整个侦察卫星仿真系统的作战能力与水平。

第二层为子系统管理协调层。它由三个 Agent 组成,分别为光学侦察卫星总体 Agent、雷达侦察卫星总体 Agent 和电子侦察卫星总体 Agent。它们的主要作用是分别管理、协调所属子系统的所有卫星 Agent,体现各自子系统的侦察能力,并间接负责不同类型卫星 Agent 之间的信息交流。

第三层就是卫星层。它由若干个不同类型的侦察卫星 Agent 组成,主要体现每个卫星 Agent 的工作过程、工作能力以及与环境和其他 Agent 的交流和协商,如图 4-26 所示。

从图 4-26 可以看出,系统的命令流是从高层向下层流动的,同时对系统能力的分析是从底层开始向高层进行的,这正符合基于 Agent 建模与仿真的思想。

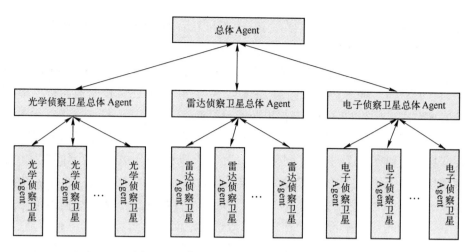

图 4-26 侦察卫星仿真系统体系结构图

4.3.2 个体 Agent 的建模

1. 总体 Agent

总体 Agent 作为侦察卫星仿真系统的最高层,既要负责对外通信交流,又要负责内部的相关工作,其接口关系图如图 4-27 所示。

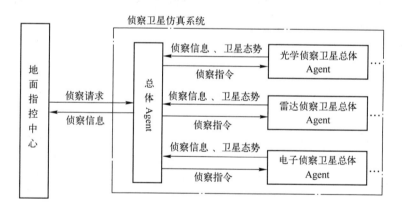

图 4-27 总体 Agent 接口关系图

因此对总体 Agent 的建模需要考虑两个方面,第一是针对侦察卫星仿真系统内部的建模(对内建模),第二就是当侦察卫星仿真系统作为一个大的仿真环境中的一部分时的建模(对外建模)。

对内建模,也就是说总体 Agent 作为侦察卫星仿真系统的一个组成部分,它需要有表现自己的功能和作用的方面。在侦察卫星仿真系统中总体 Agent 只与三个子系统 Agent 进行直接信息交流,而不与卫星 Agent 直接对话。因此在这方面总体 Agent 的模型需主要考虑以下几点:

(1)总体 Agent 需要将接收到的从地面指控中心发送的侦察请求(即指定需侦察的目标区域)下发到三个子系统总体 Agent,同时还会按照地面指控中心的要求对完成任务的时间期限提出一定的要求。

(2)三个子系统总体 Agent 接受侦察指令后,会以不同的方式和策略对目标区域进行侦察,从而获得不同分辨率(光学成像和 SAR 成像)或不同性质(成像侦察和电子侦察)的侦察信息。这样系统总体 Agent 在接收到三个子系统总体 Agent 发回的侦察信息后,会根据各子系统对目标的定位信息对侦察信息进行融合,在得出更加可信的信息之后再传送回地面。比如,针对同一侦察地区,光学侦察卫星子系统总体 Agent 和电子侦察卫星子系统 Agent 都对其进行了侦察并向总体 Agent 递交了侦察报告。总体 Agent 在接受两个子系统发送的侦察报告后,会对两份报告进行比较融合。例如,从光学侦察卫星子系统的报告中可以得出,目标为一雷达站,位于 A 处,同时该雷达站周围还部署了导弹发射车等设施;而电子侦察卫星子系统也报告了在 A 处有一雷达站(假设在探测时雷达开机),还有该雷达站所使用的脉冲频率、脉冲宽度等信号特征。这样总体 Agent 通过对两份报告的比较就可以认为光学侦察卫星子系统和电子侦察卫星子系统侦察到的是同一个目标,可以将其信息进行融合,从而得出更加具体和详细的情报后,将侦察信息传送到地面指控中心。

(3)系统总体 Agent 将侦察信息传送后,会询问地面指控中心此次侦察任务是否成功完成,如果成功完成,能否结束侦察任务。在得到地面指控中心的肯定后,系统总体 Agent 会告知下级任务结束;否则,系统总体 Agent 将向下级下达继续侦察的指令。

(4)总体 Agent 的智能体现。主要表现在总体 Agent 能够把每次获取的地面目标的目标特征、相关参数等进行分类存储记忆,以便下次侦察到同类目标时能够进行比较,从而得到更加有价值的信息,这正是总体 Agent 进行学习和经验积累的过程。

(5)总体 Agent 还需要通过三个子系统总体 Agent 间接地获取每个卫星 Agent 在空间运行状况,以便于进行态势显示。

对外建模,就是说在一个大的仿真环境中(如"空间信息系统对地面作战行动的支持仿真系统"等),侦察卫星仿真系统只是其中的一个子系统,它与外界的交流都是通过总体 Agent 来完成的。这就意味着从大仿真环境的角度来看,总体 Agent 就是侦察卫星仿真系统的全部,仿真环境中别的组成(如地面系统)只是向总体 Agent 提出情报支援请求,然后由总体 Agent 向其提供侦察到的相关情报,至于侦察过程是怎么完成的,仿真环境并不关心。因此在建模时需考虑总体 Agent 与外界(主要是地面指控中心)的信息交流接口部分,这部分由 HLA 仿真框架来实现,具体情况将在第 6 章中阐述。

2. 子系统总体 Agent

对子系统总体 Agent 进行建模时,需考虑接口模块和内部模块两部分。

如图 427 所示,在接口方面,子系统总体 Agent 需要考虑与卫星系统总体 Agent 和卫星 Agent 进行信息交流的接口模块,同时还有子系统总体 Agent 之间的接口模块。接口部分的信息交流将由 HLA 仿真框架来实现。

在对内部功能建模时,需考虑以下几点:

(1) 三个子系统总体 Agent 在接到侦察任务后,会根据任务先进行协商以寻求一个比较好的侦察策略,因此在对子系统 Agent 建模时需要考虑子系统之间的协商模型。例如,如果要求侦察的目标为一区域,而且侦察区域的范围比较大,那么三个子系统总体 Agent 经过协商会要求电子侦察卫星系统利用其探测范围广的特点,先对需侦察区域进行侦察,在发现可疑目标信号源后,对其进行定位,然后把目标位置发送给成像侦察卫星,再由成像侦察卫星对目标进行详查。此外,如果需侦察区域的光线亮度不能满足光学侦察卫星的成像条件,则经过协商后,光学侦察卫星系统将暂时不参与此次侦察任务,先由雷达侦察卫星和电子侦察卫星去执行任务,等条件满足后,如果侦察任务还没有结束,则光学侦察卫星子系统开始参加任务。

(2) 子系统总体 Agent 在接受总体 Agent 下发的侦察任务后,会对侦察任务要求的时间性进行解析,针对不同的时间要求,子系统总体 Agent 会采用不同的策略。

① 任务要求时间比较紧迫。如果上级下达任务时要求任务比较紧迫,那么子系统总体 Agent 在进行任务下发时,会先附带上"紧急任务"的信息,然后再将任务下达到卫星 Agent。卫星 Agent 在接收到这个信息后,会采用"紧急模式"策略去执行任务。"紧急模式"的具体内容在对卫星 Agent 建模时阐述。

② 任务对时间性不做要求。此时,子系统总体 Agent 只是按照一般情况向下传达指令,卫星 Agent 在接到任务指令后按照一般策略去执行任务。

(3) 当所有卫星 Agent 按照"紧急模式"策略执行任务时,会先向子系统总体 Agent 提交一个"代价指数",子系统总体 Agent 会将所有卫星 Agent 提交的"代价指数"形成一个或多个列表(根据被侦察目标的数量确定),然后比较每个列表中"代价指数"的大小,最终对每个侦察目标批准一个代价指数最小的卫星 Agent 去执行紧急任务。同时,如果个别卫星 Agent 由于任务太多无法完成时,也会向子系统总体 Agent 提出取消一些任务的请求,此时卫星 Agent 将会根据对应的"代价指数"指定卫星 Agent 去执行任务。"代价指数"及卫星 Agent 执行任务的过程可参见卫星 Agent 的建模。

（4）执行任务的卫星 Agent 在进行侦察后，会将完成任务的情况向子系统总体 Agent 进行汇报。如果卫星 Agent 成功完成侦察任务，子系统总体 Agent 会通知其他卫星 Agent 任务已经完成，不需要再去执行这项任务；否则，子系统总体 Agent 将会重新对所有卫星 Agent 下达相同的侦察指令，继续实施这项侦察任务。

（5）如果子系统总体 Agent 接收了多个卫星 Agent 的侦察信息，它会对侦察信息进行融合。比如个别卫星 Agent 由于分辨率较低，只能大致判断出目标的类型，而有的卫星 Agent 能够详细识别出目标，这样子系统总体 Agent 在接收到所有卫星 Agent 的侦察信息后，会提取出比较详细的侦察信息。

3. 卫星 Agent

一个卫星 Agent 的主要功能就是在和其他卫星 Agent 进行协商后完成对指定目标的侦察，其模型结构如图 4-28 所示。

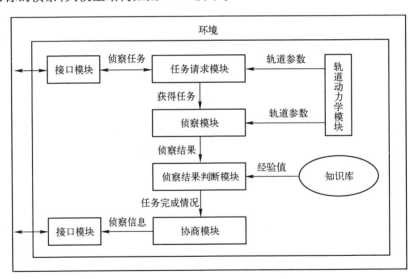

图 4-28　卫星 Agent 的内部结构图

因此一个卫星 Agent 应该包括接口模块、卫星轨道动力学模块、任务请求模块、侦察模块、侦察结果判断模块、协商模块，下面按照卫星 Agent 的任务流程来分别介绍各个模块的主要功能。

（1）接口模块。每个卫星 Agent 必须包含与其他卫星 Agent 和子系统总体 Agent 进行通信的接口。

（2）卫星轨道动力学模块。此模块根据初始化轨道根数，计算卫星在每个

140

时刻的位置、速度等信息，用于维护卫星 Agent 的正常运行。此外，根据要求卫星 Agent 有可能需要进行机动变轨，那么还需要包含轨道机动模块。

（3）任务获取模块。每个卫星 Agent 都会平等地接到子系统总体 Agent 的侦察指令，但是针对侦察任务的不同，卫星 Agent 会获得不同的侦察任务，下面按照几种不同的任务形式分析任务获取模块的模型。

① 上级下达的侦察任务对完成时间不做要求，即一般任务。在这种情况下，虽然所有卫星 Agent 都会继续沿着自己原来的轨道运行，不进行轨道机动，但都会向着完成任务的方向努力。即当卫星经过侦察区域上空或者通过载荷侧摆能够覆盖到侦察区域时，卫星 Agent 才会立即进入侦察模块，开始侦察。

② 上级下达的侦察任务对时间要求比较紧，即紧急任务。当卫星 Agent 收到子系统总体 Agent 下发的附带"紧急任务"信息的侦察指令时，如果当前所有卫星 Agent 所处的位置都不能覆盖到目标区域（包括通过载荷侧摆方式），并且在相当长的一段时间内都没有卫星 Agent 能够覆盖到目标区域，那么为了完成任务，卫星 Agent 只能通过轨道机动的方式，来执行任务。在这种情况下选择哪些卫星 Agent 执行任务需考虑以下两种情况：

第一种：指定对某些侦察区域内的固定点目标进行侦察，此时点目标的位置已知。

在这种情况下，如果只有一个点目标，则每个卫星 Agent 都会根据自己当前的位置和状态，计算出代价指数（即完成任务所需的代价，主要指完成任务所需要的时间和耗费的燃料），然后通过竞标方式来获取完成此次任务的机会。所谓竞标方式，就是每个卫星 Agent 都将自己的代价指数提交给子系统总体，形成一个代价指数列表。子系统 Agent 会比较列表中的所有代价指数，选出一个代价指数最小的，然后通知其卫星 Agent 去执行侦察任务，而其他卫星 Agent 暂时不做动作，仍然按照自己原来的轨道运行。

如果有多个点目标，这些点目标可以位于同一个侦察区域，也可位于不同的侦察区域。此时每个卫星 Agent 会对每个点目标都形成一个代价指数上报到子系统总体 Agent，而子系统总体 Agent 也会针对每个点目标形成一个代价指数列表，然后分别指定代价指数最小的卫星 Agent 去执行。如果一个卫星 Agent 被指定两次以上，它会计算通过一次轨道机动能否覆盖到相应的几个点目标，如果覆盖不到，它会向子系统总体 Agent 申请取消其他任务，只留下一个能量最省的任务去执行。而子系统总体 Agent 会针对相应的目标选择别的卫星 Agent 去执行任务。

第二种:指定对某些侦察区域内的几个点目标进行侦察,但点目标的位置未知。

此时,由于点目标的数量和位置都未知,因此只有卫星对侦察区域实现完全覆盖后,才能发现目标。此时代价指数最小的卫星 Agent 会先获得机动侦察的资格,在侦察后,如果没有完全覆盖目标区域,则代价指数次小的卫星 Agent 将会得到侦察资格,依此类推,直到对目标区域实现完全覆盖。对于多个侦察区域,卫星 Agent 将也按照上述方法获得侦察资格。

(4) 侦察模块。卫星 Agent 的侦察模块主要用于模拟卫星的侦察过程,卫星 Agent 的侦察过程可以按以下步骤来描述:

① 卫星 Agent 按照当前位置和载荷视场角等相关的初始化信息,根据相关知识计算出卫星 Agent 的覆盖区域。

② 卫星 Agent 判断目标是否处于覆盖区域。此处为了仿真需要,卫星 A-gent 会事先获得地面目标的位置信息,但这个位置信息只能用来判断卫星 Agent 是否覆盖到地面目标,不能将其作为获得的侦察信息。侦察信息中包含的地面目标的位置信息需由卫星 Agent 通过调用目标定位模型来计算获得。经判断后如果目标处于卫星 Agent 的覆盖范围之内,说明卫星 Agent 发现了目标,则侦察过程进入步骤③,否则卫星 Agent 将循环步骤②,继续搜索目标。

③ 卫星 Agent 调用定位模型对目标进行定位,同时计算出定位误差。

④ 卫星 Agent 根据当前的位置信息和初始化时得到的卫星载荷的物理参数计算当前状态下的地面分辨率。

⑤ 卫星 Agent 首先计算出卫星 Agent 发现目标的概率,当卫星 Agent 对已知位置的固定点目标侦察时,可以认为其发现目标概率为1;另外卫星 Agent 根据相关模型和获得的气象、环境信息,首先计算出光照、气象和对比度对识别目标概率的影响因子,然后结合上面求出的地面分辨率计算出卫星 Agent 在当前状态下对目标的识别概率。

⑥ 最终求出卫星 Agent 捕获目标的概率后,卫星的侦察过程结束,卫星 Agent 进入侦察结果判断模块。

当卫星 Agent 需要对侦察区域进行全区域覆盖侦察,但由于侦察区域较大,第一个执行侦察任务的卫星 Agent 无法对全区域形成覆盖时,就需要有别的卫星 Agent 继续对侦察区域实施侦察。此时为了降低对同一区域的重复观测率,采用卫星 Agent 之间相互协商的方式来提高侦察效率,具体做法是:第一个执行侦察任务的卫星 Agent 在实施侦察时,会把计算出来的覆盖区域的中心点坐标发送给其他卫星 Agent。当第二个卫星 Agent 开始执行任务前,它会根据接收到的第一个卫星 Agent 覆盖区域的中心点坐标,根据卫星 Agent 自身载荷侧摆角允许的范围内,计算出合适的载荷侧摆角,即形成一条尽可能不与第一个卫星 Agent 覆盖区域重合的覆盖带。然后当它开始执行任务时,也会把自身覆盖区域的中心点坐标发送给其他卫星 Agent,以便其计算合适的载荷侧摆角,依此类推,直到完全覆盖侦察区域。

此外,为了形成对侦察区域的大范围覆盖侦察,可以在想定文件中设定卫星初始轨道根数时,设计组合侦察的方式,如图 4-29 所示。

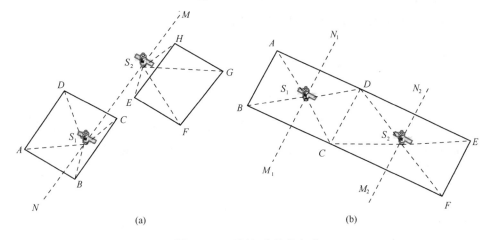

图 4-29　卫星组合侦察方式

在图 4-29(a)中,卫星 S_1 和卫星 S_2 位于同一轨道上,因此具有相同的星下点运动轨迹 MN,但二者在位置上存在一定的相位差。其中 ABCD 和 EFGH 分别为卫星 S_1 和卫星 S_2 在当前位置的覆盖区域。S_1 和 S_2 协商后通过调整载荷侧摆角,可以满足把 ABCD 和 EFGH 两块覆盖区域以较小的重复覆盖率衔接起来,以达到增大覆盖区域的目的。

在图 4-29(b)中,卫星 S_1 和卫星 S_2 的星下点运动轨迹近似平行,ABCD 为卫星 S_1 的当前覆盖区域,CDEF 为卫星 S_2 的当前覆盖区域,两卫星通过调整载荷侧摆角,来满足两块覆盖区域的衔接,用于扩大侦察时的覆盖区域。

(5)侦察结果判断模块。根据卫星知识库中存储的相关经验阈值(识别概率阈值和定位误差阈值),对卫星 Agent 对地面目标的目标识别概率和定位误差进行判断,如果目标识别概率大于识别概率阈值,同时定位误差小于定位误差阈值,则说明此卫星 Agent 成功完成任务;否则,任务失败。如果是对一块区域进行侦察,还需要判断卫星是否完成全区域的覆盖侦察。

(6)协商模块。每个完成任务的卫星 Agent 都会将完成任务的情况向其他同类卫星 Agent 共享,以便进行交流。如果几个卫星 Agent 在同一时间都完成了对同一目标(点目标或区域)的侦察,它们会把相互的信息融合后得出更加全面的信息向上级报告,同时卫星 Agent 会把向上级汇报的信息存入知识库以便进行学习和经验积累。另外,子系统总体 Agent 接收到下级发送的侦察信息后,会根据任务成功完成与否来确定下一步的计划。如果任务成功完成,则子系统总体 Agent 就会通知其他卫星 Agent 取消任务,否则,子系统总体 Agent 会重新下达侦察指令,命令所有卫星 Agent 再次对该目标进行侦察,所有卫星 Agent 再次从步骤(3)开始重复以上工作,直到完成任务为止。

4.3.3 侦察卫星仿真系统的模型结构

构建侦察卫星仿真系统的目的是将其作为一个整体加入到空间信息仿真系统中去,而空间信息仿真系统是基于 HLA 构建的分布式交互仿真系统,这样侦察卫星仿真系统模型的结构就可以采用三种方式。

(1)把侦察卫星仿真系统的所有模型功能融合在一个程序中。这样做的优点是自动化、集成化程度高,系统完成后,操作员只需修改想定文件就可以,仿真成员会根据想定文件的设定,自动生成对应数量的卫星 Agent,而且仿真系统对外只展现一个程序界面,显得比较简单。但缺点是所有模型都融合在一起,内部结构比较复杂,不易实现,另外计算机的运算负荷也很大。

(2)把构建的仿真系统中每一个 Agent 的功能模型单独实现,即每个 Agent 都单独作为一个程序来开发。这样将模型分解开,每个成员只需实现自己的功能模块就可以了,思路非常清楚,并且比较容易实现,也降低了对计算机性能的要求。但在每次仿真前需要人为协调想定文件中侦察卫星的数量和需要构建的卫星 Agent 仿真程序的数量,两者必须对应起来,这样就会非常麻烦。另外,如果一个仿真程序占用一台计算机,在侦察卫星数量很大的情况下就会增大仿真的投入,甚至出现计算机数量无法满足仿真要求的情况。

(3)把以上两种方式结合起来,即设计 7 个仿真程序,其中 1 个用于实现总体 Agent 的功能模块、3 个用于分别实现 3 个子系统总体 Agent 的功能模型,另外 3 个用于分别实现所有光学、雷达和电子侦察卫星 Agent 的模型,如图 4-30 所示。这样既可以满足自动化运行的要求,还能降低仿真系统开发的难度,同时还可以降低对计算机性能和数量的要求。

本书选用上述的第三种方式来实现对侦察卫星仿真系统的模型构建。下面对系统建立实现过程中的几个主要问题给予说明:

1. Agent 数目的确定

从以上分析中可知,侦察卫星仿真系统中必须包含总体 Agent、光学侦察卫

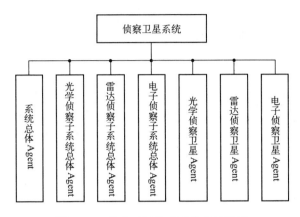

图 4-30 侦察卫星仿真系统的结构图

星子系统 Agent、雷达侦察卫星子系统 Agent、电子侦察卫星子系统 Agent 和若干个侦察卫星 Agent。其中,各类侦察卫星 Agent 的数目可以根据仿真的需求,在想定文件中确定。在仿真进行初始化时,光学、雷达和电子卫星 Agent 仿真成员会根据想定文件的规定,生成相应数目的卫星 Agent。

2. Agent 之间的通信机制

根据侦察卫星仿真系统的构建方式,Agent 之间的通信采用两种方式。总体 Agent 与子系统总体 Agent 之间、子系统总体 Agent 相互之间、卫星 Agent 与子系统总体 Agent 之间的通信采用 RTI 的底层通信支持系统来完成。这些 Agent 只需要按照 HLA 的接口规范来编写接口,对于通信过程中的协议、信息的传递方式等问题都不用考虑,而交给 RTI 去完成,从而大大地减少了在这方面的开发工作。而卫星 Agent 之间的通信可以采用消息传递或者共享全局存储器的通信方式,采用国际上比较流行并广为接受的 Agent 通信语言 KQML(Knowledge Query and Manipulation Language)来实现。

3. Agent 之间的协调

侦察卫星仿真系统采用了分层结构,因此 Agent 之间的协调既有上下级之间的分层协调又有同级之间的平等协调。当 Agent 之间需要协调时,相关 Agent 会把自己的有关信息发送到对应协调模块的信息库中,然后由协调模块来实现它们的协调行动。

4. 仿真系统的信息流程

侦察卫星仿真系统的命令流从高层向下层流动,而状态信息和侦察信息则从下向上反馈。以光学侦察卫星为例,图 4-31 和图 4-32 分别描述了仿真系统的命令流和信息流。

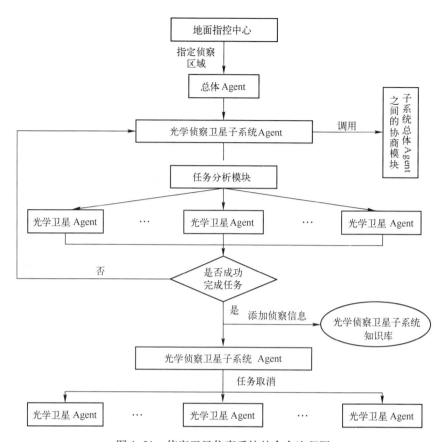

图 4-31　侦察卫星仿真系统的命令流程图

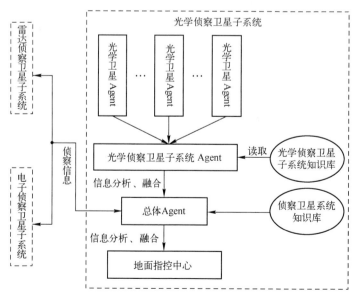

图 4-32　侦察卫星仿真系统的侦察信息流程图

参 考 文 献

［1］Wooldridge M，Jennings N R. Intelligent Agents：Theory and Practice［J］. Knowledge Engineering Review，1995，10（2）：115 − 152.

［2］Wooldridge M J. Agent − based Engineering［J］. IEE Proc. Software Engineering. 1997，144（1）：26 − 37.

［3］Bratman M. Intention，Plan，and Practical Reason［M］. Harvard University Press，Cambridge，MA，1987.

［4］Rao A S，Georgeff M P. BDI Agents：from theory to practice［C］. Proceedings of 1st International Conference on Multi − Agent Systems（ICMAS − 95），1995：312 − 319.

［5］Brooks R. Intelligence without representation［J］. Artificial Intelligence Journal，1991，（47），pp 139 − 160.

［6］胡晓峰，罗批，司光亚，等. 战争复杂系统建模与仿真［M］. 北京：国防大学出版社. 2005：117 − 149.

［7］梁鹏，王海燕，王耀辉. 由反应式 Agent 构造智能 Agent 的方法［J］. 东北电力大学学报，2008，26（2）：94 − 97.

［8］卢明. 基于 MAS 的空间信息系统量化评估研究［D］. 北京：装备学院研究生院，2010. 10.

［9］李昊，戴金海. 基于 Agent 的自主多卫星系统建模与仿真应用研究［D］. 长沙：国防科学技术大学研究生院，2007.

［10］廖守亿. 复杂系统基于 Agent 的建模与仿真方法研究及应用［D］. 长沙：国防科学技术大学研究生院，2005.

［11］廖守亿，戴金海. 基于多 Agent 的天战系统建模与仿真方法研究［J］. 计算机仿真，2003，20（1）：18 − 21.

［12］张占月，张育林. 基于 Agent 的卫星体系作战分析仿真框架研究［J］. 系统仿真学报，2007，19（7）：1586 − 1589.

［13］刘强，薛惠峰. 基于 Multi − Agent 的智能指控系统建模［J］. 火力指挥与控制，2008，33（6）：91 − 93.

［14］李昊，戴金海. 基于 Agent 的卫星航天系统建模与仿真方法研究［J］. 系统仿真学报，2007，19（15）：3365 − 3367.

［15］高临峰，杜燕波，周林. 基于 MAS 的空袭目标流仿真成员设计与实现［J］. 系统仿真学报，2007，19（13）：2955 − 2958.

［16］张辉，程思微，沈林成. 基于多 Agent 技术的快速空间响应任务规划系统体系结构［C］. 北京：总装备部航天装备总体研究发展中心，2007：286 − 289

［17］李智，肖斌，来嘉哲. 复杂大系统分布交互仿真技术［M］. 长沙：国防科技大学出版社，2007.

[18] 李昊,戴金海. 自主卫星系统基于 Agent 的建模与仿真研究[J]. 航天控制,2007,25(1):52-55.

[19] 徐艳丽,沈怀荣. 航天装备体系建模与仿真技术研究[J]. 系统仿真学报,2007,19(14):3145-3147.

[20] 高志年,刑汉承. 基于 HLA 的多 Agent 系统体系结构研究[J]. 小型微型计算机系统,2003,24(3):336-339.

[21] 杨宏军,俞金寿. 基于多智能体的作战系统仿真成员设计[J]. 系统仿真学报,2005,17(8):1895-1898.

[22] Tan G S H, Kwok - Leong Hui. Applying intelligent agent technology as the platform for simulation[C]. Simulation Symposium,1998: 180-187.

[23] Brooks H, DeKeyser T, Jaskot D, et al. Using agent - based simulation to reduce collateral damage during military operations [C]. System and Information Engineering Design Symposium, 2004: 71-77.

[24] Downes P M, Kwinn M J, Brown D E. Using Agent - based Modeling and Human - in - the - Loop Simulation to Analyze Army Acquisition Programs [C]. Simulation Conference, 2004: 975-981.

[25] 李宏亮,程华,金士尧. 基于 Agent 的复杂系统分布仿真建模方法的研究[J]. 计算机工程与应用,2007,48(3):209-213.

[26] 赵怀慈,黄莎白. 基于 Agent 的复杂系统智能仿真建模方法的研究[J]. 系统仿真学报,2003,15(7):910-913.

[27] 贺勇军. 面向效能优化的复杂多卫星系统综合建模与仿真方法研究[D]. 长沙:国防科学技术大学研究生院,2004.

[28] 郭齐胜,杨秀月,王杏林,等. 系统建模[M]. 北京:国防工业出版社,2006.

[29] 张恒源. 分布式交互仿真半实物接入关键技术研究[D]. 北京:装备指挥技术学院,2006.

第 5 章 基于复杂网络的空间信息
系统建模与分析

随着航天系统种类的增加,系统功能日臻完善,但卫星系统之间相互分割的局面也逐渐形成,导致空间信息系统获取的信息数量急剧增加,而系统之间的信息却无法共享和综合利用。另外,航天总体资源快速增长却又分布不合理,使得航天效益无法得到根本性提高。为此,世界主要航天国家将空间信息系统的发展都定位于发展并建立网络化的新型综合性航天体系,要求不仅实现不同卫星之间的信息共享,还能实现空间信息系统与地面网络相互连接。因此,将卫星技术与信息技术相结合的空间信息系统成了当下的研究热点。

空间信息系统系统组成元素众多,子系统间信息交互关系错综复杂,且系统发展朝着网络化的互联互通趋势发展,给空间信息系统整体能力分析与评估带来了一定挑战。复杂网络作为复杂系统的一般抽象和描述方式,作为复杂系统的结构形态,它突出强调系统结构的拓扑特征。以复杂网络形式研究网络化复杂系统,可以加深系统了解并开展相关系统能力分析。目前复杂网络理论已广泛应用于互联网、交通网、电力网、通信网以及体系作战网的网络特性分析、结构优化以及脆弱性和抗毁性分析等,取得一系列成果。

本章主要论述基于复杂网络理论的空间信息系统能力与特性分析,目的是建立空间信息系统网络演化模型,提出基于该演化模型的空间信息系统的分析技术。

5.1 复杂网络演化模型

5.1.1 复杂网络理论概述

5.1.1.1 发展历程

复杂网络的研究是复杂性理论研究的一部分,作为研究复杂性科学和复杂系统的有力工具,复杂网络为研究复杂性提供了全新的视角。复杂网络借助于图论和统计物理的一些方法,可以用来探索并描述系统的演化机制、演化规律

(结构)和整体行为(功能)。复杂网络研究兴起的时间不长,但其已经从许多方面展现出广泛、潜在的应用价值。

复杂网络发展至今经历三个阶段。1736－1958 年人们一直用基于图论的规则网络理论来研究与网络有关的问题。1959 年,匈牙利数学家 Erdo 和 Renyi 提出了 ER 随机图模型,使网络科学迈入了第二个重要的发展阶段。Watts 及其 Strogatz 于 1998 年 6 月提出了一种介于规则网络和随机网络之间的网络模型——小世界网络模型。随之,1999 年 10 月 Barabasi 及其 Albert 在 *Science* 杂志上发表题为《随机网络中标度的涌现》的论文,提出了无标度网络模型。小世界网络和无标度网络模型的提出标志着网络科学进入一个新时代。随后的许多真实网络实证研究表明,真实网络既不是规则网络,也不是随机网络,而是兼具小世界和无标度特性,具有与规则网络和随机网络完全不同的统计特性。

现实网络系统的复杂性主要体现在三个方面:①网络的结构非常复杂,对网络节点间的连接,至今仍没有很清晰的概念;②网络是不断演化的,网络节点不断地增加,节点之间的连接在不断地增长,而且连接之间存在着多样性;③网络的动力学具有复杂性,每个节点本身可以是非线性系统,具有分岔和混沌等非线性动力学行为而且在不停地变化。

5.1.1.2 典型统计特征参数

随着对复杂网络研究的深入,人们提出了许多概念和度量方法,用于表示复杂网络的结构特性。由 n 个节点、k 条边组成的复杂网络 G,其中具有代表性的几个参数如下:①距离 d 和平均距离 L;②聚类系数 C;③平均度数 K 和度分布 $f(k)$;④节点介数 B_N。

除了上述统计特征参数外,不同网络还有一些独特的统计参数,如表 5-1 所示,详细计算方法可参见文献[5]。

表 5-1　各类复杂网络主要统计特征参数

网　　络	特　征　参　数
无向网络静态特征	度相关性、聚集系数分布特征、最短路径分布特征、介数分布特征、联合度分布、度度相关性、聚度相关性、核数、网络密度、中心性等
有向网络静态特征	入度和出度及其分布、度度相关性、平均距离和效率、入集团和出集团的聚集程度、介数和双向比、中心性等
加权网络静态特征	度及其分布特征、点权和单位权及其分布特征、权相关性、权度相关性、最短距离及其分布特征、加权集聚系数及其分布特征、介数及其分布特征
其他网络静态特征	网络结构熵、特征谱、度秩函数、富人俱乐部系数等

用上述参数可以很方便地衡量现实网络的特性。现实网络可分为四种：社会网络、信息网络、技术网络和生物网络。这四种网络虽然各具不同物理形式，其节点和边的定义差别也很大，但大量实证研究表明，现实世界中的许多网络具有下面三个共同特性：①节点度服从度指数介于[2，3]的幂律分布；②聚集程度高；③节点间平均距离小。

5.1.2 复杂网络演化模型

5.1.2.1 无权网络演化模型

无权网络演化模型主要包括规则网络、随机网络、小世界网络、BA 无标度网络以及其他改进模型。

1. 规则网络

在规则网络中，每个节点的度和聚集系数是相同的。节点的度分布函数为 $P(k) = \delta(k-K)$，节点的聚集系数 $C = 3(k-2d)/4(k-d)$（d 为网络维数）。规则网络的聚集程度高，平均路径长。

2. 随机网络模型

随机网络简称 ER 网络。在图论中，由 N 个节点构成的图，可以存在 C_N^2 条边，从中随机连接 M 条边所构成的网络称为随机网络。ER 网络的节点度服从泊松分布，即

$$P(k) = \frac{<k>^k}{k!}e^{<k>}$$

ER 随机图还具有较小的平均路径长度和较小的聚集系数。

3. 小世界网络模型

小世界网络模型（WS 模型）由一个具有 N 个节点的环开始，环上每一个节点与两侧各有 m 条边相连，然后每条边以概率 p 随机进行重新连接（自我连接和重复连接除外），"长程连接"（即重新连接的边）大大缩短了网络的平均路径长度，提高了网络的聚集系数。WS 模型提出不久后，Newman 和 Watts 提出了WS 模型的一个变体模型，通过在随机选择的节点对之间增加边作为长程连接，而原网络的边保持不动。另外国内外的学者又相继提出了 WS 模型的一个替代模型和 WS 网络的一般化模型，其平均路径长度是可调的。

4. BA 无标度网络模型

具有幂律度分布的无标度 BA 模型生成的初始时刻，假定系统中已有少量节点，在以后的每一个时间间隔中，新增一个节点，并与网络中已经存在一定数目的不同节点进行连接。当在网络中选择节点与新增节点连接时，假设被选择

的节点与新节点连接的概率和被选节点的度成正比,将这种连接称为择优连接。BA 模型的平均路径长度很小,簇系数也很小,但比同规模随机图的簇系数要大,不过当网络趋于无穷大时,这两种网络的簇系数均近似为零。

5. 其他改进网络模型

BA 模型的提出虽然提供了复杂系统研究的新视角,开创了复杂网络研究的新局面。但与实际网络比起来,BA 模型仍然存在一些缺陷:①BA 模型度分布幂律指数恒为 3,但多数实际网络幂律指数介于[2,3]之间;②新节点从全网络根据度分布择优选择连接节点,形成"马太效应",这与现实网络存在节点度上限不符;③已存在网络节点在演化过程中连接关系不变;④BA 网络的集聚系数随着网络规模增大趋于 0,这与真实网络具有高聚集系数不相符。

为了改进 BA 模型的上述缺陷,国内外研究了一些改进模型,主要分为两类:①改进原网络演化机制,增加适应真实网络特性的机制,如随机连接、局域世界、节点度限制、节点吸引度、老节点连接机制、中间节点效应等;②提出新的网络演化机制来生成网络。

5.1.2.2 加权网络演化模型

前面涉及的模型均为无权模型,模型中都假定了每条边是完全相同的,这与现实世界不完全相符。为描述边的异质性,Yook,Jeong 和 Barabasi 首次提出了初步的加权网络理论模型——YJT 模型,它是在无权网络的基础上,按照节点度之间的关系给边赋上权值而形成的加权网络。Zheng 等考虑了节点的适应度,给边赋权值时带有一定的随机性;Wang 等提出了一个竞争的加权网络模型。目前,加权网的实证研究也受到高度重视。特别地,Barrat,Barthelemy 和 Vespignani 将无权网络的节点的连接度的概念推广到加权网络中节点的强度(或称点权),提出了著名的 BBV 模型,掀起了加权网络的研究热潮。中科大研究小组提出另一个流驱动的加权网络模型,该模型不仅考虑新节点加入影响,还考虑边权随时间的演化和旧节点之间新边的生成。

不论是无权网络,还是加权网络,每提出一种新的演化机制,均对应有相应构造算法的改进。

5.1.2.3 网络演化模型的新发展

1. 空间网络

复杂网络建模的一个新的分支是空间网络模型。在真实的网络中,有一些是确确实实存在于实际地理空间中的网络,如航空网络、铁路网和电力网等。这些网络中的节点都有着具体的地理位置,并且节点间的连边也都有确定长度。

研究这类网络时,地理因素起着重要影响,网络中的节点总是趋向于和它相近的节点相连,且边的构建成本与边长成正比,因此距离长的两个节点一般不会有连边。这一原则导致网络不具有幂律分布,不具有层次结构。

空间网络研究中涉及的常见模型可以分为几何地理图、空间小世界模型、空间增长模型等。表5-2列出了几种常见的空间网络模型。

表5-2 空间网络常见模型

分　类	模　型	模　型　描　述
几何地理图	最简随机几何图	该模型针对随机图,节点为半径为 r 的小球体,如果两个节点的距离小于 $2r$,两节点则建立一条边。两个随机抽取的节点连接概率为 $p = V(R) = \dfrac{\pi^{d/2} R^d}{\Gamma(1+d/2)}$,其中 $R = \dfrac{1}{\sqrt{\pi}} \left[\dfrac{\langle k \rangle}{N} \Gamma\left(\dfrac{d+2}{2}\right) \right]^{1/d}$
	建立在网格上的无标度网络	模型建立在 D 维网络上,随机选取节点 i 并将它的所有邻居节点相连,直到该点度值达到设定值 k。 一个随机度值 k 被赋予一个节点的概率遵循下列分布: $P(k) = Ck^{-\lambda}$,C 为根据不同网格的系数
	阿波罗网络	该网络建立一个由球体填充空间商的无标度网络,接触到的球体用线将中心连接起来,网络同时是平面的、无标度的及小世界的。 平均最短路径的变化表达式如下: $\langle l \rangle \sim (\log N)^{3/4}$,$N$ 为节点总数,$\langle l \rangle$ 为平均最短路径
空间 Erdos – Renyi 图的推广	空间 Erdos – Renyi 图	在随机图上将所有的节点对以概率 p 连接起来、平均连边数为 $\langle E \rangle = p\dfrac{N(N-1)}{2}$,$N$ 为节点总数,网络中的度 $\langle k \rangle$ 分布为 $P(k) \approx e^{-\langle k \rangle} \dfrac{\langle k \rangle^k}{k!}$,聚类系数为 $C = \dfrac{1}{N} \dfrac{(\langle k^2 \rangle - \langle k \rangle)^2}{\langle k \rangle^3}$,平均最短路径为 $\langle l \rangle \approx 1 + \dfrac{\log N/\langle k \rangle}{\log \dfrac{\langle k^2 \rangle - \langle k \rangle}{\langle k \rangle}}$
空间小世界模型	Waxman 模型	该模型由 ER 模型演变而来,节点在平面上均匀分布,四点间连边的概率与节点距有关。 两点间连边的概率 $P(i,j) = \beta e^{-d_E(i,j)/d_0}$,$d_0$ 决定了连边的典型长度,β 控制连边的总密度
	Watts – Strogatz 模型	该模型以规则的网络为基础,概率 p 随机地将连边重新连接,尽管许多特性与 ER 模型类似,但是聚类系数、平均最短路径与 p 相关。 平均聚类系数:$C = \dfrac{3(m-1)}{2(2m-1)}(1-p)^3$,$2m$ 等于平均度值 k
空间增长模型	适应度模型	每个节点分配一个适应能力参数,在每个时间间隔,具有适应能力的新节点 j 增添进入系统。从分布中选取每个新节点以 m 条边连接到已存在于网络中的节点上,连接到节点 i 上的概率与度和适应能力成正比

2. 超网络

复杂网络虽然具有广泛的应用价值,但其对由多个网络组成的网络难以研究,因此就提出了用超网络处理超越一般网络的多网络系统问题。Nagurney 等在处理交织网络时,把高于而又超于现存网络的网络,称为超网络(supernetwork)。超网络可用来描述和表示网络之间的相互作用和影响,它的构架为研究网络之间的相互作用和影响提供了工具。目前超网络的研究主要集中在供应链超网络、电力供应网络等方面(图5-1),多是从数学角度运用变分不等式解决网络平衡问题。但是对超网络的基本性质,尤其是网络与网络之间的关系以及基于超网络的实际应用等方面,研究却很少。

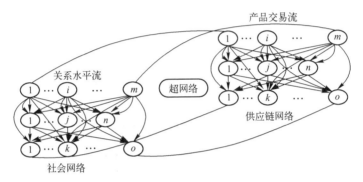

图 5-1　供应链网络与社会网络结合的多层超网络结构

5.1.2.4　复杂网络演化模型总结

根据上述论述,总结出目前研究复杂网络演化模型的一般步骤为:

(1)提出现实网络中存在的无法用当前演化模型描述的现象,分析该现象的特征。

(2)根据分析的特征结果,一是选择经典 BA 模型、随机网络模型或者 WS 模型演化机制进行初始网络构造,然后对网络增长和连接机制进行改进,提出新演化模型构造算法;二是提出新的网络演化机制,也主要包括初始网络构造、节点增加和边连接机制,构造新的演化模型算法。

(3)利用连续场理论、主方程、率方程等理论方法推导改进模型的网络度分布,验证网络是否具备无标度特性,若具备,则计算其幂指数分布情况,一般处于[1,3]之间。值得注意的是,该步骤不是必需的。有的文献直接从步骤(2)进入(4)。

(4)利用新构造的模型生成算法,生成具有典型结构的网络实例,然后运用物理统计方法统计计算典型网络特征参数,如度分布、权度分布、平均距离、聚集系数等,根据计算结构判定网络是否具有无标度特性、小世界特性,或论证网络的其他特性。

上述研究模式如图5-2所示。

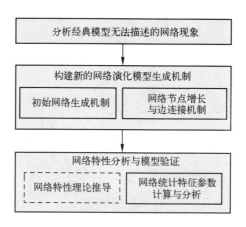

图5-2 复杂网络演化模型研究模式

5.2 空间信息系统信息交互分析

5.2.1 系统组成分析

空间信息系统组成主要是从物理结构角度刻画其构成。空间信息系统可以分为以下几部分:主干通信网络、子网、接入网络、网络运行管理中心、数据处理中心,如图5-3所示。

主干通信网主要由天地直连链路、通过中继建立的星星地链路以及地面通信网组成,主要完成在轨航天器与地面之间载荷数据、测控信息的传输与分发。

子网包括以下两类:①独立节点,如以单星状态运行的航天器;②有星间链路的星座子网和编队子网。

接入网是连接主干网和子网的节点设备(包括天线、收发设备)所构成的网络,分为地面接入网和空间接入网。

网络运行管理中心主要完成空间信息系统络的状态监控、资源调优、用户管理、服务过程管理等。数据处理中心主要是航天器载荷的数据处理与数据产品分发的中心。

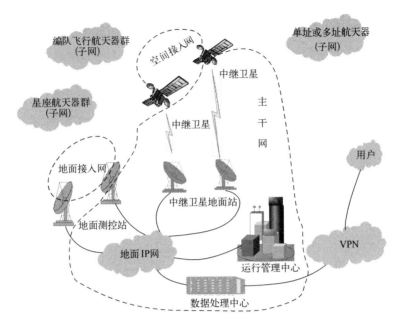

图 5-3　我国空间信息系统基本结构设想

5.2.2　信息交互分析及描述

　　信息交互分析包括三方面的内容:①节点连接关系分析,明确节点之间的连接关系;②节点活动分析,确定节点间在完成哪些活动时进行什么样的信息交互;③节点交互信息分析,确定节点间信息交互的内容和机制。

　　在系统分析的基础上,运用体系结构分析与描述方法 DODAF 中的一些视图产品对分析结果进行描述。

　　(1) 利用高级作战概念图描述空间信息系统的业务过程或使命、高层作战设想、组织和资源的地理分布等,提供完成什么任务和如何完成任务的一种高层、抽象描述。高级作战概念图的基本内容取决于空间信息系统的目的和用途,其表现形式是一张或多张图形并辅以文字说明。

　　(2) 以节点连接关系描述图空间信息系统中个组成部分之间的信息交互。节点连接关系描述图是以图形方式描述节点间的需求线的产品,目的是描绘在系统中发挥重要作用的节点到其他节点间需要交换的信息。该产品的描述要素包括作战节点、需求线、信息交互和作战活动等。节点连接关系描述图具有多种描述模板,图 5-4 给出其典型模板。

　　(3) 以节点活动模型描述完成一项任务过程中进行的活动及其之间的关系。它描述能力、作战活动(或任务)、作战活动之间输入/输出的信息流。节点

156

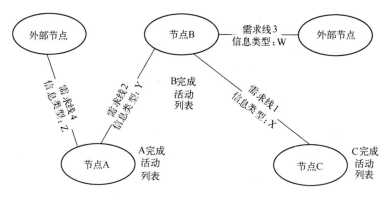

图 5-4　节点连接关系描述的模板

活动模型是描述节点能力并把节点的能力与之完成的任务建立联系的产品。该模型可采用 IDEF0 方法进行建立。

（4）以信息交换矩阵详细描述节点连接关系描述图定义的信息交互的细节,确定交换信息交互的内容与方式。信息交换矩阵将确认信息元素和信息交互的相关属性,并将交互同生成与使用信息的节点和活动相关联,同时将交互与交互满足的需求线相关联。信息交互矩阵并不要求将信息交互的所有细节一一列出,主要描述信息交换的最重要的特征,重点强调信息的逻辑特征、业务特征和属性要求。表 5-3 给出了信息交换矩阵的一个模板示例。

表 5-3　信息交换矩阵模板

需求线标识	信息交换标识	信息描述				性能属性		生成者		使用者	
		信息元素名称和标识	内容描述	范围	语言	准确度	周期性	及时性	发送节点名称和标识	发送活动名称和标识	接收节点名称和标识	接收活动名称和标识
		传输属性				信息安全				安全		
		任务/想定	传输类型	触发事件	互操作需求	…	访问控制	可用性	可信赖性	分发控制	完整性	责任	保护（类型名称、持续性、日期等）	密级	安全警告

5.3　空间信息系统网络演化模型构建

空间信息网络与目前所发现的社会网络、计算机网络、交通网络等在节点构成、连接机制方面有很大不同。如空间信息网络一定包含天基卫星、地面站、测控站以及卫星应用四类节点,并且这些节点之间的连接有着非常严格的要求,由此形成的空间信息网络既受到卫星空间特性、地面设施地理位置等因素的约束，还要受到卫星技术体制、系统通信机制等方面的影响，从而导致其与目前发现的各类复杂网络生成机制、拓扑结构和模型均不相同。

为了能够建立比较真实有效的空间信息系统网络演化模型，必须把握住以下几点空间信息网络的典型特征：

（1）通信网络是空间信息网络进行信息交互的根本基础。

（2）节点之间的连接关系必须满足真实网络中的信息交互条件，即保证其连接的动态性与信息流向的正确性。

（3）应区分不同类型的节点，尤其是各类业务卫星节点（通信中继、预警探测、侦察监视、导航定位）、地面站、测控站、卫星应用中心以及地面目标等主要实体应能明确区分。

（4）能够反映空间信息网子网特征的综合性和独立性，如导航定位网、通信中继网等。

5.3.1　节点及其连接关系类型

根据信息交互分析结果，首先划分空间信息网络中的节点类型、连接关系类型以及业务子网类型。

1. 节点类型与定义

空间信息网络节点数量众多、功能各异、形态多样，节点类型与定义是对空间信息网络中的网络节点进行类别划分与形式化语言描述，以正确反映网络节点组成及其属性。

初步将节点划分为卫星 V_S、测控站 V_M、地面站 V_G、地面目标 V_T、卫星应用中心 V_D 等五类，其属性用向量表示（且属性坐标亦可为向量），如卫星属性向量为 $\boldsymbol{P}_{VS}(s_1, s_2, \cdots, s_n, \cdots)$，其中卫星节点功能通过载荷类型及其属性进行区分。

2. 连接关系类型与定义

空间信息网络节点间的连接关系是其网络化形态的物理基础，是网络节点信息交互的另一种形式化描述，用向量 $\boldsymbol{L}(p_1, p_2, \cdots, p_n, \cdots)$ 表示，其向量各个坐标分别表述信息交互的信源、信息交互的信宿、信息交互的链路属性等。

空间信息网络中节点之间的连接主要有通信连接 L_C、探测连接 L_D、导航连接 L_N、测控连接 L_M 以及地面网络连接 L_Z 等。

3. 业务子网类型与定义

空间信息网络是空间运行的单星、星座以及地面各站点和应用中心组成的，它们之间通过不同的连接关系形成了相互交织的业务网络，这些业务网络是空间信息网络形态的基本元素，对其用形式化的语言进行描述与抽象将有利于简化空间信息网络的交互关系,降低网络分析的复杂性。

初步将业务子网类型划分为预警探测网 S_a、通信中继网 S_c、导航定位网 S_n、侦察监视网 S_d、航天测控网 G_m 以及卫星地面网络 G_z。各个业务子网用网络节点及其连接关系共同表示。如预警探测网 S_a 表示为 $\{N_{sa}, L_{sa}\}$,其中 N_{sa} 为节点集合,L_{sa} 为连接关系集合。

5.3.2　空间信息系统静态网络演化模型构建

空间信息系统静态网络演化模型是指生成能够反映空间信息系统节点增加与连接增长机制的,能够表征网络静态拓扑结构、节点间信息交互关系的复杂网络的机制与算法。静态网络演化模型主要反映空间信息系统网络特性,其构建技术主要解决如下两个问题:①网络节点增加机制;②网络连接(即边)增长机制。

在这里提出空间信息系统静态网络模型建立方案如图 5-5 所示。

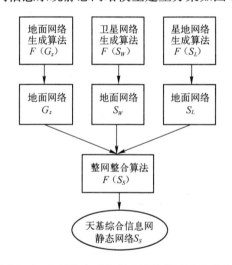

图 5-5　空间信息系统静态网络模型建立方案

由图 5-5 可以得出,静态网络演化模型构建将分如下步骤进行:

(1)生成地面网络 G_z,节点类型包括测控站 V_M、地面站 V_G、地面目标 V_T、卫星应用中心 V_D 等四类,连接关系仅包含地面网络连接 L_z,其生成算法为 $F(G_z)$。

(2)生成卫星网络模型 S_W,节点包含所有空间信息系统中的卫星节点 V_S,连接关系包括通信连接 L_C、导航连接 L_N,生成算法为 $F(S_W)$。

(3)生成星地网络模型 S_L,节点包含所有卫星节点 V_S、测控站 V_M、地面站 V_G、地面目标 V_T,连接关系包括通信连接 L_C、导航连接 L_N、测控连接 L_M、探测连接 L_D,生成算法为 $F(S_L)$。

（4）整合网络 G_z、S_W、S_L 形成完整的空间信息系统静态网络 S_S，整合算法为 $F(S_S)$。

空间信息系统静态网络演化模型的核心目标即是确定算法 $F(G_z)$、$F(S_W)$、$F(S_L)$ 以及 $F(S_S)$ 的形式或过程，其值得参考的模型有 BA 模型、局域世界 BA 模型、基于节点适应度的加权网络模型、空间网络模型等。

5.3.3 空间信息系统动态网络演化模型构建

空间信息系统动态网络演化模型是在静态网络模型基础上，为进一步反映空间信息系统的空间特性以及在物理机制、技术体制方面的受限性而提出的动态复杂网络构建机制与算法。

建立动态网络演化模型需要注意以下几点：①节点之间的信息交互受连接条件的限制，如时空、通信功率等，而不是一直存在连接；②低轨卫星或地面节点一直与导航卫星存在导航连接，而中高轨卫星则与导航卫星节点不存在导航连接；③受节点能力限制，网络节点的实时连接数存在上限；④影响网络连接关系动态变化的主要因素是用户随机的天基信息服务请求；⑤用户随机信息服务请求引发的业务活动之间存在一定的联系。

空间信息系统动态网络演化模型研究将按图 5-6 所示研究方案进行。

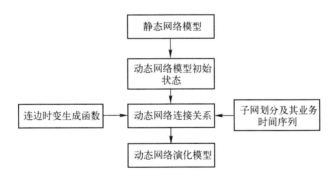

图 5-6　动态网络演化模型研究方案

由图 5-6 可得，动态演化模型构建将按照如下步骤进行：

（1）对生成的经过验证有效的静态网络模型 S_S 进行改进，活动动态网络演化模型初始状态 S_{D0}。其中改进的项目包括：①删除 S_S 网络中除导航连接 L_N 外的所有连接；②将单节点表示的业务网络（如中继网、导航定位网、地面测控网等）用完整的网络节点代替。

（2）构建网络各个节点关于各个业务类型的连边时变生成函数 $F_V(L_{SD}(t))$，生成函数的约束条件主要包括：①网络节点的实时空间位置；②网络节点间连接建立条件（此处主要考虑可视、功率、连接上限三个因素，不考虑视场角范围和跟踪角速度等因素);③业务信息交互的起点和终点,若二者不存在直接链路则需进行信息路径规划(拟采用卫星星间链路路由规划算法进行规划)。

(3)按照业务子网划分生成业务服务请求序列$Q_t(q_1(t_1), q_2(t_2), \cdots, q_n(t_n), \cdots)$,$q_n(t_n)$为$t_n$时刻对应的子网业务,如预警探测业务、通信中继业务等。

(4)在t_n时刻按照子网业务$q_n(t_n)$以及业务子网相关的节点连边时变生成函数$F_V(L_{SD}(t))$建立连接关系,且节点连接关系可能随时间推进和生成函数而不断变化。

(5)若t_n为时间序列末位时刻,则结束;否则令$t_n = t_{n+1}$,转至步骤(4)继续进行。

总结定义动态演化模型构造算法如下:

动态演化模型:一个有序四元组$G_{GG}(t_k) = (\{S_a, S_c, S_n, S_d, G_m, G_z\}, E(G_{GG}, t_k), F_V(L_{SD}), Q_t(q_1(t_1), q_2(t_2), \cdots, q_n(t_n)))$称为动态演化模型(其中$k \in \{1, 2, \cdots, n-1\}$),如果它的$\{S_a, S_c, S_n, S_d, G_m, G_z\}$、$F_V(L_{SD})$、$Q_t(q_1(t_1), q_2(t_2), \cdots, q_n(t_n))$满足以下条件:

(1)$\{S_a, S_c, S_n, S_d, G_m, G_z\}$为空间信息系统业务子网集合;

(2)$E(G_{GG}, t_k) = F_V(L_{SD})(E(G_{GG}, t_{k-1}), Q_t(q_1(t_1), q_2(t_2), \cdots, q_n(t_n)), \{S_a, S_c, S_n, S_d, G_m, G_z\})$,$F_V(L_{SD})$为图$G_{GG}(t)$连边时变生成函数;

(3)$G_{GG}(t_0)$为演化模型的初始状态(或条件),由静态网络演化模型得出。

当对$\{S_a, S_c, S_n, S_d, G_m, G_z\}$、$F_V(L_{SD})$、$Q_t(q_1(t_1), q_2(t_2), \cdots, q_n(t_n))$给出不同定义时,就可以形成不同空间信息系统演化模型的各种算法模型。

动态网络演化模型的重点即是对$\{S_a, S_c, S_n, S_d, G_m, G_z\}$、$F_V(L_{SD})$、$Q_t(q_1(t_1), q_2(t_2), \cdots, q_n(t_n))$进行研究。

5.3.4 空间信息系统网络演化模型验证

1. 静态网络演化模型验证方法

将生成的静态网络模型节点类型与组成、节点连接关系与空间信息系统信息交互分析结果进行对比,并考量是否正确反映了建立静态网络模型时需要注意的几点因素,若二者皆能符合,则静态网络模型有效。

2. 动态网络演化模型验证方法

通过建立与动态网络演化过程相同的子网业务的仿真推演系统,将动态演化模型节点连接变换情况与仿真推演系统推算结果进行对比,若能基本相符,则说明动态演化模型的有效性(由于动态演化模型采用的一些简化,所以二者结果将不是完全一致,但大体趋势应保持一致)。

5.4 空间信息系统网络特性与整体能力分析

5.4.1 空间信息系统网络特性分析

对空间信息系统网络的统计特性进行分析的研究思路将沿袭目前复杂网络演化模型特性研究常用的模式,如图5-7所示。

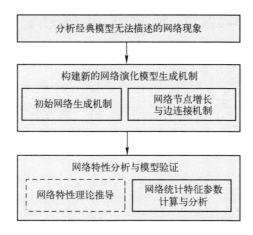

图5-7 复杂网络网络特性分析研究模式

其中对应于空间信息系统是:在建立的静态、动态演化模型基础上,对目前空间信息系统的网络统计特性(小世界特性、高聚集性、无标度特性)进行验证和分析。

其中小世界特性将由较短的平均距离来体现,高聚集性将由大聚集系数来体现,而无标度特性则由相应度分布服从幂律分布来体现。此三个系数的统计计算方法如下所示。

由 n 个节点、k 条边组成的复杂网络 G,其中具有代表性的几个参数如下:

(1)距离 d 和平均距离 L_d。网络中两个节点 i 和 j 之间的距离 d_{ij} 定义为连接这两个节点的最短路径上的边数。对所有节点之间的最短距离求平均值,即可得到该网络的平均距离:

$$L_d = \frac{1}{n(n-1)} \sum_{i \neq j} d_{ij}$$

(2)聚类系数 C。此系数是一个表征近邻节点联系紧密程度的特征参数。假设网络中的一个节点 i 有 k_i 条边将它与其他节点相连,这个 k_i 节点最多存在 $k_i(k_i-1)/2$ 条边,而这 k_i 个节点之间实际存在的边数 E_i 和总的可能边数之比就定义为节点 i 的聚类系数,即

$$C_i = \frac{2E_i}{k_i(k_i - 1)}$$

对所有节点的聚类系数求均值得到网络的聚类系数:

$$C = \frac{1}{n} \sum_{i=1}^{n} C_i$$

(3) 平均度数 K 和度分布 $f(k)$。节点 i 的度数 k_i 定义为该节点连接的其他节点的数目。那么一个边数为 E,节点为 N 的网络的平均度数为

$$K = \frac{2E}{N}$$

对所有节点的度 k 进行统计,便可得到网络的度分布 $f(k)$。

对于静态网络模型,由于网络节点及其连接关系固定,其网络统计特性可直接按照上式统计计算即可;而动态网络模型由于网络节点连接关系是时变的,因此还需要分析三个系数统计计算结果随时间变化的规律。

5.4.2 空间信息系统整体能力分析

依据空间信息系统近中期能力规划,以具体子网业务为背景,围绕空间信息系统络的服务质量,运用动态演化模型开展能力分析,为空间信息系统组网方案以及节点能力设计提供决策支持。

对空间信息系统的能力分析也主要按照三方面进行。

1. 提取空间信息系统能力分析指标体系

在总结已有的空间信息系统整体能力指标体系基础上,考虑空间信息系统发展规划的整体能力目标,从网络整体的角度提取能力指标体系,并给出各项指标的定量获取方法。

2. 面向业务的空间信息系统信息服务能力分析

设置三个不同的业务类型,例如可以针对"任务快速响应能力、高速数据回传能力以及境外卫星管控能力"(如获取境外战场打击效果图像、境外重点目标侦察图像回传、境外卫星测控)建立动态演化模型,并根据能力指标体系分析其网络整体能力。

设置时间段的业务序列,构建动态网络演化模型,分别分析组网与否、不同组网方案、不同节点能力方案下的空间信息系统整体能力,为其方案和节点能力设计提供参考意见。

其中任务快速响应能力方向重点从响应时延、连接跳数、快速响应业务范围等方面建立指标并进行评价;高速数据回传能力将从通信中继网和侦察监视卫星本身数据传输能力方面建立指标并进行评价;境外卫星测控能力将关注测控覆盖范围、可同时测控数量、境外测控时长等方面建立指标并进行评价。

总结空间信息系统整体能力分析方案如图5-8所示。

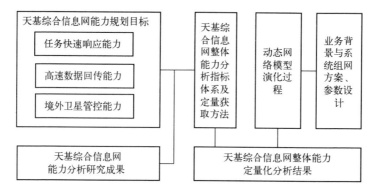

图5-8　整体能力分析研究方案

参 考 文 献

[1] Newman M E J. Models of the small world[J]. Journal of Statistical Physics, 2000, 101:819
－841.

[2] Strogatz S H. Exploring complex networks[J]. Nature, 2001, 410: 268－276.

[3] 陈关荣. 复杂网络及其新近研究进展简介[J]. 力学进展, 2008, 38(6): 653－662.

[4] 郭世泽, 陆哲明. 复杂网络基础理论[M]. 北京:科学出版社, 2012.

[5] 何大韧, 刘宗华, 汪秉宏. 复杂系统与复杂网络[M]. 北京:高等教育出版社, 2009.

[6] Newman M E J, Watts D J. Renormalization group analysis of the small－world network model
[J]. Physics. Letters. A, 1999, 263:341－346.

[7] Ozik J, Hunt B－R, Ott E,. Growing networks with geographical attachment preference:E-
mergence of small worlds[J]. Physical Review E, 2004,69:026108.

[8] Albert R, Barabasi A－L. Topology of evolving networks:Local events and universality[J].
Physical Review Letters 2000, 85:5234－5237.

[9] Dorogovtsev S N, Mendes J F F. Scaling behavior of developing and decaying networks[J].
Europhys. Lett. 2000b, 52:33－39.

[10] Chen qinghua, Shi Dinghua. The modeling of scale－free networks[J]. Physics A, 2004,
335: 240－248.

[11] 贾秀丽, 蔡绍洪, 张芙蓉. 一种动态的无标度网络[J]. 四川师范大学学报, 2009, 32
(6): 839－842.

[12] 陶少华, 杨春, 李慧娜. 基于节点吸引力的复杂网络演化模型研究[J]. 计算机工程,
2009, 35(1): 111－113.

[13] Holme P, Kim B J. Growing scale－free networks with tunable clustering[J]. Physical Re-
view E, 2002, 65: 026107.

[14] Klemm K, Eguiluz V M. Highly clustered scale - free networks[J]. Physical Review E, 2002, 65: 036123.

[15] 赵海, 袁韶谦, 张昕, 等. 一种局部聚集的网络演化模型[J]. 东北大学学报, 2007, 28(11): 1548 - 1551.

[16] 饶浩, 杨春, 陶少华. 基于中间节点效应的无标度网络演化模型研究[J]. 计算机应用, 2009, 29(5): 1230 - 1232.

[17] Albert R, Barabasi A - L. Statistical mechanics of complex networks[J]. Reviews of Modern Physics, 2002, 74(1): 47 - 97.

[18] Wang X F. Complex networks: Topology dynamics and synchronization. International Journal of Bifurcation and Chaos, 2002, 12 (5): 885 - 916.

[19] Newman M E J. The structure and function of complex networks[J]. SIAM Review, 2003, 45(2): 167 - 256.

[20] 方锦清, 汪小帆, 刘曾荣. 略论复杂性问题和非线性复杂网络系统的研究[J]. 科技导报, 2004, 22(2): 9 - 12.

[21] 杨波, 陈忠, 段文奇. 基于个体选择的小世界网络结构演化[J]. 系统工程, 2004, 22 (12): 1 - 5.

[22] Zheng Dafang, Trimper S, Zheng Bo, et al. Weighted scale - free networks with stochastic weight assignments[J]. Physical Review E, 2003, 67:040102.

[23] Wang Shijun, Zhang Chanshui. Weighted competition scale - free network[J]. Physical Review E, 2004, 70:066127.

[24] Barrat A, Barthelemy M, Vespignani A. Weighted evolving networks: Coupling topology and weight dynamics[J]. Physical Review Letters, 2004, 92:228701.

[25] Li Chunguang, Chen Guanrong. A comprehensive weighted evolving network mode[J]l. Physica A. 2004, 343: 288 - 294.

[26] Boccaletti S, Latora V, Morneo Y, et al. Complex networks: Structure and dynamics[J]. Physical Reports, 2006(424): 175 - 308.

[27] Nagurney A. On the relationship between supply chain and transportation network equilibria: A supernetwork equivalence with computations[J]. Transportation Research Part E: Logistics and Transportation Review, 2006, 42(4): 293 - 316.

第6章 基于HLA的空间信息系统的仿真技术

6.1 基于HLA的仿真系统结构

HLA是分布式仿真的标准协议,基于HLA的仿真技术是当前仿真领域研究的主要方向。作为通用的仿真技术框架,HLA定义了仿真系统各部分的功能及相互关系,采用HLA技术体制,可以将单个仿真应用连接起来组成一个大型的虚拟世界。

HLA作为分布式交互仿真的高层体系结构,它不考虑如何由对象构建成员,而是考虑在已有成员的情况下如何构建联邦。对于仿真系统的分析、对象的划分以及联邦成员的构建等问题,则是通过面向对象分析与设计(Object Orient Analysis and Design,OOAD)来解决。

在HLA中,联邦指的是用于达到某一特定仿真要求的分布式仿真系统,联邦成员指的是构成联邦的每一个子系统,联邦与联邦成员的层次关系如图6-1所示。

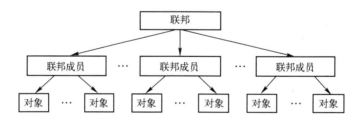

图6-1 基于HLA的仿真系统的层次结构

联邦中的成员有很多种类型,每种类型在联邦中都有其各自的作用,如数据记录器成员可以用于联邦数据采集,仿真代理成员可以用于联邦集成,联邦管理器成员可以用于联邦管理等,其中最典型的一种联邦成员是仿真应用,其主要作用是使用实体的模型来描述联邦中某一实体的动态行为。

HLA主要由三部分组成:HLA规则(HLA Rules),HLA接口规范(Interface Specification)以及HLA对象模型模板(Object Model Template,OMT)。为了保证

在系统运行阶段各联邦成员之间能够正确交互,HLA 规则定义了在联邦设计中必须遵循的基本准则;HLA 接口规范定义了在仿真系统运行过程中,支持联邦成员之间互操作的标准服务;HLA 对象模型模板定义了一套描述 HLA 对象模型的部件。

在 HLA 中,互操作指的是:一个成员能向其他成员提供服务,同时也可以接受其他成员的服务。由成员构建联邦的关键是要求各成员之间可以互操作,HLA 和任务空间概念模型(Conceptual Models of the Mission Space,CMMS)、数据标准(Data Standards,DS)一起构成了联邦成员之间互操作的充分条件。虽然 HLA 本身不能实现互操作,但它定义了实现联邦成员互操作的体系结构和运行机制,除了方便联邦成员之间的互操作外,HLA 还向联邦成员提供了灵活的仿真框架。在 HLA 框架下,一个典型的仿真联邦的逻辑结构如图 6-2 所示。

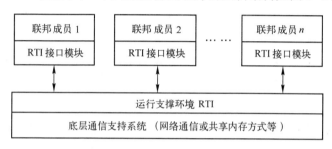

图 6-2　HLA 仿真的逻辑结构

联邦成员与运行支撑系统(Run – Time Infrastructure,RTI)一同构建了一个开放的、可扩充的分布式仿真系统。其中联邦成员可以是实体仿真系统,也可以是虚拟仿真系统以及一些辅助性的仿真应用;RTI 是按照 HLA 的接口规范开发的服务程序,实现了 HLA 接口规范中的所有服务,并能为联邦成员提供互操作的服务函数,它在仿真系统运行过程中的作用就如同软总线,满足规范要求的各仿真软件及其管理实体都可以像插件一样插入到软总线上。通过提供通用的、相对独立的支撑服务,将应用层同底层支撑环境分离,也就是将具体的仿真功能实现、仿真运行管理和底层通信分离,隐蔽各自的实现细节。它是 HLA 仿真系统进行分层管理控制、实现分布式仿真可扩充性的支撑基础,也是进行 HLA 其他关键技术研究的立足点。

HLA 规范已成为分布式交互仿真领域的正式标准,现行的规则共有 10 条,其中规定了联邦必须满足的 5 条规则和联邦成员必须满足的 5 条规则。

1. 联邦规则

(1) 联邦必须要有一个联邦对象模型(Federation Object Model,FOM),并且联邦对象模型的格式应遵循 HLA 对象模型模板(Object Model Template,OMT)。

（2）在联邦中,应该在联邦成员中描述所有与仿真有关的对象实例,而不是在 RTI 中描述。

（3）在联邦运行过程中,联邦成员间的交互必须通过 RTI 来实现。

（4）在联邦运行过程中,联邦成员与 RTI 的交互应该遵循 HLA 接口规范。

（5）在联邦运行过程中,无论何时,一个实例属性最多只能被一个联邦成员所拥有。

2. 成员规则

（1）联邦成员必须有一个符合 HLA OMT 规范的仿真对象模型（Simulation Object Model,SOM）。

（2）联邦成员必须有能力更新/反射 SOM 中指定的对象类属性,并能发送/接收 SOM 中指定的交互类参数。

（3）在联邦运行过程中,联邦成员必须能够动态地转移和接收对象属性所有权。

（4）联邦成员应该能够按照 SOM 中的规定,改变其更新实例属性值的条件。

（5）联邦成员必须管理好局部时钟,从而能与其他成员进行协同数据交换。

接口规范是 HLA 的核心部分,它定义了在仿真运行过程中联邦成员之间进行信息交互的方式。除了接口规范,HLA 还为分布式仿真系统提供了一系列服务,可以将这些服务分为六大类:联邦管理服务、声明管理服务、对象管理服务、时间管理服务、所有权管理服务和数据分发管理服务。

6.2 基于 HLA 的空间信息系统仿真总体设计

6.2.1 分布式协同仿真集成框架设计

空间信息系统是由许多不同的功能部分所组成,例如侦察监视系统、预警探测系统、通信导航系统等,这些分系统之间都存在着相互联系,每一个系统都是一个完整的整体。由于系统中各部分之间的航天轨道内在联系,将各个分系统的仿真模型联合起来进行整个系统的协同仿真已经成为仿真技术发展的必然趋势。分布式协同仿真技术的实施是一个复杂的系统工程,涉及大量的人员、工具、信息等,但各个人员、工具都是为了解决同一个目标选择的,各部分之间存在着相互联系,可以根据这种联系,以协同仿真集成框架的形式将这些支持协同仿真的工具、人员协同到一起。HLA 结构因其较好的可扩展性和可重用性而被作为协同仿真的基本框架。HLA 通过提供通用的、相对独立的支撑服务程序

（RTI），将具体的仿真功能实现（应用层）、仿真运行管理和底层通信三者分开，隐蔽各自的实现细节，从而可以使各部分相对独立地进行开发，最大程度地利用各自领域的最新技术。它增强了分布式仿真的可操作性、重用性、可扩展性。但是，针对具体的仿真系统，它无法直接提供框架支撑，仿真开发人员还需在它的基础上进行二次开发，针对具体仿真需求，研制仿真系统集成框架和专有规范。

在空间信息系统仿真系统的开发中，首先分析系统对各领域知识的需求情况，然后通过定性与定量的有机结合，为协同仿真选取合适的各领域开发人员和建模工具，如空间航天器的载荷模型的开发工作交由载荷研制人员处理，仿真系统的底层支撑工作由专门的仿真系统底层框架开发人员提供，轨道动力学和姿态动力学问题使用轨道领域工具和专业人员处理，复杂的控制系统问题使用各领域专业如 MATLAB 处理等，这样得到可以发挥各领域优势的各个层次的仿真模型，然后利用科学的协同仿真集成框架通过综合集成将各个仿真分系统联合到一起。

基于 HLA 的仿真系统结构和建模思想，在空间信息系统的仿真中构建了包括协同开发环境、仿真支持工具、仿真资源库、运行支撑环境、适配器以及各种仿真系统的分布式协同仿真集成框架，如图 6-3 所示。

在分布式协同仿真集成框架中，协同开发环境为开发人员提供相关系统软件，以及各种建模工具的支持；仿真支持工具对运行支撑环境中产生的数据进行收集管理，提供仿真过程中的各类状态信息；仿真资源库为模型开发提供可重用的数据库和模型库等，并记录仿真过程中产生的数据；运行支撑环境为整个协同仿真集成框架提供通用的相对独立的底层支撑服务，是分布式协同仿真集成框架中的核心部分；适配器是将异构模型接入分布式协同仿真集成框架的中间件；仿真系统是开发人员利用建模工具开发出来的具体模型的集合。

1. 协同开发环境

协同开发环境主要是为开发人员提供系统软件、环境测试软件以及各种建模工具等。系统软件、环境测试软件等可以对系统开发环境进行测试分析，使开发人员在协同开发环境的基础上，可以围绕一个设计项目，承担各自领域的设计任务，交互地进行设计工作，最终得到符合要求的设计结果。

针对各领域模型的开发，协同开发环境为模型开发人员提供了不同领域的建模工具。如控制领域建模工具 MATLAB、科学仪器仪表建模仿真工具 Lab-VIEW、动力学建模工具 ADAMS、卫星建模工具 STK 等。模型开发人员利用协同开发环境中的建模工具开发出相应的模型后，可以按照各自领域的特点进行数据的输入/输出，不同建模工具间的数据交互可以通过适配器及底层支撑环境进行处理。

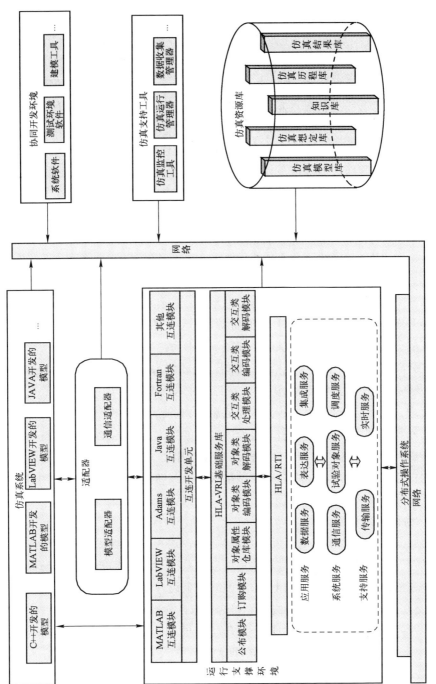

图6-3 分布式协同仿真集成框架

170

2. 仿真资源库

仿真资源库管理协同仿真环境中涉及的大量数据、模型等信息,为开发项目提供可重用的数据库、资源库,主要由仿真模型库、仿真想定库、仿真结果库以及知识库组成。

1)仿真模型库

仿真模型库主要管理现有的大量数据和模型,如卫星模型库、轨道动力学模型库、姿态动力学模型库、轨道机动模型库、光电探测载荷模型库、雷达探测载荷模型库、空间环境模型库、三维实体库等。

2)仿真想定库

一个想定构成一次仿真试验或演练。对于虚拟物理环境来说,想定的主要内容包括:该次仿真试验的物理环境定义、参加仿真的实体定义和实体的行为定义、参加实体之间的关系定义等。

3)仿真结果库

仿真结果库主要记录整个仿真过程中参加仿真的实体的属性信息,如位置信息、状态信息等。可以通过是一些动态的、结构可扩充的表对这类资源进行描述。同时结果库还记录仿真试验的输出结果,如对地观测结果、轨道机动结果等。

4)知识库

知识库是结构化、易操作、易利用并全面有组织的知识集群,可以针对空间信息系统中某些问题求解的需要,采用相应知识库在计算机存储器中存储、组织、管理。这些知识库包括与空间相关的理论知识、经验数据等。

3. 仿真支持工具

为了使空间信息系统发的分布式协同仿真平台可以支持仿真运行人员参与仿真结构的动态调整,需要一些仿真支持工具为仿真人员提供协同仿真运行过程中的各种状态信息。故本书设计的仿真集成框架要将仿真监控工具、数据收集管理器以及仿真运行管理器以联邦成员的角色集成到整个系统中。这样的设计,避免了仿真支持工具与协同仿真联邦的紧耦合,提高了整个仿真框架的灵活性。

对于协同仿真中不同成员之间的交互数据以及成员发布的各类模型信息,协同仿真人员可基于仿真需要选取部分内容进行监控。数据收集管理器收集的数据包括管理对象模型信息和协同仿真中不同成员之间的交互数据。管理对象模型信息主要包括联邦成员名称、句柄、类型等静态信息,成员更新/反射数据量、发送/接收交互次数等动态信息以及时间管理状态、前瞻量、逻辑时间等时间信息。

4. 运行支撑环境

运行支撑环境是分布式协同仿真的核心部分,为分布式协同仿真系统提供通用的、相对独立的支撑服务,具有通信管理、数据管理、时间管理及相关的公共服务的能力,并且可以提供试验过程的推进方法和管理、试验过程描述及结果分析的可视化处理方法,使得试验过程可借助这个支撑环境来进行。

运行支撑环境总共由三部分组成,分别是 HLA/RTI,HLA - VRL 基础服务库以及互联开发单元。

HLA/RTI 通过提供相应的接口来支撑系统运行所需的服务。从所支持服务的角度,运行支撑环境包含三个层次:系统支持层、系统服务层和应用服务层,底层为上层提供服务。层次越高,越接近应用。

各服务完成的主要功能如下:

(1) 传输服务:提供对底层数据传输能力的支持。

(2) 实时服务:提供对系统实时能力的支持。

(3) 通信服务:提供对各节点程序间信息交互的支持。

(4) 调度服务:提供各节点程序的统一调度。

(5) 对象服务:提供对不同虚拟试验对象的管理和驱动。

(6) 数据服务:提供虚拟试验数据管理。

(7) 表达服务:提供对各种可视化处理和人机交互的支持。

(8) 集成服务:提供对各种软件集成插件的支持。

HLA 接口规范用文字定义了各种标准服务和接口,RTI 则用程序设计语言将这些标准的服务和接口转换成了标准的 RTI API 函数。同时 RTI 提供了底层通信传输服务,屏蔽了网络通信程序实现的复杂性,开发人员可以在 RTI 的基础上实现数据的发送和接收。而且这种传输机制允许各个联邦成员进行不同级别的数据过滤,可以极大地减少网络数据流量,提高系统的运行速度。RTI 还为仿真应用提供了仿真运行管理功能,比如仿真过程的开始、暂停、恢复、时间同步、仿真时钟推进等。

HLA - VRL 基础服务库是在 RTI API(Application Program Interface)基础上实现,主要用于维护 HLA 的执行过程。由于 HLA/RTI 提供的服务和接口都被转换成了标准的 RTI API 函数,仿真系统在执行中需要调用大量的 RTI 应用程序接口(Application Program Interface,API)函数来实现对象发布、交互处理等功能,对于复杂的对象,造成了代码的冗余,降低了仿真效率,降低了程序的可读性和可维护性。本书在 VR - Link 对 RTI 服务函数进行封装的基础上,通过派生 VR - Link 中用于维护 HLA 的一些基础类,构建了 HLA - VRL 基础服务库。基于 HLA - VRL 基础服务库以及 FOM/SOM 的用户输入,可以生成相应的联邦成员代码,实现联邦成员的公共功能。通过 HLA – VRL 基础服务库,可以降低模型开发人员对 HLA/RTI 理解程度的依赖性,使得模型开发人员可以专注于模型的开发,加快了仿真系统的开发效率。

互联开发单元是在 HLA – VRL 基础服务库的基础上二次开发得到的,主要作用是使分布式协同仿真集成框架可以从底层支撑环境的角度对异构模型的集成提供支持。支持分布式交互仿真的 RTI 软件有很多种,我们选用了 MAK RTI 系列软件,该软件直接支持标准 C++ 编程,因此,为便于编程实现,我们将仿真模型分为两类,一类是标准 C++ 语言开发的模型动态库;另一类是采用非标准 C++ 语言开发的仿真模型,如 MATLAB、LabVIEW 等。由于 HLA – VRL 基础服务库是基于 C++ 语言开发,为仿真提供了一系列符合 HLA 标准的服务接口,对于标准 C++ 语言开发的模型动态库,只需按照仿真系统接口需求协商确定输入/输出接口,就可以在 HLA – VRL 基础服务库的基础上集成到分布式交互仿真中。而对于非标准 C++ 开发的仿真模型,HLA – VRL 基础服务库无法直接提供支持,因此在 HLA – VRL 基础服务库的基础上进行二次开发,创建了异构仿真模型所能识别的互联开发单元,作为异构仿真模型和总体框架之间的桥梁。

5. 适配器

适配器是将异构模型接入分布式协同仿真集成框架的中间件,是将协同仿真各分系统整合到一起的关键部分。协同仿真集成框架为协同仿真提供了标准的技术框架以及通用、独立的支撑服务,适配器本质上是一个符合 HLA 标准的联邦成员,可以对非 HLA 成员进行封装,使协同仿真环境中的异构模型可以作为一个联邦成员加入到协同仿真中。

6. 仿真系统

各种仿真系统是协同仿真集成框架中的应用层。仿真系统根据任务划分的不同,其系统规模和内容也各不相同,一般都是由各种不同的仿真模型组成。根据协同开发环境中提供的建模工具,可以开发出支持仿真系统的各种异构模型,如利用 C++ 开发的 C++ 模型,利用 MATLAB 开发的 MATLAB 模型等,也可以是在不同的操作系统下开发的模型。

6.2.2 集成框架开发流程

分布式仿真系统集成框架是分布式仿真系统的总体架构,它负责维护仿真实验过程中信息通信过程,同时也对对象和交互信息进行管理和同步。它是在 RTI 软件基础上根据具体的仿真内容,对 HLA 六大管理功能的具体实现。它与仿真模型内部功能是相互独立的,这样便于模型开发者不用了解和掌握分布式交互仿真技术就可以轻松套用仿真框架,进行分布式交互仿真。在仿真过程中,信息发送方数学模型只需将要发送的数据信息传递到 RTI 接口即可,同样,信息接收方数学模型也只需在 RTI 接口处接收自己需要的数据信息即可,传递过程中数据的管理、编解码、分发、同步等内容均由仿真框架完成。以基于 MAK VR – Link 工具包实现集成框架设计为例,说明其基本的开发过程。

1. 定义仿真系统目标

定义仿真系统目标,即定义联邦开发所要达到的目标(图 6-4)。这一步骤的主要目的是清晰准确地描述对仿真系统的功能需求,通过图表、文字等方式,让仿真系统框架人员准确理解仿真系统的功能。同时将其细化成具体的、可评估的目标,包括:仿真系统的可重复性、可移植性、时间管理方法等高层描述;仿真框架开发的大致进度安排、里程碑计划等内容。

图 6-4　定义仿真目标示意图

2. 开发仿真系统概念模型

这一部分的目的是对所要仿真的真实世界进行抽象性的描述(图 6-5)。仿真系统概念模型主要进行功能和行为描述,为仿真系统框架设计提供依据。该部分重点是确定仿真系统中将包含的对象,以及这些对象之间的静态和动态关系,确定每一个对象类的行为特性等。

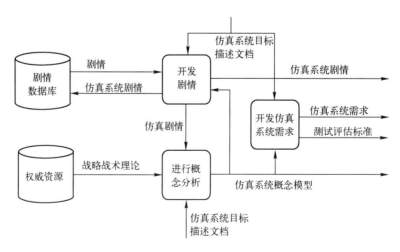

图 6-5　仿真系统概念模型开发示意图

174

3. 进行仿真系统成员划分

这一过程确定仿真系统组成,并给各个仿真成员分配功能。根据仿真成员的划分,由相关技术人员构建仿真成员的 SOM 表,为后续工作做好准备。

4. 设计仿真系统框架

这一阶段的目的主要是进行仿真系统框架设计,确定仿真成员之间的公布能力和订购关系,明确仿真成员对象属性和交互参数,设计仿真系统的 FOM 表,并确定仿真系统的时间推进策略(图6-6)。

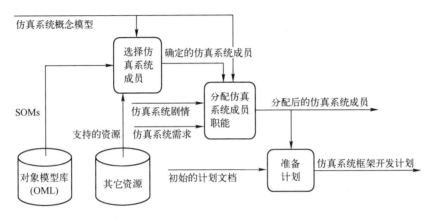

图6-6　仿真系统框架设计示意图

RTI 提供的时间管理服务支持两种不同类型的仿真。时间管理服务的目的是使 RTI 能在适当的时间以适当的方式和顺序,将来自成员的事件转发给其他有关成员,以保证仿真执行的正确性。RTI 的事件传输方式和顺序与 HLA 的时间管理和对象管理相结合,能够通过一个公共的时间管理服务接口调用实现各种类型的仿真应用的时间推进。仿真系统框架通过调用时间管理服务接口来管理整个仿真系统的时间推进过程。

5. 开发仿真系统框架

利用设计的 FOM 表,进行仿真系统框架开发。开发过程基于 VC ++ 编程环境和 MAK VR - Link 软件工具包实现。利用 VR - Link 提供的类库(如对象发布类、反射对象类、反射对象列表类、属性仓库类等)派生一些针对仿真系统专用的类库,用于支撑仿真系统框架。需开发的仿真系统框架类库包括对象发布类、反射对象类、反射对象列表类、属性仓库类、对象编码类、对象解码类、交互类、交互编码类、交互解码类等9个类。

6. 进行二次开发,针对具体模型开发具体的框架接口

由于现在仿真系统开发过程中,开发人员使用的开发工具不同,因此进行综合集成时,将会面对各种建模工具开发的仿真模型。为将各种模型有效集成到仿真系统开展联合仿真,仿真框架就必须能够解析仿真模型输入和输出的数据格式,为此,在仿真系统总体框架的基础上,还需针对具体的仿真模型,进行二次开发,专门设计仿真模型所能识别的框架接口,作为仿真模型和总体框架之间的桥梁(图6-7)。

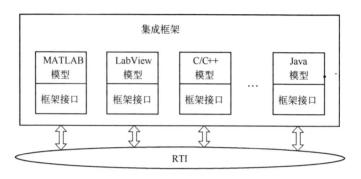

图6-7　集成框架工作示意图

6.2.3　基于 HLA 的空间信息系统仿真

6.2.3.1　总体架构

　　空间信息系统仿真采用基于 HLA/RTI 的分布式协同仿真集成框架构建仿真主体,同时融合 CORBA/ORB、STK/Vega 等成熟专业软件,为系统开发提供便利。其中,基于分布式协同仿真集成框架构建分布式仿真环境,实现仿真应用程序的互操作和重用;CORBA 用于构建分布式对象服务环境,为仿真系统提供公共计算服务;STK 用于仿真系统整体态势的显示控制,Vega 用于仿真系统中局部态势的显示控制。

　　仿真系统通过 HLA 仿真构架互联,遵循 RTI 的通信机制进行通信,实现各分系统间的仿真同步和数据通信。通过 HLA/RTI 提供的数据发布/订购机制或 DDM(数据分发管理)机制来进行仿真期间的数据交换。同时,运用 HLA/RTI 提供的时间递推机制,实现了全系统的同步运行。仿真系统的总体架构如图6-8所示。

6.2.3.2　系统组成

　　依据空间信息系统仿真系统的组成与总体架构,仿真系统将由仿真管理成员组、侦察监视成员组、预警探测成员组、通信中继成员组、导航定位成员组、视景显示成员组、空间环境模拟成员组、应用服务成员组组成,如图6-9所示。

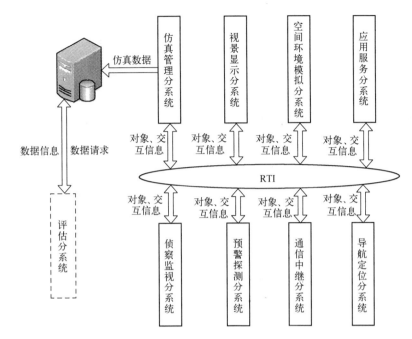

图 6-8　空间信息系统仿真系统总体架构图

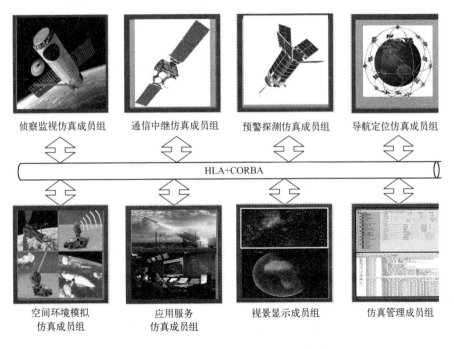

图 6-9　空间信息系统仿真系统组成图

各成员组之间依据图 6-10 所示的信息接口,通过 RTI 进行对象和交互的发送与接收。

6.2.3.3 运行流程

由于空间信息系统仿真系统所采用的总体架构为基于 HLA/RTI 的分布式协同仿真架构,因此在仿真过程中,各个仿真分系统和仿真成员组之间的时间同步主要依靠 RTI 的同步机制来推进,仿真系统的运行流程具体如下:

1. 仿真执行初始化

1)创建联邦

在仿真运行前,称为 RtiExec 的服务程序运行于 RTI 服务器上,此进程由人工启动并进入监控状态。首先由仿真管理成员创建联邦运行进程 FedExec,此进程通过事先约定好的通信通道与 RtiExec 建立联系,FedExec 向 RtiExec 登记它的主机 IP 及端口号等信息。FedExec 所在的联邦成员充当仿真运行过程中的管理者,登记信息是为了让其他联邦成员能够知道谁是联邦管理者,并申请加入或退出仿真运行。

2)加入联邦

当 FedExec 创建完成后,循环等待一段时间以使侦察监视、预警探测、通信中继、导航定位、空间环境模拟等仿真成员组的仿真成员有机会加入。申请加入联邦的仿真成员通过 RTI Ambassador 调用向 RtiExec 询问 FedExec 的地址,在此之后,仿真成员向仿真管理成员请求加入联邦。仿真管理成员记录各仿真成员的有关信息,如成员仿真实体类别、数目和对外界的响应等,这些信息在仿真过程中作为仿真管理成员进行控制的依据。

3)仿真成员声明公布与订购信息

在仿真运行过程中,一个仿真成员只需要感知部分对象特性属性和交互信息,为了减少不必要的信息发送,RTI 提供给联邦成员一组声明服务。在仿真运行之前,各仿真成员通过声明服务指明它们所要公布和订购的信息,RTI 记录这些信息,并决定仿真运行过程中信息过滤和信息分发。

2. 仿真执行过程中的数据交换

1)实体对象注册

仿真成员由一组对象组成,并根据产生的事件处理对象。当仿真成员在执行过程中产生一个对象时,它向 RTI 注册该对象,由 RTI 分配给对象唯一的 ID,之后 RTI 发消息通知其他仿真成员系统产生了一个新对象,并将新对象的 ID 插入到其他成员的发现对象队列中。

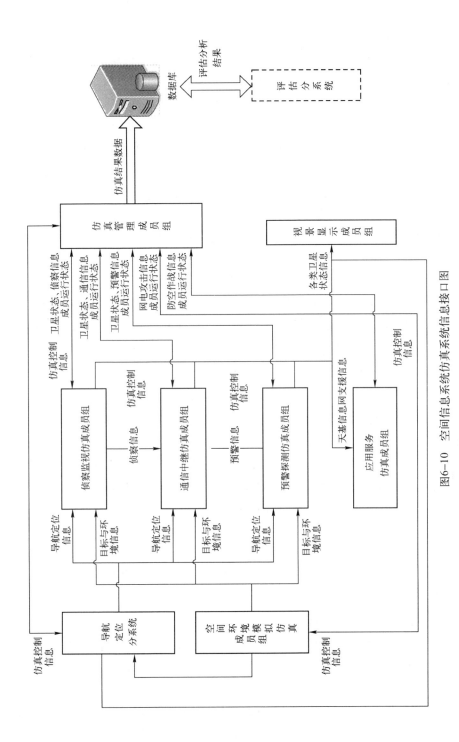

图6-10 空间信息系统仿真系统信息接口图

179

2）发送数据

当某对象状态发生变化时需要向有关成员发送变化的信息,仿真成员将此对象记录在更新联邦中,在仿真成员的一次循环处理结束时扫描状态发生改变的对象链表,将每个对象更新的状态值发送给 RTI。

3）接收数据

当 RTI 接收到更新数据后,根据公布和订购信息来决定向哪些成员发送数据,同时过滤掉冗余数据。仿真成员接收到 RTI 发送的数据后,根据对象 ID 标识查找本地对象队列并将更新的数据映射到对象上。如果此时在对象队列中没有找到标识号为 ID 的对象,则到发现对象列表中去找,根据记录的类信息创建相应的对象,为对象赋予更新的属性状态值,并加入到本地队列中。交互信息的发送过程与此类似。

4）对象的删除

当一个对象不再存在时,要将其从系统中删除,以释放占用的系统资源。与对象创建类似,当联邦成员删除某一对象时也需通知 RTI,RTI 发消息通知各联邦成员消除此对象在其内部的表示。

3. 仿真时间的推进

在 HLA 中,仿真成员的运行可视作对其内部实体对象的循环处理过程。实体接收外部来的事件(包括实体属性值更新和交互信息)并进行处理,从高层来看,联邦相对于 RTI 是一组相互交换时间戳事件的成员集合,而 RTI 是事件的交换机。在分布式交互仿真中,关键问题之一是如何协调各个仿真成员的局部时间,实现仿真时间推进,保证基于时间的事件因果关系的正确性。

RTI 提供的时间管理服务支持两种不同类型的仿真。时间管理服务的目的是使 RTI 能在适当的时间以适当的方式和顺序,将来自成员的事件转发给其他有关成员,以保证仿真执行的正确性。RTI 的事件传输方式和顺序与 HLA 的时间管理和对象管理相结合,能够通过一个公共的时间管理服务接口调用实现各种类型的仿真应用的时间推进。

4. 仿真成员的退出与联邦的撤销

负责联邦管理的成员控制仿真的结束。首先,该成员向所有其他的仿真成员发出结束仿真的消息,各仿真成员接收到消息后将结束本地的仿真程序,包括输出对象、释放资源等,然后向 RTI 发送操作完成的消息。当所有的仿真成员都结束运行后,RTI 通知负责联邦管理的成员结束 FedExec 进程,RTI 的各服务进程也相应结束。

仿真系统的整个仿真流程如图 6-11 所示。

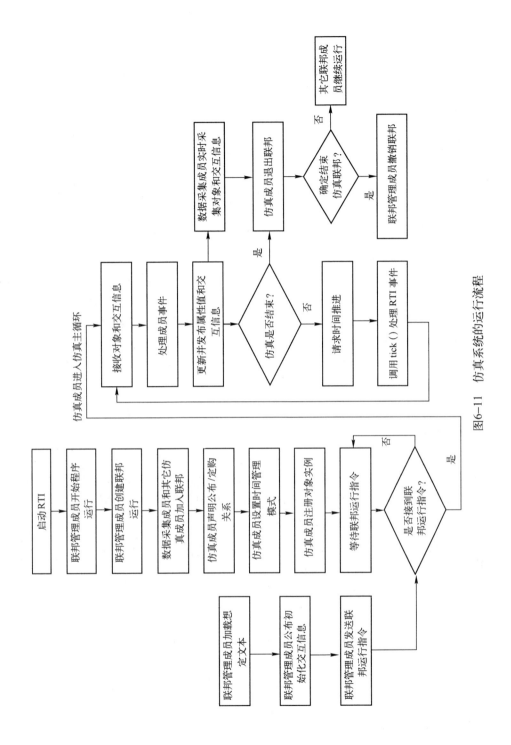

图6-11　仿真系统的运行流程

181

6.2.3.4 仿真成员的设计

1. 仿真管理成员组

系统管理成员组主要负责对仿真推演系统的运行控制和仿真数据记录进行管理,包括联邦管理成员和数据采集成员。联邦管理成员是整个仿真系统的控制中心,主要负责管理、控制仿真系统的运行以及发布仿真系统运行的初始化信息;数据采集成员主要记录仿真系统运行过程中的对象、交互的发布情况,用于系统的调试和仿真后数据分析。

联邦管理成员负责完成仿真演示系统的初始化,监视、控制仿真系统的运行过程。其主要功能为:

(1)仿真联邦管理功能。能创建、撤销联邦,启动、暂停、恢复、停止联邦执行。

(2)系统初始化功能。能向仿真系统中其他成员发布初始化信息,完成联邦执行的准备工作。

(3)系统运行监控功能。能在仿真执行过程中,监视各成员的运行状态,并可根据用户操作,控制成员退出、加入联邦执行。

(4)仿真执行控制功能。可根据系统运行的需要,根据用户设置,调节仿真联邦的步长。

数据采集成员接收仿真系统中其他成员发送的对象交互信息进行实时显示,以便系统管理人员时刻关注联邦中对象交互信息的更新情况,同时只向联邦管理成员发送自身的成员运行状态信息,成员中不包含数学模型。

2. 侦察监视卫星仿真成员组

侦察监视卫星仿真成员组主要负责在某一应用背景下,监视重要目标和地面布署情况,探测电子信号,获取相关信息并发送回己方情报中心。侦察监视卫星仿真成员组的具体功能如下:

(1)仿真侦察卫星的轨道运动和载荷探测过程。

(2)仿真侦察卫星在单星、多星联合工作情况下获取目标信息并进行信息传递的过程。

(3)仿真侦察卫星将侦察探测信息直接传送回地面或者通过通信中继卫星传递信息的过程。

3. 预警探测卫星仿真成员组

预警探测卫星仿真成员组主要仿真天基预警卫星系统,负责天基监视与跟踪来袭弹道导弹。在发现敌方战术弹道导弹发射后,测出目标的方位角、速度和加速度,将所得的信息与判断标准作比较,通过进行目标分类并识别哪些存在威胁,随后预警,经通信卫星转发或直接发回地面指控系统。

4. 通信中继仿真成员组

通信中继仿真成员组主要仿真通信卫星和数据中继卫星系统的主要功能。仿真系统中,侦察监视卫星系统和预警探测系统除自身向地面直接传输信息外,主要通过通信中继卫星系统向地面传输信息。通信和中继卫星作为天基通信的骨干和核心,主要模拟基于 IP 通信技术的太空通信网络。

5. 导航定位仿真成员组

导航定位仿真成员组仿真的主要内容是向各类卫星发布星历文件,卫星根据接收到的星历文件解算自身位置,从而实现卫星的自主导航。具体包括:

1)导航卫星的服务区域

根据某时刻导航卫星与任务单元间的相互位置关系,判断某导航卫星发布的星历文件能够被指定任务单元接收,即此导航卫星能否为指定任务单元提供导航定位服务。

2)导航卫星的星历参数

根据导航卫星的真实位置,计算出相对应的测控位置,定时更新导航卫星星历文件中的轨道信息以及此轨道信息对应的时刻。

3)伪距生成

根据导航卫星与任务单元的真实位置,模拟二者之间的伪距信息。

6. 空间环境仿真成员组

空间环境仿真成员组主要仿真空间物理环境(包括太阳数据模拟、地磁数据模拟、电离层数据模拟等)、空间目标环境(包括目标轨道数据、目标特性数据)等。仿真系统中空间环境仿真成员组根据初始化条件,计算相关空间环境数据并对外发布,由需要空间环境数据的仿真成员自行订购相关环境数据进行仿真模拟。

7. 视景显示仿真成员组

视景仿真成员组在仿真过程中,采用三维视景技术,以全局视点、飞行器第三视点和载荷视点分别展现仿真应用全过程和各分任务过程的可视化场景。视景仿真成员需要从系统其他成员获取各类卫星的位置、姿态以及各种载荷状态,完成对场景中三维实体的驱动,并对场景中的各种实体动作特效进行模拟。

6.3 空间信息系统仿真集成关键技术

6.3.1 数字模型集成技术

考虑到目前复杂大系统仿真基本都采用基于 HLA/RTI 的分布式交互仿真技术构建,因此对数字模型的集成主要结合基于 HLA/RTI 的分布式交互仿真技术开展。

一般情况下,需要集成的全数字模型可分为 2 类,一类是标准 C++ 语言开发的模型动态库;另一类是采用非标准 C++ 语言开发的仿真数学模型,如 MATLAB、Labview、Java 等。

对于标准 C++ 语言开发的模型动态库,只需按照仿真系统接口需求协商确定模型动态库的输入/输出接口即可,然后将模型动态库集成到仿真成员当中。对于非标准 C++ 语言开发的仿真数学模型,一般情况下都在协同仿真集成框架的支撑下,利用仿真模型开发软件提供的 C 语言接口,通过构建 HLA 适配器,实现对仿真数学模型输入和输出接口的互联,然后将其集成仿真成员当中。

为此,数字模型集成技术主要基于 HLA 适配器来完成,下面对 HLA 适配器的原理进行阐述,HLA 适配器是集成异构数学模型开展分布式协同仿真的重要部分。针对不同建模工具的互联以及跨平台互联,HLA 适配器可以分为 HLA 模型适配器和 HLA 通信适配器两类。

6.3.1.1 HLA 模型适配器

1. HLA 模型适配器的需求

将异构模型加入到协同仿真框架,一般有两种实现方案:一种是对模型进行改造,生成符合 HLA 规范的联邦成员,通过加入联邦处理消息和事件,进行属性的更新,但此方法需要开发人员非常熟悉 HLA 开发过程;另一种是通过一定的映射方法,将模型的参数、事件和消息转换成联邦的属性和交互,使用映射工具描述其映射过程,并按照映射规则,将仿真模型加入到协同仿真中。

HLA 模型适配器可以用于模型数据与 FOM 之间的映射。HLA 模型适配器是与 RTI 直接连接和交互的部分,并且可以与具有不同接口的组件进行通信,完成组件与 RTI 之间的信息交换,实现领域模型与系统之间的分离,因此可以使用 HLA 模型适配器对异构模型进行封装。

从工程实际出发,使用 HLA 模型适配器进行模型的封装需要达到一定要求:①独立性:不介入领域建模内部,只关注数据接口部分,使模型与底层支撑环境相分离;②继承性:可以在不改动或者比较小的改动下实现对模型的继承和重用,提高建模效率;③分布性:支持不同领域的开发人员进行异地协同开发;④通用性:适用于对应的建模工具构建的所有模型,不需要对不同的模型进行特殊的处理。

HLA 模型适配器需要通过建模工具提供的外部接口对领域模型进行控制,因此对建模工具也提出了一定的要求:①具有 C/C++ 语言的外部编程接口,可以与 C 语言数据类型进行转换,为 HLA 模型适配器中数据映射提供条件;②能通过外部接口读取和设定领域仿真模型中各种信息的数值,主要是根据接收到的信息对领域模型的状态进行实时修改,以体现交互的过程,并能发布到 RTI中,被其他领域模型所获取和处理;③能够通过外部接口控制领域模型仿真过程的步进,主要是用来在特定的时间管理机制下实现本领域联邦成员的时间推进。

虽然不同的仿真软件提供的外部编程接口在完备程度及适用度上不尽相同,但大都提供了可供编程的外部接口,可以很好地满足 HLA 适配器的设计需求。

2. HLA 模型适配器工作原理

HLA 模型适配器的作用是将模型封装成符合 HLA 规范的联邦成员形式,HLA 适配器本质也是符合 HLA 规范的仿真联邦成员。在协同仿真运行中,模型根据自身特点,仍然以各自的方式运行,HLA 模型适配器利用建模工具提供的外部接口对模型进行操作,并负责与 RTI 通信。在 HLA 模型适配器的支持下,模型通过 HLA 的公布/订购机制实现数据的过滤,通过对象类属性更新以及交互类参数的发送来输出数据,通过回调函数的方式接收数据,并调用其他 RTI服务。HLA 模型适配器的工作原理如图 6-12 所示。

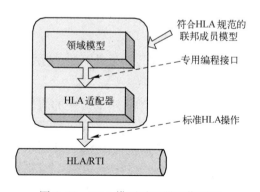

图 6-12　HLA 模型适配器工作原理

利用 HLA 模型适配器可以实现领域建模与底层通信建模的分离,使模型开发人员只专注本领域内的建模而无需考虑底层通信细节,底层开发人员只负责模型的输入/输出接口而无需考虑模型具体实现；使得开发过程变得简单可控，也增加了系统的可重用性。

联邦成员之间的数据通信是通过在 FOM 中定义的联邦对象模型（FederationObject Model，FOM）以及联邦成员的成员对象模型（Simulation Object Model，SOM）实现的。因此 HLA 模型适配器主要由两部分组成：一部分完成模型数据与 FOM 中对象类和交互类的映射关系，其映射关系保存在描述文件中，一般用 XML 格式文件存放；另一部分是映射中间件，根据映射关系的描述文件完成模型与 FOM 格式的数据转换和传递，其映射关系如图 6-13 所示。

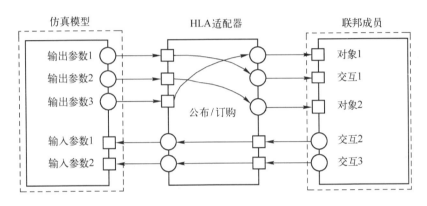

图 6-13　HLA 模型适配器映射关系

仿真模型与联邦成员进行数据通信之前，首先要定义好数据的映射关系，映射关系必须符合约定好的映射规范，以保证数据的正确连接。其映射规范为：

（1）确定数据的传递方向，即确定数据是从联邦成员传递到仿真模型还是从仿真模型传递到联邦成员。

（2）确定联邦成员中的数据类型，如果是对象，将数据传给对象的属性，如果是交互，则将数据传递给交互的参数。

（3）被传送的数据类型必须与 FOM 中的对象的属性或交互的参数中的类型一致。

HLA 模型适配器具体的数据映射流程如图 6-14 所示：

（1）数据发送方发出数据。

（2）HLA 模型适配器接收数据，并判断与数据映射文件是否匹配。

（3）如果匹配则传出数据，完成映射；如果不匹配，则重新从数据方发送数据，进行数据映射。

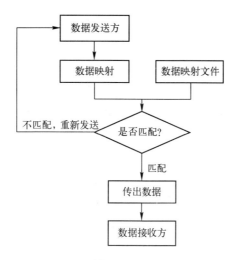

图 6-14　HLA 模型适配器数据映射流程

3. HLA 模型适配器设计

1）HLA 模型适配器的结构

根据 HLA 适配器的工作原理,本方案设计的 HLA 模型适配器可分为三个部分,分别是面向互联开发单元部分、内部功能元以及建模工具成员模块部分,如图 6-15 所示。

互联开发单元是在 HLA－VRL 基础服务库的基础上通过二次开发得到的,为建模工具提供了 HLA 的相关服务接口,并且隐藏了底层的通信服务。互联开发单元是框架为建模工具提供的接口部分,是实现互联的基础,但建模工具本身不能直接调用这些接口,需要有一个中间转换的过程。

内部功能元的主要功能是完成服务函数的调用以及数据映射。在 HLA 模型适配器开发的必要条件中已经提到,建模工具需要具有 C/C＋＋ 外部接口,才能开发出相应的模型适配器,并通过适配器的封装将建模工具以联邦成员的形式加入到协同仿真中。建模工具可以利用 C/C＋＋ 外部接口调

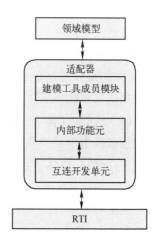

图 6-15　HLA 模型适配器

用互联开发单元中提供的接口函数,以此来调用 RTI 提供的相关服务。在外部接口调用服务的过程中实现模型数据的输入/输出功能。可以先将领域模型数据类型转换成 C/C＋＋ 数据类型(成员、类),然后将 C/C＋＋ 数据类型转换为符合 HLA 规范的联邦成员数据类型(对象类属性、交互类参数),经过这一转换过程,实现领域模型数据格式到联邦成员数据类型的映射。由于采用了直接调用

服务函数的形式,相较于其他中间件形式,HLA 模型适配器在运行效率上具有一定优势。

建模工具成员模块是模型适配器中面向建模工具的接口部分,主要功能是向建模工具提供 HLA 的管理服务,包括公布/订购、反射对象更新、发送交互等。不同的建模工具有各自不同类型的建模工具成员模块,但使用同样建模工具开发的模型可以按照其特有的建模工具成员模块进行数据的过滤与控制。例如,同样是基于 MATLAB 建模工具开发的模型,在进行数据的过滤与输入/输出时,都可以利用 MATLAB 成员模块。建模工具成员模块根据各个建模工具的特点可以分为不同的接口,可根据数据过滤与输入/输出的需求,定义相应的接口,如"加入联邦接口""退出联邦接口""公布接口""订购接口""更新接口""反射接口""时间推进接口"等,各个模块通过软件外部接口调用 RTI 服务函数实现相应功能。建模工具以各自领域建模的方式实现对接口的调用,而不用处理与 RTI 相关的工作,比如在 MATLAB 中,可以通过 M 语言直接调用 MATLAB 成员模块中提供的"公布接口""订购接口",实现 MAT-LAB 数据的过滤机制。

2)HLA 模型适配器的功能

HLA 模型适配器完成的功能主要有两项,分别是数据转换功能以及时间控制功能。

在适配器设计的必要条件中提到,为了实现 HLA 模型适配器,建模工具需要通过外部接口读取和设定领域仿真模型中各种信息的数值。为了使需求更加明确,并使得分析过程具有更好的通用性,相关文献提出将建模工具外部接口提供的操作具体化为三个标准函数:

(1)SetData(parameters…)。该函数的功能是通过外部接口实时设定当前时刻领域模型中对应变量的值,用来根据从 RTI 中接收到的信息对领域模型的状态进行修改,以体现数据交互的过程。

(2)GetData(parameters…)。该函数的功能是通过外部接口实时获得当前时刻领域模型中对应变量的值,并将所获取的变量值对外公布,可以被其他领域模型获取和处理。

(3)RunToTime(theTime)。用来控制建模工具内部的仿真过程运行时间,并能暂停仿真,用来在特定的时间管理机制下控制建模工具内部的仿真时间推进。此函数有多种实现方式,比如某些建模工具可以灵活地指定由某个时刻运行到另一个时刻,而有些建模工具只能提供启动仿真、暂停仿真、结束仿真等简单命令,可以根据联邦的要求以及建模工具各自的特点进行具体设计。

利用建模工具提供的函数,以及底层框架提供的接口支持,可以通过 HLA 模型适配器实现建模工具的数据转换功能以及时间控制功能。

(1)数据转换功能。由于模型之间数据类型不同,各领域模型之间不能直接进行数据的转换,需要以联邦的形式实现数据的传输与转换。首先要开发领域模型的 FOM 表,规范领域模型中对数据输入/输出的描述,然后在此基础上将领域模型加入到联邦中,通过联邦的公布/订购机制实现领域模型的数据过滤,通过对象类属性更新及交互类发送实现领域模型数据的输出,通过回调函数功能接收数据,通过以上过程,实现领域模型的数据转换功能。

HLA 的联邦对象模型(FOM)中提供了联邦成员公共的、标准化的数据格式,因此为了进行数据转换,首先要开发领域模型的 FOM(图 6-16)。

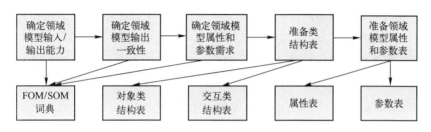

图 6-16　领域模型的 FOM 开发过程

① 确定领域模型的输入/输出能力。首先确定领域模型能够输入哪些数据,输出哪些数据,并将输出数据映射到联邦中的公布类,输入数据映射到联邦中的交互类,并决定联邦成员哪些是可公布的,哪些是不可以被公布的等。

② 确定领域模型输出一致性。在这一步中需要确定联邦中对象类和交互类的类型,明确联邦中的对象类以及交互类分别是由哪个领域模型输出,哪个领域模型输入,并删除没有被其他成员订购的数据,生成对象类结构表。

③ 确定领域模型属性和参数要求。这一步确定公共对象类的属性和交互类的参数,并将领域模型的输入/输出与联邦中对象类以及交互类的公布/订购相对应。对于领域模型中有输出数据,但联邦中没有订购的属性,可以将没有被订购的数据在 FOM 中删除;对于联邦中有订购者,但领域模型中没有输出的数据,有两种处理方式,一种是对领域模型的进行修改,使领域模型输出数据支持这一属性,另一种是对订购者进行修改,使联邦成员不需要这一信息,在这种情况下,此属性不出现在 FOM 中。对于领域模型中有输出数据,联邦中也有订购者,应该进一步讨论此属性在领域模型和订购方的含义是否一致,如果一致,就定义属性名。

④ 准备类结构表。这一步包括确定对象类结构表和交互类结构表,将

189

FOM/SOM 词典中定义的公共对象类结构映射到满足联邦需要的类层次结构中。

⑤ 准备领域模型属性和参数表。这一步将 FOM/SOM 词典中定义的所有对象属性和交互参数,以及每个属性和参数的特征记录在属性/参数表中。

将领域模型的 FOM 开发完成后,即可按照领域模型的 FOM 表中规定的数据交换方式构建联邦。具体的操作步骤如下:

① 将领域模型加入联邦。为了通过适配器的方式进行数据转换,首先要将领域模型加入联邦。在一个成员加入一个联邦执行之前,联邦执行必须存在,而在初始状态时,联邦执行并不存在。VR – Link 为 HLA 创建演练连接提供了演练连接类 DtExerciseConn,为了创建演练连接,用户必须提供一个联邦名称和一个联邦成员名称。DtExerciseConn 的构造函数允许用户使用 FED 文件中提供的信息作为联邦执行名称,联邦成员名称是用户命名的应用程序,不必是唯一的。在仿真软件外部接口中调用 DtEXerciseConn 类,并通过仿真软件外部接口提供的函数 SetData( )输入联邦执行名称和联邦成员名称,即可实现在仿真软件中为 HLA 创建演练连接的功能。当 RTI 接收到时间推进请求为仿真软件更新成员时间时,需要建模工具可以响应时间推进请求,因此需要为仿真软件设定当前时间,如 GlobalFedTime(0.0),并定义时间推进请求回调函数 timeAdvanceRequestCb( ),用以更新成员准备推进到的逻辑时间。当时间推进请求被允许时,在仿真软件外部接口中添加用户自定义回调函数 addTimeAdvanceGrandCb( ),用来调用时间推进请求函数 timeAdvanceRequestCb( )。

② 通过公布/订购机制实现领域模型的数据过滤。在 HLA – VRL 基础服务库的公布模块中声明了公布对象类 ObjectPublisher,并用构造函数 ObjectPublisher( )定义了公布对象类中的成员变量。但由于建模工具外部接口特点,ObjectPublisher 类的类型不能直接被调用,因此需要重新声明一个可被仿真软件外部接口调用的公布对象类,如本文声明了 g_PublishObject 类作为可被仿真软件调用的公布对象类。在 g_PublishObject 类中定义一个列表类型变量 g_PubList,并调用 ObjectPublisher( )函数,将该函数中定义的成员变量增加到 g_PubList 中,使 g_PublishObject 类也可以实现对象类的公布功能。在仿真软件的外部接口中通过函数 SetData( )获取对象类名以及对象名,并调用已经定义的 g_PublishObject 公布对象类,在仿真软件的外部接口中实现领域模型中数据的公布。

可以采取类似的方法处理对象类的订购。首先也是声明一个可被建模工具外部接口调用的订购对象类 g_SubscribeObject。在 g_SubscribeObject 类中定义一个列表类型变量 g_ReflstList,并调用 ObjectReflectedList( )函数将该函数中定义的成员变量增加到 g_ReflstList 中,使 g_SubscribeObject 类可以实现对象类的订购功能。在建模的外部接口中通过函数 SetData( )获取对象类名,并调用已经定义的 g_SubscribeObject 类订购对象类,在仿真软件的外部接口中实现领域模型中数据的订购。

③ 通过对象类属性更新及交互类发送实现领域模型数据的输出。联邦成员在运行过程中,当已公布的某个对象实例的属性值发生变化时,联邦成员有义务向联邦更新其属性值,以便订购该成员的联邦成员能获取该对象实例的最新属性。在建模的外部接口中调用 VR – Link 中提供的列表类查询函数检查仿真软件的外部接口函数对列表 g_PubList 中对象类属性的改变,并将变化的属性通过 HLA – VRL 基础服务库中提供的 set( )函数存入状态池中,调用 tick( )函数处理对象类更新,通过对象类属性更新功能输出领域模型相关数据。

交互类的发送与对象类相似,利用仿真软件外部接口中的函数 SetData( )获取交互类名以及交互类参数,并调用 HLA – VRL 基础服务库中定义的交互类函数 Interaction:set( )设定交互类参数,在演练连接中通过 sendStamp( )函数设定时戳,通过交互类的发送功能输出领域模型相关数据。

④ 领域模型通过回调函数功能接收数据。定义一个可被建模工具外部接口调用的交互类回调函数 g_IntCallback( )。在函数中定义一个列表类变量 g_IntList,并调用 Interaction 类中定义的 get( )和 set( )函数获取交互类数据,然后将交互类数据增加到 g_IntList 中,使 g_IntCallback( )实现交互类回调函数功能。在仿真软件的外部接口中调用 GetData( )获取交互类,并调用交互类回调函数 g_IntCallback( )返回一个变量,通过调用 HLA – VRL 基础服务库中提供的交互类回调函数 Interaction::addCallback( )增加建模工具交互类的映射关系,实现接收数据功能。

(2)时间同步功能。建模工具并没有针对时间管理的设定函数,在没有时间管理的情况下,建模工具会按照各自设定好的仿真条件运行,直到仿真结束,这就会导致建模工具之间的时间不同步。因此需要根据 HLA 时间管理机制在仿真软件中定义与时间管理相关的函数。HLA 的时间管理机制分为联邦成员的时间管理策略以及消息传递机制两个方面。

① 建模工具"时间控制"和"时间受限"状态设置。建模工具一般采用步进的方式运行,既要向其他联邦成员发送数据,也要从其他联邦成员中获取数据,因此为了满足协同仿真的需求,将其设定为既"时间控制"又"时间同步"。

在 HLA 中将联邦成员的逻辑时间管理策略分为了两种,即"时间控制"(Time Regulating)和"时间受限"(Time Constrained),联邦成员根据这两种时间管理策略分为四种状态:既"时间控制"又"时间受限",既不"时间控制"又不"时间受限",仅"时间受限",仅"时间控制"。因此本书在仿真软件中定义了

"时间控制"函数和"时间受限"函数,通过这两类函数的组合调用来控制仿真软件的时间管理状态。

为了实现仿真软件的"时间控制"策略,首先要声明并定义时间"控制回调"函数 timeRegulationEnabledCb( ),并返回当前成员时间。当需要设置仿真软件为"时间控制"状态时,在仿真软件外部接口中添加用户自定义的函数 addTime-RegulationEnabledCb( ),通知用户联邦成员的时间管理状态以及被设置为"时间控制"。然后利用仿真软件外部接口 RunToTime(theTime)输入当前成员时间 GlobalFedTime 以及时间前瞻量 LookAhead,并调用 RTI 服务 enableTimeRegula-tion( ),根据联邦执行当前的状态做一些必要的内部调整。

仿真软件的"时间受限"策略与"时间控制"策略的实现方式类似,也是首先要声明并定义"时间受限"回调函数 timeConstrainedEnabledCb( ),并返回当前成员时间。当需要设置仿真软件为"时间受限"状态时,在仿真软件外部接口中添加用户自定义的函数 addTimeConstrainedEnabledCb( ),通知用户联邦成员的时间管理状态以及被设置为"时间受限"。由于"时间受限"状态时联邦成员不能请求时间推进,因此无需通过仿真软件输入变量,直接调用 RTI 服务 enable-TimeConstrained( )通知本地联邦成员,在时间推进期间向本地联邦成员传递时戳(Time Stamp Order,TSO)事件。

② 建模工具协调推进功能设置。为了设置建模工具的协调推进功能,首先需要设定建模工具中的消息传递机制,然后在此基础上通过调用建模工具的外部接口函数 RunToTime(theTime)来控制建模工具内部的仿真时间推进。

消息传递机制是在联邦成员时间管理状态的基础上设定的,目前 HLA 支持两种消息传递顺序:接收顺序和时戳顺序。接收顺序(Receive Order,RO)是时延最小的传递方式,RTI 按接收到的顺序将消息传递给成员。但联邦成员只有通过 enableAsynchronousDelivery( )服务打开 RO 事件的异步传输状态,RO 事件才会传递给"时间受限"成员,因此需要在仿真软件中定义异步传输服务。在仿真软件的外部接口中,调用演练连接功能,并在演练中增加 enableAsynchronous-Delivery( )服务,即可实现建模工具的异步传输功能。而时戳顺序(Time Stamp Order,TSO)指的是 RTI 将接收到的消息存于队列中,在确信没有时戳更小的信息到达后,通过时戳顺序传递给成员。为了发送 TSO 消息,需要在消息中附加成员时间 FedTime,VR – Link 提供了 setSendFedTime( )函数来实现。为了在建模工具中也能以时戳顺序传递消息,需要利用建模工具的外部接口调用演练连接功能,并通过外部接口的函数 SetData( )设定变量来确定消息发送方式,当选择了 setSendFedTime(true)时,所有消息以 TSO 形式发送;当选择了 setSendFed-Time(false)时,消息以 RO 形式发送。在调用时间推进请求服务时必须指明希望推进到的逻辑时间值,即为当前时间 + 时间步长,因此需要定义当前时间设置函数以及时间步长设置函数来设定建模工具中的当前时间以及时间步长。

在 HLA 中,联邦成员的时间推进方式分为两大类:一类是独立的时间推进,另一类是协商的时间推进。为了确保联邦支持能保持物理系统中事件的先后顺序,一般在仿真软件中采用基于步进的时间推进,仿真软件成员按照一些固定步长来推进时间,这是一种协商的时间推进方式。在互联开发单元中,声明了时间推进请求回调服务函数 timeAdvanceRequestCb( ),因此需要在仿真软件中定义时间推进请求服务函数 timeAdvanceRequest( )。通过仿真软件的外部接口输入联邦成员当前时间 GlobalFedTime 以及推进步长 FedTimeAdvance,并将当前时间 + 时间步长作为希望推进到的逻辑时间值,在仿真软件的外部接口中调用 timeAdvanceRequest(GlobalFedTime + FedTimeAdvance)处理联邦成员事件队列中的所有 RO 事件以及所有时戳值在联邦成员当前逻辑时间和请求时间之间的 TSO 事件,并通过建模工具的外部接口函数 RunToTime(theTime)实现对建模工具仿真时间推进的控制。

6.3.1.2 HLA 通信适配器

在计算机硬件领域,通信适配器指的是网络接口板,亦即"网卡",主要用来连接共享资源。本书在研究跨平台互联时,为了更形象地说明问题,借用"通信适配器"概念来描述跨平台的数据通信技术。

目前开发的大部分仿真应用都是基于 Windows 操作系统,以单个 RTI 为支撑环境进行的分布式仿真,为了将位于其他操作系统下(如 Linux、麒麟操作系统)的仿真成员加入联邦,需要进行相应的跨平台互联研究。

HLA 通信适配器的设计主要是为解决协同仿真中的跨平台互联问题。RTI 支持多种传输方式和通信协议,在联邦执行过程中,各种控制类消息和数据类消息的传输都是依靠网络通信来实现的。相较于 DIS,RTI 取代了广播通信方式,采用点对点或组播方式,将信息从数据的发出者直接传递给数据的订购方,从而提高系统的性能。按传输质量和效率,通信服务包括两种传输方式,即 Reliable 方式和 Best effort 方式。Reliable 传输服务采用 TCP/IP(Transmission Control Protocol/Internet Protocol)、提供可靠的,面向连接的传输服务。Best effort 的消息传输服务采用 UDP/IP(User Datagram Protocol/Internet Protocol)协议,提供不可靠的、无连接的消息传输服务方式。本书论述的主要是基于 TCP/IP 协议设计通信适配器。

1. HLA 通信适配器原理与设计

TCP 协议是面向连接的、可靠的、基于字节流的传输层通信协议。它能使数据无差错地发给网络上的其他计算机,所以在大量数据的传输中,我们一般采用TCP协议。TCP协议一般使用的是客户端/服务器端模式,即客户端向服务器发出服务请求,服务器接到请求后,向客户端提供相应的服务。建立客户端/服务器端模式的起因是网络中运算能力和信息不均等,需要共享,因此需要拥有资源多的主机提供服务,而拥有资源较少的客户可以向其请求服务。客户端/服务器端模式在操作过程中采取的是主动请求方式,基于客户端/服务器端的远程过程调用(Remote Procedure Call,RPC)的执行过程如图6-17所示。

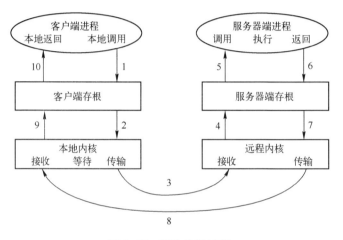

图6-17 RPC 执行过程

首先客户端进程打开一个通信通道并发送服务请求,在客户端存根中将参数打包,产生一个 RPC 序列号,并设置应答时钟,然后调用本地内核发送消息,并等待回复;服务器端网络协议接收到消息,将参数解包,并对 RPC 序列号进行识别,然后调用 RPC 序列号所指的过程,执行远程过程,将执行结果返回服务器端存根,并在服务器端存根中设置应答 ACK(Acknowledge)时钟,用以确认已经接收到客户端消息,再调用远程系统内核,将消息传回客户端内核;客户端存根由本地内核接收消息,并将消息返回到客户端进程。

在客户端存根和服务器端存根中实现网络上通信的细节,如将数据打包和解包、与远程方法交换数据等,在存根中将所需的参数和返回值转化为字节流,即序列化,从而在网络上传送,并可在远程重建。如果没有序列化,将无法在网络上传送复杂的对象。通过远程过程调用,可以从远程计算机程序上请求服务。

由于TCP/IP 通信协议是平台无关的,客户端和服务器端既可位于同一个操作系统中,也可位于不同的操作系统中,因此这种基于客户端/服务器端模式的远程过程调用可以实现跨平台的通信。

194

但这种 RPC 中间件技术采用的是过程调用模式,并且一般都是同步通信方式,不符合 HLA 面向对象的开发思想以及异步通信方式,而 MOM 中间件允许应用程序通过消息队列来实现异步的消息通信,因此在远程过程调用的基础上,参考面向消息中间件的传递机制,在远程调用的过程中发送/接收消息而不是过程,并在服务器端以及客户端设置消息队列来存储消息,使得发送方和接收方之间不必存在直接连接,实现发送方与接收方在时间上的松耦合。

本书结合 RPC 中间件技术与 MOM 中间件技术,设计了可以实现跨平台互联的 HLA 通信适配器。在 Linux 操作系统下开发的模型,可以通过 HLA 通信适配器映射为 Windows 下的联邦成员形式,Windows 下的联邦成员可以调用 RTI 的服务函数,并通过 HLA 通信适配器反馈控制 Linux 下开发的模型,实现 Linux 下的模型加入仿真联邦的过程。HLA 通信适配器的工作过程如图 6-18 所示。

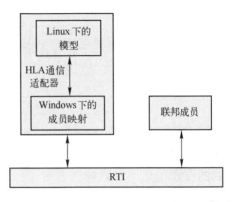

图 6-18 HLA 通信适配器工作示意图

HLA 通信适配器中具体的消息传递过程为:首先 Linux 下的模型操作过程通过消息的形式进行打包,并传递到 Windows 操作系统下,然后在 Windows 操作系统下接收数据,并对数据进行解包,根据数据中的信息,调用 RTI 服务完成相关功能,之后将实现的功能以消息的形式打包,并存入 Windows 下的消息列表中,最后通过 HLA 通信适配器将消息反馈到 Linux 下,对 Linux 下的模型进行控制,通过这种方式将 Linux 下的模型加入到联邦中,实现协同仿真。HLA 通信适配器的结构如图 6-19 所示。

RTI 接口函数库为联邦成员的开发提供编译连接的接口,包括了 HLA 六大管理的接口函数:联邦管理函数、声明管理函数、对象管理函数、时间管理函数、所有权管理函数以及数据分发管理函数。在 RTI 接口函数库中,所有接口函数的定义都是以消息的形式来实现的。客户端/服务器端通过不同平台间的消息传递来实现跨平台的服务调用。例如,在客户端联邦成员要公布对象类,此时要调用 publishObjectClass( )函数,在 RTI 接口函数库中就会把与公布对象类相关的参数(如被公布的对象类句柄 theClass,被公布的属性集 AttributeList)添加到定义好的数据包格式中,然后将数据包加入到发送队列,并通过 TCP/IP 传输;服务器端通过网络传输接收到数据,进行解包后,调用相应

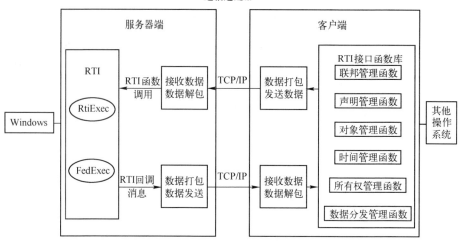

图 6-19　HLA 通信适配器结构

的底层支撑环境中 RTI 的函数功能,在进行相应的 RTI 运行处理后,将从 RTI 得到的回调信息添加到数据包中,并通过 TCP/IP 传输到客户端,客户端接收到网络中传输过来的数据后进行数据解包,得到相应的返回数据,可将数据分别存至功能函数列表、回调函数列表、属性设置列表以及参数设置列表等,以区别不同的功能。客户端与服务器端在仿真开始就应定义好通信端口,并一直利用此端口进行通信,直到联邦成员退出才收回此端口号。通过这一调用反馈的过程,实现仿真模型间的互操作功能,并通过打包/解包的形式实现数据间的格式转换功能。

2. HLA 通信适配器消息传递机制

在 HLA 通信适配器原理中可知,信息传递的基础是网络通信。由于接口函数的定义都是以消息的形式实现的,在网络中将有大量的消息需要传输,因此消息传递机制将直接影响到整个适配器的运行效率。

在 RTI 中,提供了一种称为"轮询"的进程控制模式,在该模式中,联邦成员和本地 RTI 共享单个线程,并通过调用 tick( )服务进行线程控制权的切换。在这种方式中,联邦成员并不知道 RTI 什么时候处于空闲或忙状态,因而往往要为一次 RTI 回调服务调用很多 tick( )服务,浪费了大量的时间,降低了仿真效率。因此在适配器中需要考虑采用多进程或多线程的函数调用模式。进程是一个执行某一程序的实体,它有自己的地址空间和执行堆栈,每个进程拥有独立的地址空间,因此进程间的通信需要专门的机制,这增加了系统的额外开销;而一个进程可以包括多个线程,这些线程共享相同的内存空间,不同的线程可以存取相同的变量和数据,系统无需单独复制进程的内存空间或文件描述等,这大大节省了

时间。因此,可以对联邦成员采用多线程的处理方式,一个线程用来调用 RTI,
另一个线程用来响应 RTI 的回调。

对于 TCP/IP 协议,消息接收有阻塞式和非阻塞式两种方式。阻塞调用是
指调用结果返回之前,当前线程会被挂起,函数只有在得到结果之后才会返回。
非阻塞调用是指在执行网络调用时,无论是否执行成功,都立即返回,而不会一
直挂在此函数调用。在 HLA 通信适配器中采用的就是非阻塞的接收模式,如
图 6-20 所示。

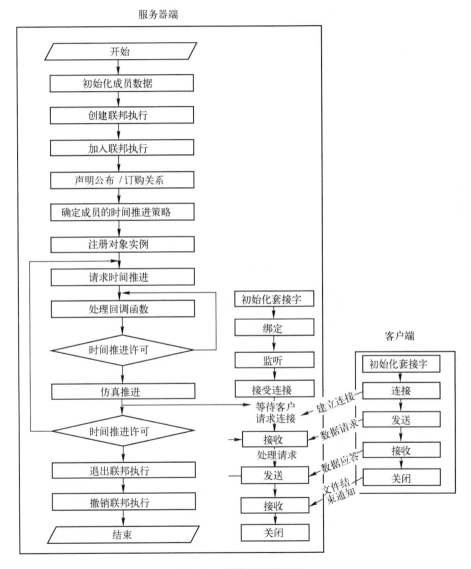

图 6-20　通信适配器流程

RTI 在协同仿真中负责底层通信部分,并提供 HLA 的各种标准服务,因此 RTI 功能放在服务器端实现。适配器中采用双线程结构,一个线程用来调用 RTI,另一个线程用来响应 RTI 回调,与客户端实现通信,并采用非阻塞的方式接收消息。通过 HLA 适配器可以将协同仿真中产生的数据在不同操作系统下传输,实现跨平台的通信。

6.3.2 基于 HLA 的协同仿真技术

6.3.2.1 基于仿真代理的集成

相对比较完善和独立的全数字仿真子系统集成,主要考虑采用异构系统的综合集成方法来解决,基本思想如下:

每个仿真子系统通过一个基于 RTI 的仿真代理成员接入数字仿真系统,遵循 RTI 的通信机制,实现与其他成员的信息交互。互联方案如图 6-21 所示。

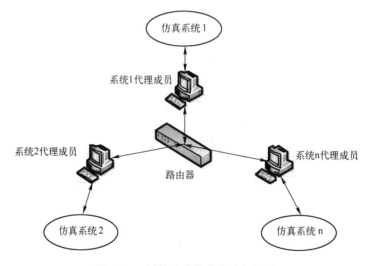

图 6-21　异构系统综合集成架构图

其中仿真代理成员主要有两项功能:

(1)仿真代理成员与对应的仿真子系统之间通过以太网连接,采用 TCP/IP 方式与仿真子系统进行数据交换,从而实现仿真子系统与其他仿真节点的信息交换。

(2)管理仿真子系统内部各仿真单元的运行,使各仿真单元之间同步,且保证仿真子系统与整个 RTI 仿真同步。

该集成方法的优点在于:

（1）各仿真成员均遵循 RTI 标准接入仿真框架,整个系统的运行与功能单元的实现方式无关。当仿真子系统的实现发生改变时,只需要对代理成员进行相应修改即可,利于实现仿真子系统的逐步接入。

（2）仿真子系统内部单元间的数据交换与整个仿真应用系统的数据相隔离,降低了各仿真子系统与数字成员之间的信息流量,功能的仿真实现和信息流更接近物理系统的情况。

（3）仿真子系统内部的数据交换方式更灵活。仿真应用系统仅关心仿真代理成员的接口,而对仿真子系统内部的数据交换方式并无特殊要求,因而仿真子系统可以采用所需的数据传输方式。

从仿真系统全局的角度来看,仿真代理成员是一个普通的 RTI 仿真成员,因此它必须基于 RTI 联邦体系架构的要求开发;从仿真子系统内部单元的角度来看,仿真代理成员是其所代理的仿真子系统的内部所有仿真单元的管理者,完成仿真同步和数据转发两大功能。

1. 仿真同步

仿真同步包括仿真代理成员与其他仿真成员的同步和仿真子系统各仿真单元之间的同步。前者主要依靠 RTI 的仿真管理功能实现,而后者需要代理成员根据 RTI 的仿真推进指令,向各仿真单元发送相应的推进指令。

2. 数据转发

数据转发主要包括两部分内容,一是转发实际应用中的真实数据,这一部分数据接口尽可能和真实系统的测控方案一致,以增强系统的仿真能力;二是转发实际应用中不需要传输而仿真系统需要的数据,例如空间航天器的位置、速度等状态信息。

6.3.2.2 基于 HLA 的多联邦互联

HLA 为分布式建模与仿真提供了一个通用体系框架,可以实现多类仿真系统的互操作,是目前分布式仿真普遍采用的技术规范。目前,国内外多家厂商/单位推出了自己的 HLA/RTI 产品,虽然这些产品都遵循相同的规范,提供了统一的接口,但各厂商/单位考虑到便于用户的使用与开发,都在该统一接口上进行了二次封装;另外,虽然仿真成员之间的通信都是通过对象属性和交互参数实现的,但各单位对它们的编码和解码方式并不统一。基于上述的原因,基于不同RTI 的多联邦的直接互联是不可能实现的。为了满足复杂大系统仿真的需要,实现建立多领域联合仿真,需要联邦桥接器 Fed – Bridge 将不同的联邦互联,实现多联邦系统。Fed – Bridge 所连接的联邦既可以共存于同一局域网内,也可以分属不同的局域网;多个联邦既可以基于同种 RTI,也可以基于多种 RTI。

6.3.2.2.1 联邦桥接器(Fed – Bridge)

1. 系统功能

联邦桥接器的目的是快速创建桥接成员,在多联邦系统间提供一个透明的、松耦合的、有效的连接。Fed – Bridge 具有以下功能:

(1)能够针对不同厂商的 RTI 自动生成对应的桥接成员,以便实现同构、异构 RTI 之间在局域网或广域网上的互联。

(2)生成的桥接成员对联邦中其他成员是"透明"的,即任意联邦成员不能知道位于桥接另一侧的其他联邦的成员。

(3)能够进行 FOM 映射,实现基于不同 FOM 的多个联邦之间的互联。

(4)软件的功能和设计应尽可能简单,特别是它不应表现为"另一 RTI"。例如,它不必维护桥接两侧联邦所有成员的公布订购信息和时间信息,也不需记录所有通信数据。

(5)能够让用户根据需要,自行选择桥接成员为其所代理联邦的公布订购关系。

(6)能够保存桥接成员为其所代理联邦的公布订购关系,以便下一次仿真时不用重复进行公布订购的选择操作。

(7)能够使多个联邦之间同步地进行时间推进。

2. 系统结构

Fed – Bridge 在结构上分为四个模块,分别是初始化模块(Initialization Module)、代理模块(Proxy Module)、转换模块(Transformation Module)以及显示模块(Display Module)。各模块之间的层次以及接口如图 6-22 所示。

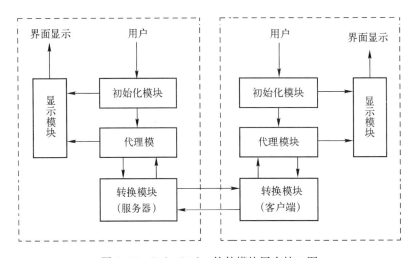

图 6-22　Fed – Bridge 软件模块层次接口图

Fed－Bridge 的结构可以分为集中式与分布式。集中式联邦桥接器是一个单独的应用程序,它同时加入多个联邦,联邦之间需要交换的信息在该应用程序的内存中进行转换和传递;分布式联邦桥接器由多个桥接成员组成,每个桥接成员加入其所要代理的联邦,联邦之间需要交换的信息通过桥接成员之间的点对点 TCP/IP 通信进行传递,而对于这些信息的正确转换则依赖于各个桥接成员对其他联邦的 FOM 的认知和理解。集中式的结构仅适用于在同一局域网(LAN)上同时运行多个联邦的情况,而通常大规模多联邦仿真系统都运行在广域网(WAN)中,每个子联邦运行于一个局域网,局域网再通过路由器等网络连接设备接入 WAN。

从实现结构上看,"代理模块"和"转换模块"是分布式桥接器的两个基本模块。代理作为成员加入某一联邦中,从其所加入的联邦中获取联邦控制信息和对象/交互信息并转发给转换部件,由转换部件进行适当的信息转换再传输给其他相关代理;同时,代理需要从转换部件接收其他联邦的信息并通过调用 RTI 服务把信息发送给所加入的联邦。从联邦的角度看,每一代理代表了所有其他的联邦执行。转换部件提供了多个代理间的消息通道及消息转换功能,有效地实现了多联邦的互操作。它负责转发联邦间所有通过桥接成员的 RTI 服务,并按所连接的联邦的 FOM 对应关系在联邦间转换对象属性和交互信息。

在单联邦系统中,为提高系统的实时性和扩展性,RTI 大量使用组播(multicast)进行仿真数据的分发。LAN 通常都是支持组播传输的,要使 WAN 也支持组播,必须有支持组播的路由器。很多情况下 WAN 中的路由器不是组播路由器,这样 WAN 就不能支持组播路由。此时数据的传输就只能使用 TCP 或 UDP 的单播(unicast)方式。为提高数据传输的可靠性,在多联邦系统之间,Fed－Bridge 利用 TCP 进行数据的转发。Fed－Bridge 的逻辑示意图如图 6-23 所示。其中,运行支撑框架 RTIa 与 RTIb 既可以是同构的,也可以是异构的。

Fed－Bridge 在多联邦之间的数据转发流程如下:

(1) Fed－Bridge 的分布式组件作为联邦成员加入 RTI,并公布订购相应的对象属性与交互。多联邦之间的公布订购有别于单联邦。"公布"是指其他所有联邦能够向本地联邦公布的相应对象属性和交互,如中 RTIb 联邦中所有成员需要向 RTIa 联邦提供的信息。"订购"是指从本地联邦订购其他所有联邦感兴趣的对象属性与交互,如图 6-23 中 RTIb 联邦中所有成员需要从 RTIa 联邦获得信息。

(2) 代理模块通过联邦大使(FedAmbassador)回调服务采集订购的数据,并放入转换模块的数据发送缓冲区。根据回调服务的不同以及 FOM 表的设定,数据采集会分别使用 TCP、UDP 单播方式以及组播方式。

（3）转换模块检测到数据发送缓冲区写入新数据后，对数据进行解析，利用TCP向其他联邦发送。为减少网络数据流量，转换模块需要记录其他联邦的订购信息，以便实现数据的本地过滤，对于其他联邦不感兴趣的数据不必向其发送。

（4）转换模块通过TCP接收到其他联邦内转换模块发送的数据，将其放入数据接收缓冲区并对其进行解析，然后利用RTIambassador服务向本地联邦公布这些数据。这一步要求转换模块具有FOM表映射功能，能够将其他联邦中的数据映射为本地联邦FOM表中对应的数据。

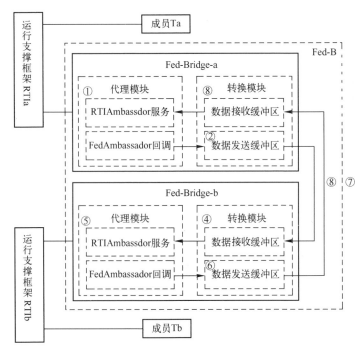

图6-23　Fed-Bridge逻辑示意图

至此，RTIa联邦内的信息成功地转发至RTIb联邦。通过相同的步骤，Fed-Bridge可以将RTIb联邦中的信息转发至RTIa联邦（中⑤~⑧）。

6.3.2.2.2　同构RTI的多联邦互联

同构RTI的多联邦互联指的是利用联邦桥接器，将运行在同一个局域网内的和不同局域网内的多个基于同一种RTI的仿真联邦连接起来，形成一个更大的仿真联邦。究其本质而言，桥接器其实可以看作为各联邦之间的通信内容（对象属性、交互及其参数）的代理，因此，桥接器能否正确地接收/发送、处理其所代理的信息，则有赖于是否理解了该RTI的编/译码方式。事实上，桥接器对某版本 RTI 的编/译码方式的理解已隐含在 Fed–Bridge 对该 RTI 软件所提供的用户接口的调用中,而各个联邦之间所要交换的信息在桥接器内部的转换和传递才是更为重要的内容。对于同一局域网内的同构 RTI 多联邦互联,集中式联邦桥接器是简单高效的解决方式,该桥接器作为一个应用程序同时加入多个联邦,这些联邦之间所要交换的信息直接在桥接器应用程序的内存中进行转换和传递。而对于广域网的同构 RTI 多联邦互联,若要使用集中式桥接器,则使用的 RTI 软件必须支持广域网,即联邦成员同 RTIExec 可以不在同一局域网内。由于不能保证用户所使用的 RTI 软件支持广域网,再考虑到通信效率问题(WAN 路由器常常不能满足 RTI 使用组播的要求),所以在大多数情况下应使用分布式联邦桥接器进行广域网的同构 RTI 多联邦互联。

对于桥接成员之间的通信,图 6–24 只是简单情况下的示意。在实际应用中,当互联的联邦超过两个时,联邦两两之间需要进行信息交换的情况可能会较多,这样,桥接成员的转换模块常常会不再是一个单纯的服务器或客户端,而是兼有这两种功能;而且,桥接成员之间的通信过程也更为复杂。如在所示的情况下,在分布式桥接器中至少需要两个带有服务器功能的桥接成员才能实现三个桥接成员之间的两两通信。

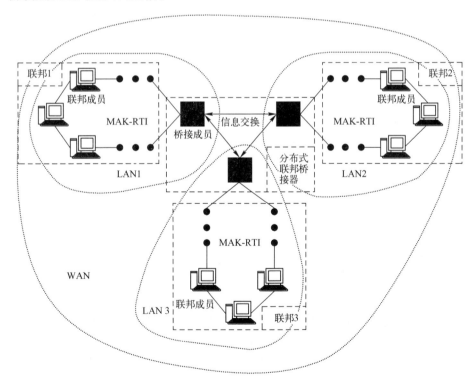

图 6-24　同构 RTI 的多联邦桥接互联示意图

利用分布式联邦桥接器实现同构多联邦互联时,对每一联邦,应首先将其他联邦与本联邦相关的 FOM 内容添加到本联邦的 FOM 中,以确保桥接成员能够正确理解联邦之间将要交换的信息。简便起见,可以将参加互联的所有联邦的 FED 文件进行合并,并让系统中的所有成员(包括桥接成员)使用这同一个 FED 文件。

桥接成员应为可配置的,配置的内容包括:

① 对象属性和交互的公布订购关系;

② 时间管理策略;

③ 最初逻辑时间;

④ 时间前瞻量;

⑤ 联邦仿真步长;

⑥ 本桥接成员开放的服务器端口号;

⑦ 本桥接成员的客户端 socket 所要连接的其他桥接成员的服务器地址及端口号。

其中,一个桥接成员的客户端 socket 所要连接的其他桥接成员的服务器地址及端口号应该是一个列表,因为如前所述,在分布式联邦桥接器中可能同时存在多个具有服务器功能的桥接成员。桥接成员的上述相关配置可以在桥接成员编译生成之前进行,也可以在桥接成员运行之前、甚至在运行过程中动态进行。显然,动态配置更便于用户使用,但同时桥接器的开发难度也更大。

6.3.2.2.3　异构 RTI 的多联邦互联

异构 RTI 的多联邦互联是指利用联邦桥接成员将多个基于不同 RTI 产品的仿真联邦连接成一个更大的联邦执行。这些 RTI 产品可以是 KD – RTI,也可以是 MÄK RTI、pRTI 等其他 RTI 软件。由于各个厂商的不同版本的 RTI 有可能采用不同的编/译码方式,所以在使用联邦桥接器时,应使用与该版本 RTI 相对应的桥接器。对于分布式联邦桥接器,各桥接成员的代理模块是基于其所代理的联邦所使用的 RTI 版本的,而各组件的转换模块之间则利用统一的点对点(unicast)TCP/IP 协议进行通信。分布式联邦桥接器的这种实现方式,保证了各桥接成员间的通信不受不同 RTI 软件间兼容性的影响,使基于不同版本的 RTI 的联邦之间的互联成为可能。

因此,异构 RTI 的多联邦互联与同构 RTI 的多联邦互联在原理和实现方式上都基本相同。唯一不同的是,由于 RTI 软件兼容性的原因,即使是在局域网内进行异构 RTI 的多联邦互联时,也常常不能使用集中式联邦桥接器而只能使用分布式联邦桥接器。图 6-25 所示是异构 RTI 的多联邦桥接互联示意图。

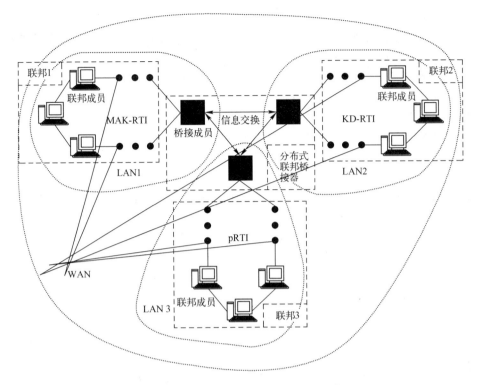

图 6-25 异构 RTI 的多联邦桥接互联示意图

参 考 文 献

[1] 徐振东,王洁莹,郑宏,等. 仿真应用中的高层体系结构(HLA)及其关键技术综述[J]. 计算机仿真,2001,Vol.18(3):21-23.

[2] 刘杰. 基于 HLA 框架的协同设计环境及交互管理技术[D]. 济南:山东大学,2010.

[3] 王皓. 基于 HLA 的分布式仿真系统集成与交互关键技术研究[D]. 成都:电子科技大学,2009.

[4] 魏佳宁,康凤举,刘雄. 基于协同仿真平台的系统仿真方法研究[J]. 弹箭与制导学报,2005,26(2):121-124.

[5] 高鹏. 基于 HLA 的仿真框架的设计、实现与应用[D]. 北京:中国科学院研究生院,2008.

[6] 范文慧. 基于 HLA 的分布式仿真通用支撑平台及其实现方法[P]. 中国专利,102662681,2012-09-12.

[7] 黄志军,曾斌. 基于 HLA 的传统仿真软件集成技术研究[J]. 系统仿真学报,2003,15(7):1017-1020.

[8] 王克明,熊光楞. 一种基于 HLA 适配器的领域模型封装方法[J]. 高技术通讯,2005,15

（2）：34－38.

［9］ 赖明珠,段志鸣,刘素艳,等. 基于 HLA 的多领域协同仿真模型集成研究［J］. 计算机工程,2012,38（16）：78－80.

［10］ 龚建兴,黄键,郝建国,等. 基于 HLA 的异构仿真系统的快速集成方法综述［J］. 系统仿真学报,2009,21（20）：6504－6507.

［11］ 韩超,郝建国,黄健,等. 桥接多联邦系统体系结构研究与应用［J］. 系统仿真学报. 2006,18（增刊2）. 318－322.

［12］ 郝建国. 高层体系结构（HLA）中的多联邦互联技术研究与实现［D］. 长沙:国防科学技术大学,2003.

［13］ 郝建国,黄建,韩超,等. HLA 多联邦系统的实现问题研究［J］. 系统仿真学报,2004,16（5）：868－870.

［14］ DMSO. High Level Architecture Rules［E］,Version 1.0,August15,1996.

［15］ IEEE Standard for Modeling and Simulation（M&S）High Level Architecture（HLA）--Federate Interface Specification［S］,USA：The Institution of Electronics Engineers,2001,3.

［16］ 柴旭东,李伯虎,熊光楞,等. 复杂产品协同仿真平台的研究与实现［J］. 计算机集成制造系统－CIMS,2002,8（7）：580－584.

［17］ 李智,肖斌,来嘉哲. 复杂大系统分布交互仿真技术［M］. 长沙:国防科技大学出版社,2007.

［18］ 周彦,戴剑伟. HLA 仿真程序设计［M］. 北京:电子工业出版社,2002.

［19］ 郭齐胜,张伟,杨立功,等. 分布交互仿真及其军事应用［M］. 北京:国防工业出版社,2003.

［20］ 张恒源. 分布式交互仿真半实物接入关键技术研究［D］. 北京:装备指挥技术学院,2006.

第7章　基于 STK 的空间信息系统的仿真技术

7.1　STK 软件简介

7.1.1　概述

STK 软件是由美国 AGI(Analytical Graphics,Inc.)公司开发的一款目前世界航天领域最专业的仿真分析软件,具有强大的分析、图形支持和数据输出功能。STK 原名为 Satellite Tool Kit(卫星工具包),AGI 公司在 2012 年 10 月公布 STK10.0 版本时,正式将软件的名称更改为 Systems Toolkit,但英文缩写仍然为 STK。STK 软件从 1989 年发行至今,经过世界上成千上万个用户的实践检验,已经成为航天领域仿真分析软件事实上的标准。STK 软件经过独立的测评机构——美国 Aerospace 公司出具的测评报告证明,其仿真分析结果的置信度达到 99.5%。它广泛应用于航空航天、导弹、雷达、通信、电子对抗、卫星导航、空间飞行器、深空探测以及信息对抗等与基础航天动力学相关领域的仿真分析,支持在复杂集成的陆、海、空、天场景下进行任务分析、规划、设计、操作以及事后分析的功能,并提供易于理解的图表和文本形式的分析结果,确定最佳解决方案。

STK 主要应用于以下 5 个领域。

(1) 航天任务。AGI 提供现成的商用原件用于支持航天任务整个周期内的仿真,为设计工程师、系统集成商和任务操作者提供工具箱以极大地提高航天任务设计和操作领域工作的速度、准确度和效率。用户可以利用应用、引擎或组建等多种形式的技术实现以下功能:开发和研究航天器任务概念;设计、分析和优化航天系统;为确定航天任务状态、保护航天设施以及维持可靠的航天操作提供有力的保障。

(2) C^4ISR。STK 提供的系列软件模块允许用户快速响应战争要求。STK 专门为 C^4ISR 的概念开发、工程化和数据分析进行设计,因此在任务背景下的专业计算和动态可视化方面具有优势。STK 可用来完成以下功能:开发下一代的作战概念(Concept of Operations,CONOP);对提出的结构进行快速建模;设计、优化和测试 C^4ISR 软件系统;模拟情报、监视和侦察任务并训练操作者;为任务关键需求提供准确的答案。

（3）无人驾驶飞机和航空器任务。STK 提供的系列软件模块允许用户快速响应 UAV 和航空器任务要求。STK 专门为 UAV 和航空器的概念开发、工程化和数据分析进行设计，因此在任务背景下的专业计算和动态可视化方面具有优势。STK 可用来完成以下功能：支持概念设计和系统描述；对提出的结构进行快速建模；设计和测试 UAV 系统；规划、优化和分析 UAV 任务；模拟 UAV 任务并训练操作者；分析任务。

（4）导弹防御。STK 允许用户快速评估防御系统的结构。STK 专门为导弹防御概念开发、工程化和数据分析进行设计。STK 可用来完成以下功能：分析威胁、探测设备和战斗；对集成化防御结构进行建模；增强当前的分析能力；开发定制的应用程序。

（5）电子系统。STK 在综合任务环境下对无线通信和雷达性能进行建模，从而在整个任务层面上实现了准确的射频性能估算。电子系统（ES）和任务工程师、分析师和操作者能够利用 STK 完成以下功能：支持概念设计和系统描述；规划、优化和分析现场测试；评估集成任务结构；根据 ES 性能规划操作。

STK 分为基本版和 Pro 专业版。基本版提供了分析引擎用来计算数据，通过二维地图形象地显示卫星或空间对象（运载火箭、导弹、飞机等）的实际信息。与 STK 基本版相比，STK/Pro 专业版为航天领域的专家提供了一整套高级航天分析工具，如附加数据库、轨道预报、姿态调整、坐标类型和坐标系以及遥感器的定义，STK/Pro 集合以上强大功能用来解决最具挑战性的问题。

STK 的界面由一个集成的工作区组成，它包括"Object Brower"（对象浏览器）、"HTML Viewer"（HTML 浏览器）、"Message Viewer"（消息阅读器）、"Visualization Windows"（可视窗口），以及相关的工具栏和菜单条（图 7-1）。对象浏览

图 7-1　STK 软件界面例图

器主要用于操作场景中的数据和对象,可视窗口包含二维图像窗口和三维图像窗口,2 个图像窗口用图形显示场景中对象之间的关系。

7.1.2　STK 的功能

STK 的基本功能包括:

(1) 分析能力:链路分析、覆盖分析、姿态控制与分析。STK 包含复杂的数学算法,可以快速而准确地确定卫星在任意时刻的位置;可以评估海空间、空中、陆地、海洋目标间复杂几何关系;可以计算卫星遥感器或地面遥感器的指向角度等。

(2) 访问计算。STK 可以方便地计算出一个对象"看见"或"访问"到另外一个对象的时间。用户还可以在访问的目标间增加约束,来组成有效的联系。STK 可以计算任务情节中所有类型的运动物体、地面站、目标、遥感器与所有对象(包括行星和恒星)之间的联系。

(3) 全面的数据报告。使用系列标准的文字或图表报告来总结关键信息是 STK 的特色之一。使用者可以创建单一对象或一组对象的文字或图表报告,输出的数据概述了单个对象或对象间的关系。生成文字报告和图表简单到只需按动一个图标即可。这些报告是提供给用户解释复杂数据的强大工具。

(4) 可视化场景。在 STK 的地图窗口中,用图形方式显示任务场景,在指定的时间段内观察特定情节内各目标的相互关系。可以同时打开多个地图窗口,并可根据需要使用多种地图投影模式。这种以场景显示复杂任务的能力对非专业技术人员或者专业人士快速查看都是十分重要的。

(5) 友好的用户界面。不论是新用户还是经验丰富的航天工程师都会发现,STK 友好的用户界面使对卫星系统的任务分析变得容易,无论任务是简单还是复杂。用户通过对象浏览窗口和地图窗口的操作对目标进行分析。

7.1.3　STK 的模块

1. 基础模块

➢ 包括高精度轨道预报(HPOP)

➢ 长期轨道预报(LOP)

➢ 卫星寿命工具(Lifttime)

➢ 多种坐标类型和坐标系

➢ 多种遥感器类型

> 可见性约束

> 城市,地面站和恒星数据库

> STK/AVO 高级三维显示模块

2. 分析模块

> STK/Astrogator 轨道机动模块

> STK/Chains 链路分析模块

> STK/Comm 通信模块

> STK/CAT 空间接近分析模块

> STK/Coverage 覆盖模块

> STK/Missile Flight Tool(MFT)导弹飞行工具

> STK/PODS 精确定轨模块

> STK/Space Environment 空间环境模块

> STK/Radar 雷达模块

3. 数据模块

> STK/HRES 高分辨率地图模块

> STK/VO Earth Imageryg 高分辨率地球影像模块

> STK/RAE 雷达高级分析环境

> STK/Terrain 三维地形数据

4. 扩展模块

> STK/Con 连接模块

> STK/WebCast 网络实时播放模块

> STK/MALAB 接口

> STK/DIS 分布式仿真模块

> STK/GIS 地理信息模块

> STK/PL 程序开发库

STK 是一个强大灵活的软件工具。其强大的分析能力和友好的用户界面使我们对卫星系统的任务分析变得简单容易。用户只需按动一个图标即可生成精确可靠的数据报告。用户还可以在 STK/VO 窗口中,通过观察空间、大气、陆地和海洋目标的相对关系来学习和研究整个航天系统,其强烈的视觉效果取代了大量枯燥的数字,让用户迅速了解发生的情况,并作出快速准确的决定。所以,开发和使用 STK 为研究空间信息系统带来了很多方便。

STK 模块众多、功能强大、在航天领域应用广泛,以下主要以轨道机动任务仿真、有效载荷任务仿真和空间信息系统视景仿真为例进行介绍,主要用到

STK/Astrogator 模块、STK/Coverage 模块和 STK/VO 模块。

STK/Astrogator 是一个交互式轨道机动和深空探测计划工具,用于飞行器运行及任务分析。通过定义推力模型、目标星历、飞行器姿态,提供轨道机动的解决及优化方案。

应用 Astrogator 分析轨道机动的可见性和地面站覆盖,用户可以快速、方便地进行全局分析。任务控制序列保存在 STK 场景中,用于任务运行、快速制定精确轨道机动方案。为在轨运行的飞行器制定或执行机动计划时,分析人员可以根据飞行过程数据如发动机定标参数、实际初始轨道,计算出推进器点火和点火时机数据用于发出指令及精炼机动计划(图 7-2)。与 STK/VO 模块相结合,STK 可以显示生动的星际飞行任务三维动画。

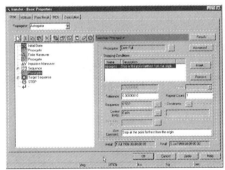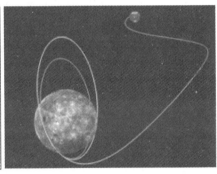

图 7-2 任务控制序列与登月轨道机动方案

STK/Coverage 可用于对卫星、地面站、车辆、导弹、飞机、船舶进行全面的覆盖性能分析。在进行覆盖分析时,STK 不仅可以提供详尽的分析报告和图表,能对覆盖的变化进行同步仿真,而且还会充分考虑所有对象的访问约束,避免计算误差。Coverage 可以和 STK 的核心模块及扩展模块如 Chains、Comm、Radar 相结合确定对象可见的时间间隔。用户可以自定义覆盖区、覆盖资源(卫星、地面站等)、时间周期、覆盖品质标准(Figures of Merit 品质参数),还可定制反映覆盖品质的动态或静态文字报告与图表(图 7-3)。另外,STK 在二维地图中可以动态显示覆盖变化情况。

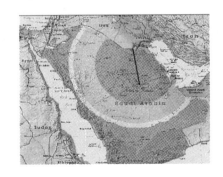

图 7-3 通过对导弹的覆盖计算确定防御雷达配置的最佳地点

211

7.2 航天器的在轨机动任务仿真

7.2.1 霍曼转移原理

航天器很少长期运行在指定的轨道上,几乎每一次空间行动,都有必要改变一个或多个轨道根数。例如通信卫星,从来不是直接进入对地静止轨道,它们首先进入一个具有较低近地点(大约300km)的停泊轨道,然后转移到地球同步轨道高度上(大约35780km)。

为简单起见,假定初始轨道和最终轨道处于同一个平面上。常常利用共面机动将航天器从其原始停泊轨道变换到最终轨道上。对所有的转移来说燃料都是宝贵的,所以要以最节约燃料的方法实现轨道变换,即霍曼转移。如图7-4所示,为了从轨道1变换到轨道2必须先进入一个转移轨道。要进入转移轨道就必须改变轨道能量,即施加一个速度增量ΔV_1,当航天器接近轨道2时,再次改变轨道能量,施加速度增量ΔV_2。那么需要施加的总的速度增量ΔV为

$$\Delta V = \Delta V_1 + \Delta V_2 \tag{7-1}$$

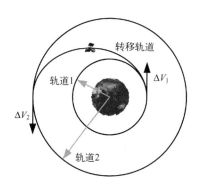

图7-4 霍曼转移轨道

$$V = \sqrt{2\left(\frac{\mu}{R} + \varepsilon\right)} \tag{7-2}$$

式中:V为航天器的速度(km/s);μ为引力常数;R为航天器到地心的距离(km)。

$$\varepsilon = -\frac{\mu}{2a} \tag{7-3}$$

式中:a为轨道半长轴。

如图7-1所示,轨道转移的变换过程如下:

(1)施加ΔV_1使航天器从轨道1进入到转移轨道。

（2）施加 ΔV_2 使航天器从转移轨道进入到轨道 2。

如果知道了轨道 1 和轨道 2 的大小，那么就知道了轨道的半长轴长度。转移轨道的长轴就等于两个轨道的半径之和：

$$2a_{转移} = R_1 + R_2 \qquad (7\text{-}4)$$

利用比机械能的变换方程，可以确定每一个轨道的能量：

$$\varepsilon_1 = -\frac{\mu}{2R_1} \qquad (7\text{-}5)$$

$$\varepsilon_2 = -\frac{\mu}{2R_2} \qquad (7\text{-}6)$$

$$\varepsilon_{转移} = -\frac{\mu}{2a_{转移}} \qquad (7\text{-}7)$$

那么轨道速度为

$$V_1 = \sqrt{2\left(\frac{\mu}{R_1} + \varepsilon_1\right)} \qquad (7\text{-}8)$$

$$V_2 = \sqrt{2\left(\frac{\mu}{R_2} + \varepsilon_2\right)} \qquad (7\text{-}9)$$

$$V_{转移1} = \sqrt{2\left(\frac{\mu}{R_1} + \varepsilon_{转移}\right)} \qquad (7\text{-}10)$$

$$V_{转移2} = \sqrt{2\left(\frac{\mu}{R_2} + \varepsilon_{转移}\right)} \qquad (7\text{-}11)$$

最后取速度的差值，得到 ΔV_1 和 ΔV_2，将两个值相加得到 ΔV。

$$\Delta V_1 = |V_{转移1} - V_1|$$
$$\Delta V_2 = |V_2 - V_{转移2}|$$
$$\Delta V = \Delta V_1 + \Delta V_2 \qquad (7\text{-}12)$$

霍曼转移是最省能量的方式，但需花较长的时间。转移过程刚好占椭圆的 1/2，那么飞行时间（TOF = time of flight）为周期的 1/2。

$$\text{TOF} = \frac{P}{2} = \pi\sqrt{\frac{a_{转移}^3}{\mu}} \qquad (7\text{-}13)$$

7.2.2 轨道机动仿真应用

7.2.2.1 轨道机动任务描述

设想要将一颗通信卫星运用霍曼转移的方式从近地停泊轨道送入地球同步轨道。初始轨道高度为 6570km，目标轨道高度为 42160km。假设通信卫星初始位置的升交点赤经为 0°，偏心率为 0，真近点角为 0°，在停泊轨道运行 2h 后，通过脉冲推力方式开始进行轨道转移。

7.2.2.2 生成卫星轨道

通常生成卫星轨道的方法有 3 种:

(1) 在卫星 BASIC 属性 Orbit 栏中输入卫星的 6 个轨道根数。

(2) 通过轨道向导(Orbit Wards)添加卫星。

(3) 通过卫星数据库添加卫星。

1. 输入卫星轨道根数(图 7-5)

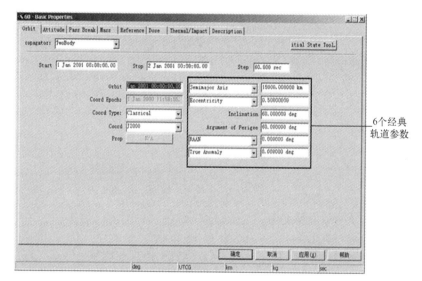

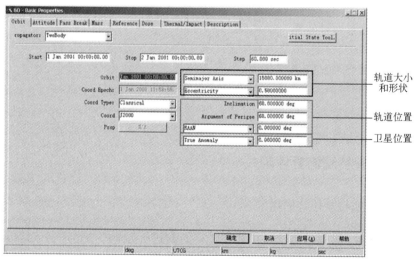

图 7-5　通过输入轨道根数添加卫星

2. 通过轨道向导添加卫星

（1）在默认工具条中单击▧按钮，将打开"Orbit Wizard"（轨道向导）对话框（图7-6）。

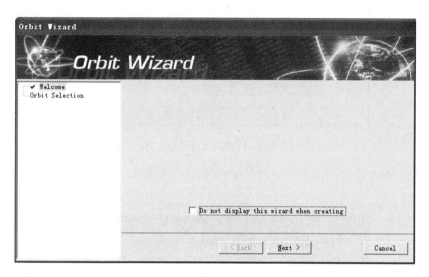

图7-6　轨道向导对话框（一）

（2）单击"Next"（下一步）按钮，在下拉列表中选择轨道类型（静止轨道），见图7-7。

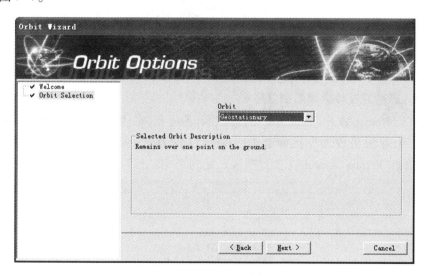

图7-7　轨道向导对话框（二）

（3）单击"Next"按钮，输入要加入同步卫星的经度，见图7-8。

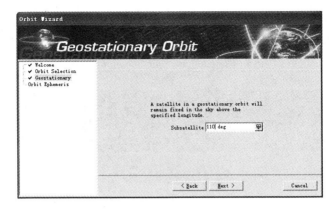

图 7-8　轨道向导对话框(三)

(4) 查看轨道周期的开始和结束时间,无误后单击"Finish"(结束)按钮,见图 7-9。

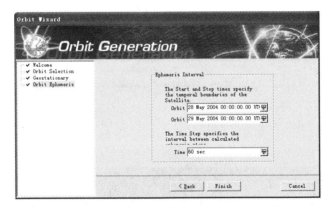

图 7-9　轨道向导对话框(四)

3. 通过卫星数据库添加卫星

在"Insert"(插入)下拉菜单中选择"Satellite From Database"(从数据库添加卫星)项,在卫星数据库页面选中"Owner"(所有者)复选框,选择"PRC"(中国),单击"Perform Search"(执行搜索),见图 7-10、图 7-11。

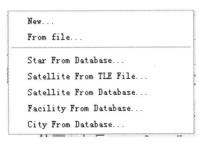

图 7-10　Insert 菜单栏

216

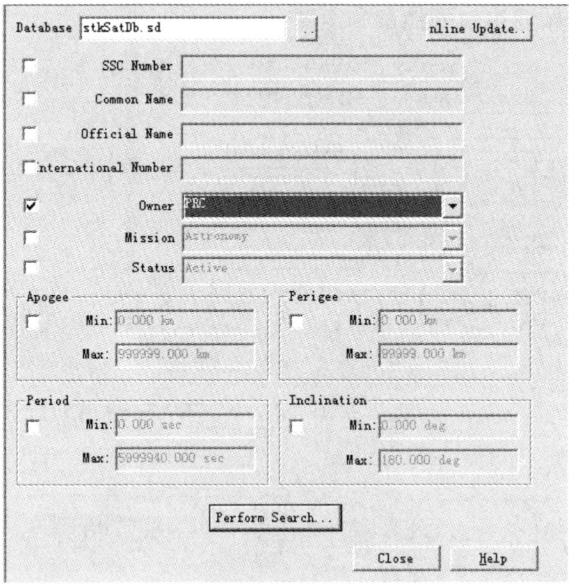

图 7-11　搜索卫星星历数据库

也可以从"Satellite From TLE File"（从 TLE 文件中添加卫星）项中添加卫星。TLE 文件的格式是目前最常用的 2 行卫星星历数据的格式。文件通常以 .tce 和 .tle 为后缀。北美防空司令部根据其空间目标监测网获得的跟踪数据产生出 2 行数据。2 行数据是与简化的通用摄动模型 SGP4 预报器一起使用的，该模型考虑了地球扁率的长期和周期性影响、太阳月亮的引力作用、重力场谐振影响和阻力模型下的轨道衰减。

7.2.2.3　霍曼转移任务仿真

1. 求解速度增量和转移时间

初始条件：初始轨道高度 $R_1 = 6570$km，最终轨道高度 $R_2 = 42160$km，卫星在初始轨道运行的时间 $t_1 = 2$h。

要求得的量：完成轨道转移所需的速度增量 ΔV_1 和 ΔV_2，以及在转移轨道中的飞行时间 TOF。

（1）计算转移轨道半长轴长度：

$$a_{转移} = \frac{R_1 + R_2}{2} = \frac{6570 + 42160}{2} = 24365\text{km}$$

（2）求解转移轨道比机械能：

$$\varepsilon_{转移} = -\frac{\mu}{2a_{转移}} = -\frac{3.986 \times 10^5}{2 \times 24365} = -8.1798\text{km}^2/\text{s}^2$$

（3）求解初始轨道 1 的能量和速度：

$$\varepsilon_1 = -\frac{\mu}{2R_1} = -\frac{3.986 \times 10^5}{2 \times 6570} = -30.33 \text{km}^2/\text{s}^2$$

$$V_1 = \sqrt{2\left(\frac{\mu}{R_1} + \varepsilon_1\right)} = \sqrt{2\left(\frac{3.986 \times 10^5}{6570} - 30.33\right)} = 7.789 \text{km}/\text{s}$$

（4）求解 $V_{转移1}$

$$V_{转移1} = \sqrt{2\left(\frac{\mu}{R_1} + \varepsilon_{转移}\right)} = \sqrt{2\left(\frac{3.986 \times 10^5}{6570} - 8.1798\right)} = 10.246 \text{km}/\text{s}$$

（5）得到 ΔV_1：

$$\Delta V_1 = \left| V_{转移1} - V_1 \right| = 10.246 - 7.789 \left| = 2.457 \text{km}/\text{s} \right.$$

（6）求解 $V_{转移2}$：

$$V_{转移2} = \sqrt{2\left(\frac{\mu}{R_2} + \varepsilon_{转移}\right)} = \sqrt{2\left(\frac{3.986 \times 10^5}{42160} - 8.1798\right)} = 1.597 \text{km}/\text{s}$$

（7）求解最终轨道 2 的能量和速度：

$$\varepsilon_2 = -\frac{\mu}{2R_2} = \frac{3.986 \times 10^5}{2 \times 42160} = -4.727 \text{km}^2/\text{s}^2$$

$$V_2 = \sqrt{2\left(\frac{\mu}{R_2} + \varepsilon_2\right)} = \sqrt{2\left(\frac{3.986 \times 10^5}{42160} - 4.727\right)} = 3.075 \text{km}/\text{s}$$

（8）得到 ΔV_2：

$$\Delta V_2 = \left| V_2 - V_{转移2} \right| = \left| 3.075 - 1.597 \right| = 1.478 \text{km}/\text{s}$$

（9）计算飞行时间：

$$\text{TOF} = \pi \sqrt{\frac{a_{转移}^3}{\mu}} = \pi \sqrt{\frac{(24365)^3}{3.986 \times 10^5}} = 18925 \text{s}$$

2. STK 参数设置

（1）创建场景。利用 STK 创建新的场景"Homann – 1"，其他参数使用默认值。

（2）添加卫星。向场景中添加一个卫星对象 Sat。在创建过程中，STK 可能会打开卫星对象创建向导，这里直接取消向导对话框即可。

在对象浏览器中，双击卫星对象 Sat，打开其相应的属性对话框。首先设置 Basic 类 Orbit 属性页。在"Propagator"下拉列表框中选择"Astrogator"，其他参数不变。

（3）建立任务控制序列（MCS）。

单击 MCS 中的"Initial State"段选项，将"Coordinate Type"属性值选为"Keplerian"，根据任务描述进行卫星初始轨道参数设置（图 7–12）。然后单击"Initial State"或点击鼠标右键，将该任务段名称改为"Inner Orbit"。

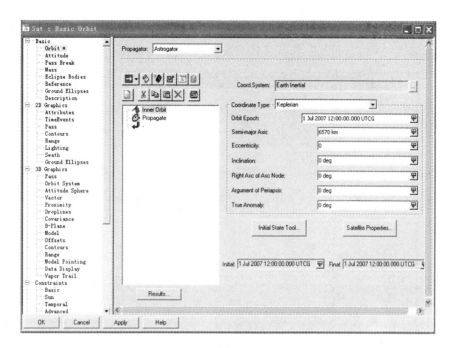

图 7-12 卫星初始轨道参数设置

单击 MCS 中"Propagate"段选项,对卫星在初始轨道运行的时间进行设置（图 7-13）。

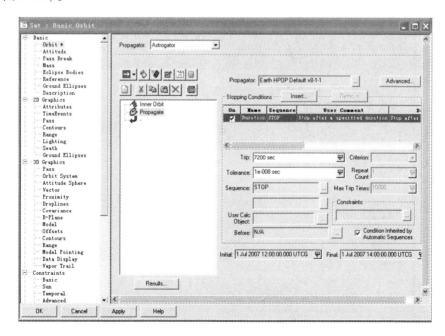

图 7-13 设置卫星在初始轨道运行时间

单击 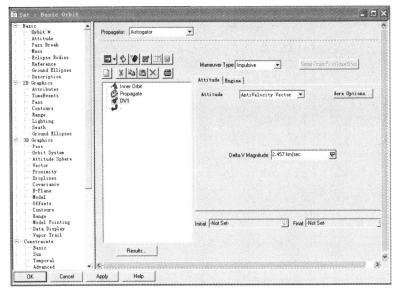"Insert Segment"按钮,加入一个"Maneuver"段,按照计算对变轨所需的速度增量 ΔV_1 进行设置,将任务段名称改为"DV1",见图7-14。

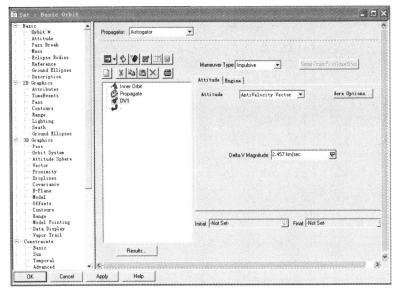

图7-14 进行第一次变轨参数设置

单击 "Insert Segment"按钮,加入一个"Propagator"段,按照航天器在转移轨道运行的时间 TOF 进行设置,将任务段名称改为"TOF",见图7-15。

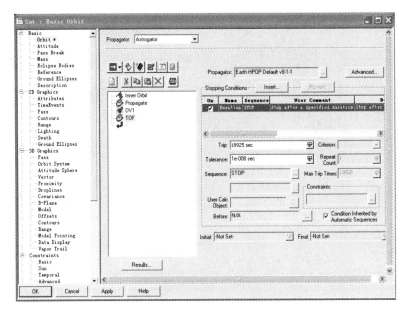

图7-15 进行转移轨道运行时间设置

单击🖹"Insert Segment"按钮,加入一个"Maneuver"段,按照计算对变轨所需的速度增量 ΔV_2 进行设置,将任务段名称改为"DV2",见图7-16。

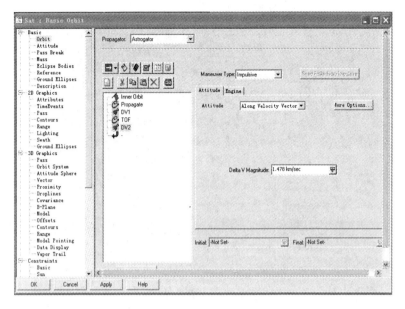

图7-16　进行第二次变轨参数设置

单击🖹"Insert Segment"按钮,加入一个"Propagator"段,将航天器在目标轨道上的运行时间设置为24h,将任务段名称改为"Outer Orbit",见图7-17。

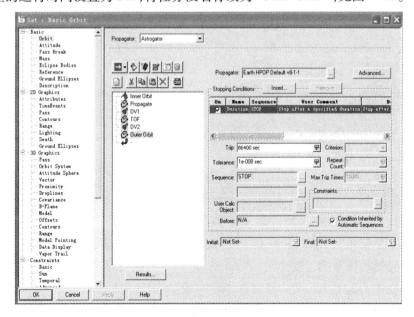

图7-17　设置在目标轨道的运行时间

点击 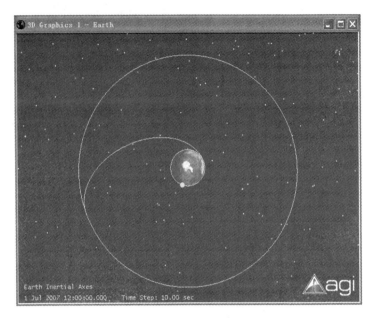"Run Entire Mission Control Sequence",运行 MCS。选择 3 维视景窗口,可看到设置完成后的霍曼转移场景,见图 7-18。

图 7-18　设置完成后的场景

7.2.2.4　霍曼转移任务快速仿真

Astrogator 模块提供了轨道计算功能,不需要单独进行运算,利用 MCS 中的"Target Sequence"段的设置可以自动完成霍曼转移任务。

具体的参数设置过程如下:

(1) 利用 STK 创建新的场景"Homann - 2",向场景中添加一个卫星对象 Sat。

(2) 单击 MCS 中"Propagate"段选项,选择"Propagator"的属性值为"Earth Point Mass",见图 7-19。

(3) 单击 "Insert Segment"按钮,加入一个"Target Sequence"段,重命名为"Start Transfer"。单击 "Insert Segment"按钮在"Target Sequence"段的子目录下再插入一个"Maneuver"段,命名为"DV1"。

在这里运用"Target Sequence"段的设置计算出航天器第一次由初始轨道变轨到转移轨道所需的速度增量。"Target Sequence"段目标条件的设置依据为椭圆转移轨道的远地点与最终轨道的半径一致。

(4) 单击"DV1"对其参数进行设置,见表 7-1。

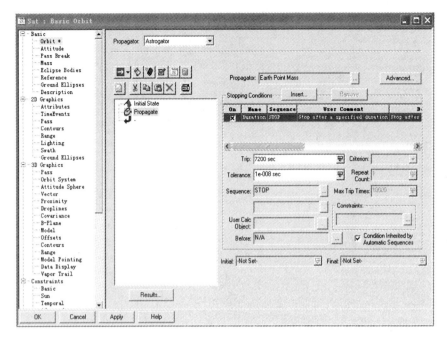

图 7-19　Astrogator 设置界面

表 7-1　DV1 参数设置

属　性　名　称	属　性　值	属　性　名　称	属　性　值
Maneuver	Impulsive	Attitude	Thrust Vector
Vector type	Cartesian	Thrust Axes	VNC(Earth)

选择"Cartesian"坐标系下的"X(Velocity)"作为唯一的自变量,见图 7-20。

单击"Results"选项,选择"Keplerian Elems"下的"Radius of Apoapsis"作为约束条件,见图 7-21。

(5)选择"Start Transfer"段,设置"Action"属性值为"Run active profile"。

打开"Properties"选项中"Variables"页面,选中"Control Parameters"和"Equality Constraints"对话框中的"Use"选项。设置"Equality Constraints"对话框中"Desired Value"参数值为 42160km,即设置转移轨道远地点值,同时设置精度"Tolerance"为 0.1km。设置"Control Parameters"的最大步长"Max. Step"为 0.3km。

选择"Properties"选项中"Convergence"页面,将"Maximum Iterations"值设为 50,见图 7-22。

(6)单击 🖼 "Insert Segment"按钮,在"Start Transfer"后加入一个"Propergate"段,重命名为"Transfer Ellipse"。设置"Propagator"属性值为"Earth Point

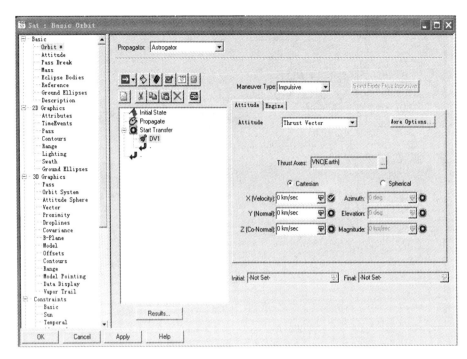

图 7-20　坐标系设置

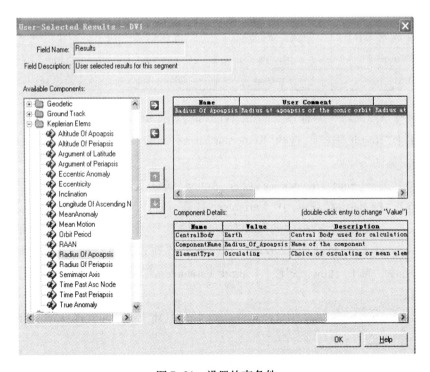

图 7-21　设置约束条件

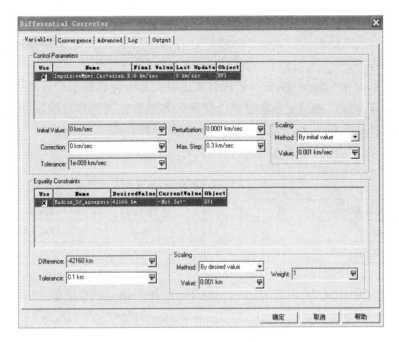

图 7-22　Start Transfer 设置

Mass"。在"Stopping Condition"对话框选择"Insert"按钮,将"Apoapsis"作为结束条件,同时删除对话框中"Duration"选项,见图 7-23。

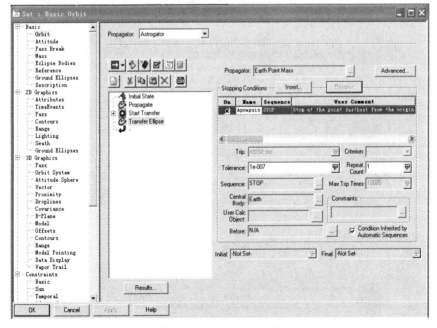

图 7-23　Insert Segment 设置

（7）单击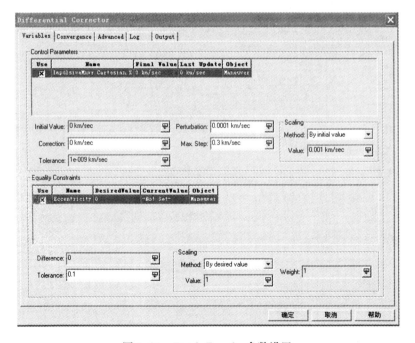"Insert Segment"按钮,在"Transfer Ellipse"后添加一个"Target Sequence"段,重命名为"Finish Transfer"。在其子目录下添加"Maneuver"段,重命名为"DV2"。

在这将运用"Target Sequence"段计算出航天器由转移轨道变轨到最终轨道所需的速度增量。通过之前的设置已使航天器最终轨道的半径满足任务值,这里将调整轨道的偏心率,使其为0,即最终轨道为圆轨道。

（8）单击"DV2"对其参数进行设置,见表7-2。

表7-2　DV2参数设置

属 性 名 称	属 性 值	属 性 名 称	属 性 值
Maneuver	Impulsive	Attitude	Thrust Vector
Vector type	Cartesian	Thrust Axes	VNC（Earth）

选择"Cartesian"坐标系下的"X（Velocity）"作为唯一的自变量。

单击"Results"选项,选择"Keplerian Elems"下的"Eccentricity"作为约束条件。

（9）选择"Finish Transfer"段,设置"Action"属性值为"Run active profile",见图7-24。

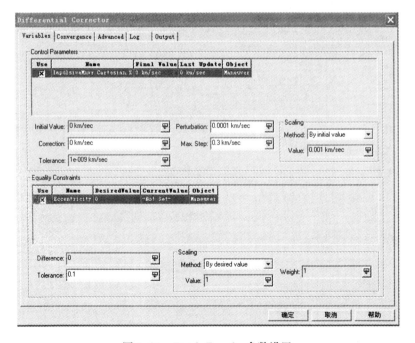

图7-24　Finish Transfer 参数设置

打开"Properties"选项中"Variables"页面,选中"Control Parameters"和"Equality Constraints"对话框中的"Use"选项。设置"Equality Constraints"对话框中"Desired Value"参数值为0,即设置偏心率为0。设置"Control Parameters"的最大步长"Max. Step"为0.3km。

（10）单击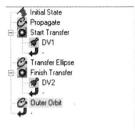"Insert Segment"按钮,在"Finish Transfer"后加入一个"Propergate"段,重命名为"Outer Orbit"。设置"Propagator"属性值为"Earth Point Mass"。设置"Trip"属性的值为86400s,即为24h。

（11）设置完成后的任务序列如图7-25所示。

点击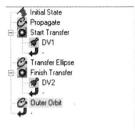"Run Entire Mission Control Sequence",运行MCS。选择3维视景窗口,可看到设置完成后的霍曼转移场景。

图7-25　任务序列

7.3　有效载荷任务仿真

航天器有效载荷任务仿真主要是完成对光学、雷达、电子传感器等任务有效载荷对地面区域、地面目标、空间目标、空中目标等的覆盖、可见性仿真等,在STK中我们使用传感器对象,可以形象地仿真出许多真实世界中无法"接触"的抽象的概念,比如光、电磁波、视距等(图7-26)。

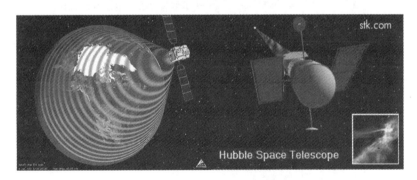

图7-26　STK中的传感器场景

7.3.1　传感器对象

在STK场景中,传感器无法作为顶层对象而单独存在,可以作为传感器父对象的共有8种:Aircraft(飞机)、Facility(地面站)、GroundVehicle(地面机动目标)、LaunchVehicle(运载器)、Missile(导弹)、Satellite(卫星)、Ship(舰船)和

Target（地面目标）。

为了更好地对真实世界中的一些抽象概念进行仿真，还可以为传感器对象定义一下子对象，包括 Radar（雷达）、Receiver（接收机）和 Transmitter（发射机）。通过比较可以看出，传感器的父对象都是具有存在的客观事物，而它的子对象则都是一些抽象的概念。

在 STK 中，根据形状上的显著差异，传感器可以分为 6 种类型。

（1）简单圆锥传感器（Simple Conic），见图 7-27。

通过设置圆锥传感器的半锥角来改变传感器扫描范围的大小（图 7-28）。

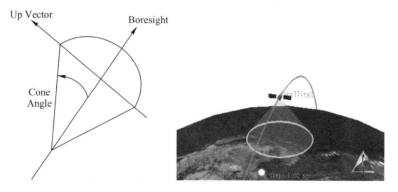

图 7-27　简单圆锥体传感器

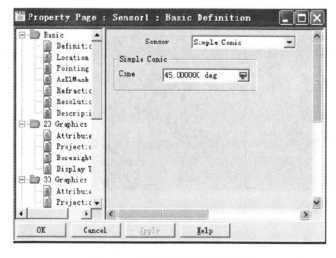

图 7-28　圆锥传感器属性页面

（2）复杂圆锥传感器。此时需要 2 组共 4 个参数定义传感器的圆锥体类型，见图 7-29 ~ 图 7-31、表 7-3。

228

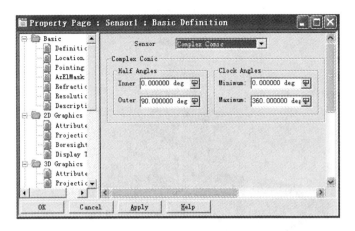

图 7-29　复杂圆锥传感器属性页面

表 7-3　圆锥传感器参数设置

Half Angles		Clock Angles	
Inner	30 deg	Minimum	120 deg
Outer	60 deg	Maximum	240 deg

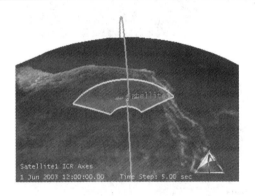

图 7-30　复杂圆锥体传感器显示示例

　　"Half Angles"利用 Inner 和 Outer 选项定义了从视轴开始的圆锥角半径的范围。"Clock Angles"利用 Min 和 Max 选项定义了视轴相对于 X 轴的旋转。

　　（3）Half Power：半功率点传感器，见图 7-32。

　　此类传感器主要用来对抛物面天线进行定义，它包含两个参数，分别是定义频率的"Frequency"和定义天线直径的"Diameter"。在半功率点传感器设置页面中，还有一个不能更改的参数"Half Angle"，实际上这个参数才是在 STK 进行传感器仿真中真正起作用的参数。STK 根据双边半功率波束宽度计算公式为

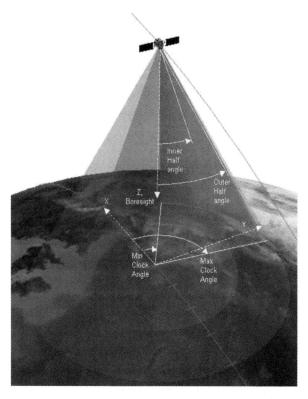

图 7-31　复杂圆锥传感器参数的表示

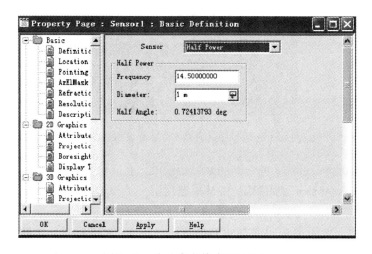

图 7-32　半功率点传感器属性页

$$\theta_{3dB} = 70\left(\frac{\lambda}{D}\right) = 70\left(\frac{c}{f \cdot D}\right) \qquad (7-14)$$

式中：λ 为波长；c 为光速；f 为频率；D 为天线的直径。

确定了半角计算公式

$$\text{HalfAngle} = \frac{21}{2 \times \text{Frequency}(\text{GHz}) \times \text{Diameter}(\text{m})} \quad (7\text{-}15)$$

STK 正是根据计算出来的半角参数"Half Angle",来确定传感器的实际显示效果,见表7-4,图7-33。

表7-4 半功率点传感器参数设置

参 数 名 称	设 置 值
Frequency	5. 0GHz
Diameter	0. 2m

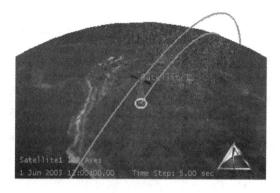

图7-33 半功率点传感器显示示例

(4)Rectangular:矩形传感器,见图7-34。

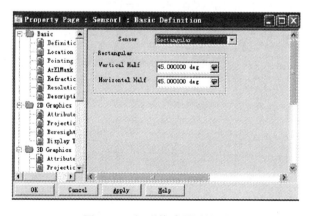

图7-34 矩形传感器属性页

通过改变"Vertical Half"和"Horizontal Half"参数定义的角距,可以分别改变四棱锥垂直和水平方向的大小。矩形传感器常用于卫星和飞机父对象,用于模

231

拟扫描形的传感器和星敏感器的视场。

传感器与地球的相对位置是不变的,它的 X 轴为地心惯性坐标系中速度矢量的方向,Z 轴指向地心,Y 轴由右手定则得到,见图 7-35。

Vertical Half Angle 指垂直方向的半角,Horizontal Half Angle 指水平方向的半角。

示例:见图 7-36。

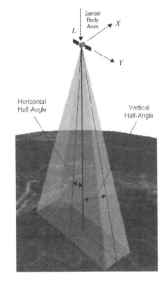

图 7-35　矩形传感器参数表示

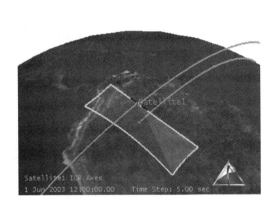

图 7-36　矩形传感器显示示例 VH = 60°,HH = 30°

(5) SAR:合成孔径雷达传感器,见图 7-37。

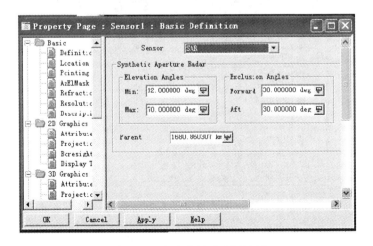

图 7-37　合成孔径雷达属性页

此传感器主要用来对 SAR 雷达进行定义。其由 5 个参数共同进行定义,其中,Min 和 Max Elevation Angles 分别为最小和最大俯仰角(图 7–38),Forward 和 Aft Exclusion Angles 分别定义前向和后向排除角(图 7–39),Parent 用来定义父对象的高度。

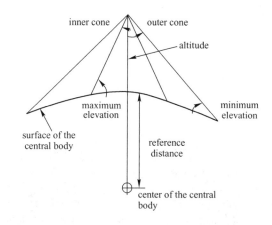

图 7–38　最大最小俯仰角定义

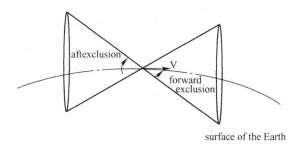

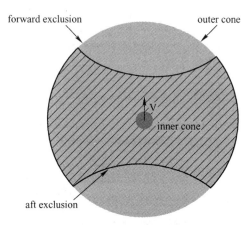

图 7–39　前向和后向排除角的图示

示例:见表7-5,图7-40。

表7-5　合成孔径雷达传感器参数设置

参 数 名 称	设 置 值
Min	30. 0°
Max	60. 0°
Parent	500. 0km
Aft	45. 0°
Forward	45. 0°

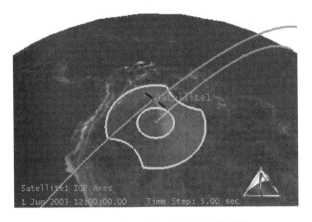

图7-40　合成孔径雷达传感器示例

(6) Custom:自定义类型传感器,见图7-41。

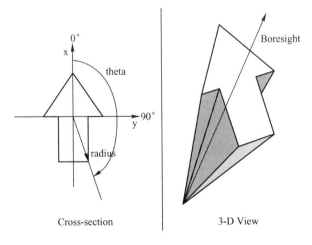

图7-41　自定义类型传感器

部分高级用户在使用 STK 时,可能会发现 STK 提供的传感器模板不能完全满足自己的需求,这时就可以通过自定义传感器类型来实现所需要的功能。

7.3.2 传感器基础属性

1. 位置属性

在 STK,传感器必须作为特定父对象的子对象存在,而传感器的每一个父对象可以被看作是具有明显外形特征的对象。在 STK 中,传感器的物理顶点相对于父对象来说,共有下列 3 种定义方式。

(1) 3DModel:三维模型定义。它是根据传感器父对象的三维偏移属性和传感器的顶点偏移属性共同确定的。

(2) Center:中心定义。这是默认设置,默认传感器的物理顶点在器父对象的中心位置。

(3) Fix:固定方式定义(表7-6)。可通过相对于传感器父对象的笛卡儿坐标系或者球形坐标系来设置传感器的位置(图7-42)。

表 7-6　固定方式定义传感器物理顶点

参　数　名　称	设　置　值
Location	Fixed
Type	Cartesian
X	100km
Y	100km
Z	100km

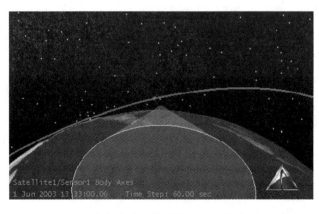

图 7-42　固定方式定义传感器物理顶点的显示示例

2. 指向属性

根据任务的不同,传感器的视轴并不都是垂直指向地表的,经常会对感兴趣的区域或特定的目标进行观测。

在 STK 中,可以通过 6 种方式来确定传感器的方向:

(1) External:外部文件方式定义。允许编辑指向文件,并对传感器进行定义。

(2) Fixed:固定方式定义。可以根据不同的指向原则,设定不同的参数值,来表现传感器的指向形式。这种定义方式的基础是所有的指向原则以卫星星体的中轴为基本参考轴(图 7-43)。

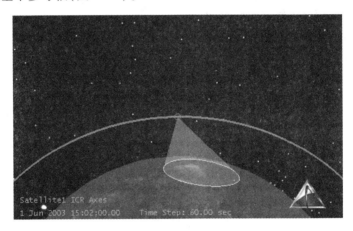

图 7-43　固定方式定义传感器方向的显示示例

(3) Fixed in Axes:指定轴的固定方式定义。这种定义方式与 Fixed 方式基本相同,区别在于指向的基本参考轴,也可以根据需求进行更改。

(4) GrazingAlt:入射高度方式定义。它由基准线偏转方位、基准线入射地球表面时的高度这两个参数定义(图 7-44)。

(5) Spinning:旋转方式定义。它由两组 8 个参数进行定义,包括扫描模式、旋转速率、方位角、俯仰角等。

(6) Target:目标方式定义。传感器会根据设置,指向专门的目标。

其他还包括方位俯仰掩码属性、折射属性、分辨率属性和描述属性。

3. 传感器二维、三维属性设置

二维:可以对基础图形属性,图形的颜色、线条等,投影的滞留时间,基准线属性、时间属性、访问属性等进行设置(图 7-45)。

三维:显示射线、设置透明,脉冲属性、顶点偏移属性、矢量标志属性等(图 7-46 ~ 图 7-48)。

图 7-44　入射高度方式定义传感器方向的显示示例

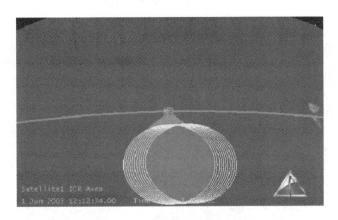

图 7-45　投影属性显示示例

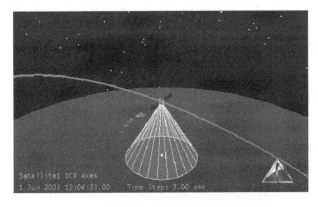

图 7-46　传感器基础三维图形属性显示示例

图 7-47　传感器脉冲属性显示

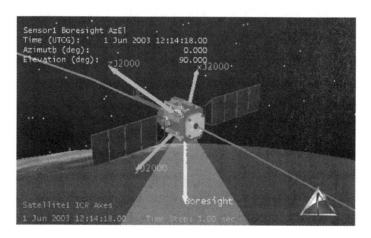

图 7-48　矢量标志及数据显示

7.3.3　覆盖分析模块使用

7.3.3.1　覆盖定义对象

覆盖对象定义了用户在 STK 场景中关心的区域,允许用户定义覆盖区、覆盖资源、关心的覆盖时间周期以及对覆盖区进行可见性计算。

Coverage 用户可以通过以下四种方式之一来确定区域边界和精度:全球;纬度范围;经度范围;自定义。自定义区域可以输入符合工业标准的 GIS 形文件,或使用由 STK 提供的任意国家的国境区域,显示在二维地图窗口。用户可以输入区域的精确位置或对地球表面特定高度进行覆盖分析。覆盖分析还可用于个别对象,如地面站、导弹、运载和卫星。通过 STK 的可见性约束定义,用户可以精确定义覆盖区或提高覆盖区的精度。例如,地面仰角的约束——对整个覆盖区增加5°的地面仰角约束,会减少覆盖的可用性。覆盖定义属性页面如图7-49所示。

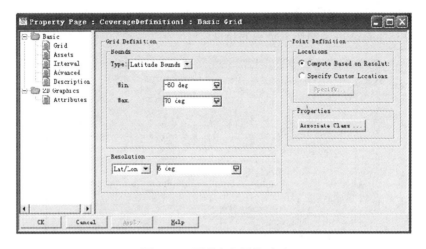

图7-49　覆盖定义属性页面

1. Grid(栅格)

(1)用于定义覆盖区域边界(图7-50),包括:

① Global(全球范围):创建全球范围覆盖区栅格;

② Latitude Bounds(纬度范围):创建用户定义最小和最大纬度范围内的栅格;

③ Longitude Lines(经度线):创建由点组成的子午线;

④ Custom Regions(定制区域):以用户定义的区域目标作为覆盖区。

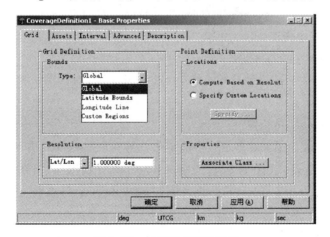

图7-50　栅格基本属性设置

（2）设置栅格点的分辨率（图7-51）：

① Lat/Lon：指定位于赤道上的栅格经纬度大小，STK在高低纬度方向拉伸栅格以保持指定的经纬度区域大小。

② Area：指定栅格的面积；

③ Distance：定义栅格1条边的长度。

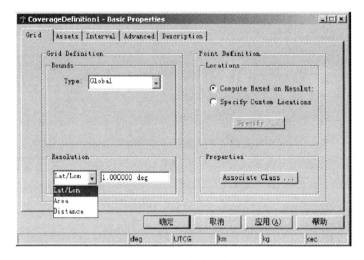

图7-51　栅格点分辨率设置

（3）Associate Class – Point Definition（点定义）：

① 允许用户为栅格点增加可见性约束；

② 通过指定1个facility/target/receiver或transmitter来应用约束。

2.　Assets（覆盖资源）

允许用户选择STK对象作为覆盖资源，可用的对象为卫星、导弹、飞机、传感器、链路和星座等。

3.　Interval（时间周期）

用户可以自行定义所关心的覆盖分析时间周期，通常默认时间周期为STK场景设定的时间周期。

4.　Advanced（高级属性）

主要用于设置覆盖计算是否自动重新计算访问数据和计算时的集中时间，并可以选择保存模式（图7-52）。"Data Retention"（数据保持）选项组主要用于设置在虚拟内存中保留的计算数据范围，"All Data"（全部数据）或"Static Data"（静态数据）。

5.　Description（描述）

可以简单描述覆盖定义对象。

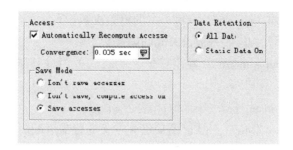

图 7-52　高级属性页

6. 2D 图形

主要包括静态图形和动态图形。静态图形显示栅格轮廓或栅格点位置,动态图形显示了在动画显示 STK 场景期间满足标准的栅格点(图 7-53)。

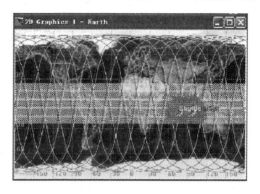

图 7-53　2D 图形显示

7.3.3.2 覆盖品质参数(Figure of Merit)

在 STK 进行覆盖分析时,覆盖品质参数对象通常作为覆盖定义的子对象存在,它能为对象的覆盖活动提供更多的分析计算能力,用户可以定义评估覆盖资源覆盖品质的各种参数,同时还能更加形象地展示覆盖活动。通过设置各种覆盖品质参数,可以对覆盖效能进行评估,包括用于 GPS 计算的标准精度稀释法。

它包括多种类型的品质参数:

(1)Simple Coverage——某一点是否被覆盖。

(2)N Asset Coverage——同时覆盖该区域的资源个数。

(3)Coverage Time——覆盖时间总和。包括全部覆盖时间、每日覆盖时间、覆盖百分比。

(4)Revisit Time——覆盖时间间隔。

(5)Access Duration——个别覆盖持续时间间隔。

（6）Number of Accesses——每个点的覆盖次数。

（7）Number of Gaps——覆盖时间间隔次数。

（8）Access Separation——在用户定义的时间差内计算某点是否同时被多个资源覆盖。

（9）Time Average Gap——平均覆盖间隔长度。

（10）Response Time——从已覆盖点到定义的覆盖点的时间差,可选择平均值、最小/最大值或百分比值。

（11）Access Constraint——用户定义的可见性约束,如仰角或倾角。

（12）Dilution of Precision——根据发射机相对位置计算导航误差（如空间几何关系、位置、水平面、高度和时间）。

还有一种非常重要的选项——满足度计算:对每一覆盖品质参数建立接受级别,以计算出符合要求的数据。通过确定覆盖品质参数和用户定义的可接受最低值建立满足度标准（如"至少""等于""最多""大于""少于"等）。此功能可让用户快速解答如下问题:

（1）何时全球覆盖率超过80%?

（2）30min后会覆盖何地?

（3）在上周中全球哪处区域被6颗特定的卫星同时覆盖?

（4）地形对航线上的飞机接收GPS导航信号的影响?

覆盖品质参数可以通过可以以等值线方式显示。图形属性栏中可选的等值线类型包括静态（Static）和动态（Animation）等值线。有两种显示的方式:Explicit——用户指定每个数值;Start, Stop, Step——输入起始和结束值和步长。通过Tools菜单可以将静态或动态等值图例加入到地图窗口中,还可以定义图例的外观（颜色、文本）和在地图窗口中的位置（图7-54）。

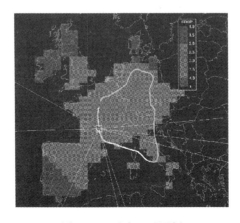

图7-54　动态显示图例

7.3.4 有效载荷任务仿真应用

7.3.4.1 有效载荷任务描述

对 PolarSat 卫星和航天飞机(Shuttle)在南北回归线区域的立体成像时机进行动态仿真(立体成像时机定义为两颗卫星同时看见特定的地面区域)。

PolarSat 为圆轨道,轨道高度为 400km,轨道倾角为 97.3°。Shuttle 为圆轨道,轨道高度为 500km,轨道倾角为 45°,升交点赤经为 340°。南北回归线区域的经纬度范围为 −23.5°~23.5°。

7.3.4.2 有效载荷任务仿真

1. 设置覆盖区域和覆盖资产(Assets)

(1)创建一个新的场景,将其取名为 Coverage。利用 Orbit Wizard 新建一颗圆轨道卫星,轨道高度为 400km,轨道倾角为 97.3°,名字为 PolarSat。再创建另一颗圆轨道卫星,命名为 Shuttle,设置 guidance 高度为 500km,轨道倾角为 45°,升交点赤经为 340°。

(2)在浏览窗口,点击 Coverage Definition 图标,建立新的覆盖对象,将其命名为 Tropics。

(3)在浏览窗口中选中新的对象,打开 Basic Properties 窗口。在 Grid 栏,设置如表 7-7 所示选项。

(4)所定义的覆盖区为整个回归线区域,分辨率为 3°。点击 Assets 栏,选中 Polar 卫星,点击右侧的 Assign 按钮;再选中 Shuttle 卫星,点击右侧 Assign 按钮。完成后,两颗卫星名称会以粗体显示,并在名称左侧附上了 * 号。这说明两颗卫星现在都已被指派为覆盖资源,点击确定。

表 7-7　栅格属性设置

区　　　域	值
Grid Definition Bounds Type	Latitude Bounds
Min Latitude	−23.5°
Max Latitude	23.5°
Resolution	Lat/Lon
Resolution Value	3.0°

(5)打开覆盖对象的 Graphics Properties 窗口。在 Attribute 栏,设置如表 7-8 所示属性。

表 7-8　覆盖对象属性设置

区　　域	选　　项	值
Static Graphics	Show Regions	On
	Show Region Labels	On
	Show Points	On
	Color	用户自定义
Point	Fill	On
Progress of Access Computations	Show	On
	Color	用户自定义
Animation Graphics	Show Satisfaction	Off

（6）完成后应用设置，保留 Graphics Properties 窗口用于后面的设置。

2. 确定覆盖时间

立体成像时机基于定义的覆盖资源和地面区域的可见性，因此在进行覆盖分析前需要生成作为基础的可见性信息。

（1）在浏览窗口，选中 Tropics 覆盖对象，从 Tools 菜单中选择 ComputeAccesses 选项。在地图窗口中栅格点进行可见性计算时会突出显示。当进度指示器出现时，请等待图形显示完毕。

（2）在 Tropics 覆盖对象的 Graphics Properties 窗口，关闭 Progress of Access Computation 的 Show 选项，确定。

（3）再次计算可见性，将显示预计的计算时间。

3. 生成覆盖对象的报告和图表

在完成了可见性分析之后，可使用 STK 报告和图表工具察看相关信息。

（1）在浏览窗口，选中 Tropics 覆盖对象，从 Tools 菜单中选择 Report 选项。

（2）在 STK Report Tool 窗口，在报告格式列表中选中 Coverage by Asset，点击 Create... 按钮，此报告需要一些时间才能生成。

（3）关闭 Coverage by Asset 报告，使用同样的方法生成 Percent Coverage 报告。

（4）关闭 Percent Coverage 报告，点击 STK Report Tool 窗口的"取消"按钮。

（5）在浏览窗口中选中 Tropics 对象，点击鼠标右键，从菜单中选择 Graph。

（6）在窗口右侧 Style 区域，点击 New 按钮，从图表格式列表中选中 NewStyle，在下面的文本框中输入新的名称 PercentCov PercentAccumCov，点击 Change 按钮更新。

（7）在图表格式列表中选中 PercentCov PercentAccumCov，点击 Properties…按钮。

（8）选择 TimeXY 作为 Graph Type，然后展开目录列表中的 Percent Coverage 树，选中 Percent Accumulated Coverage，点击右箭头按钮复制到 Y2 轴列表中，确定。

（9）点击 Time Period… 按钮，在 Graph Time Periods 窗口，选择仅有的图表时间周期，在下面的文本框中改变时间周期结束时间为 1 Sep 2000 03：00：00.00，点击 Change 按钮。完成后，点击"确定"。

（10）在 STK Graph Tool 窗口，点击 Create 按钮。完成后，关闭 Graph 窗口。

4. 使用栅格检查工具

（1）在浏览窗口选中 Tropics 对象，点击鼠标右键从菜单中选择 Grid Inspector。

（2）设置 Action 区域为 Select Point 选项，点击地图窗口中关心的区域。消息窗口显示了该点的信息，包括位置和面积、该点被覆盖的时间百分比，以及最大同时可见的资源数量。

（3）在 Grid Inspector 窗口，点击 Point Coverage Report 按钮，报告概述了点和所有资源的可见时间。完成后，关闭报告和 Grid Inspector 窗口。

5. 使用覆盖品质参数评估覆盖效果

前面已经完成了基本的可见性分析，现在需要确定双重覆盖时机，双重覆盖时机可以通过定义覆盖品质参数（FOM）来分析。

（1）在浏览窗口选中 Tropics 对象，点击 Figure of Merit 图标建立 FOM，命名其为 Twoeyes。

（2）打开 FOM 的 Basic Properties 窗口，在 Define 栏，选择 N Asset Coverage 作为 FOM 定义。设置 Compute 区域为 Maximum，点击"应用"。注意地图窗口的图形颜色加深，保持 Basic Properties 窗口开启。

（3）打开 Tropics 覆盖对象的 Graphics Properties 窗口，关闭 Show Regions 和 Show Points 选项，确定。保留下来的图形为默认的 FOM 静态图形。现在的 N Asset Coverage 图形显示了至少 1 个覆盖资源与突出显示的图形区域可见。

（4）打开 FOM 的 Graphics Properties 窗口，在 Attributes 栏，设置如表 7-9 所示选项。完成后，点击确定关闭窗口。

（5）在地图窗口，点击"向前动画"（Animate Forward）按钮，至少 1 个覆盖资源与覆盖区发生可见的图形现在以新的点样式显示。点击 Reset 按钮重置动画。

表 7-9　FOM 属性设置

区　　域	选　　项	值
Static Graphics	Show Color	On 用户自定义
Points	Fill Marker Style	Off Circle
Animation Graphics	Show Accumulation Color	On Current Time User Preference
Points	Fill Marker Style	Off Star

（6）打开 FOM 的 Basic Properties 窗口,在 Define 栏,打开 Satisfaction 选项,设置 Satisfied 为 At Least,值为 2,确定。

（7）动画显示场景,察看被两颗卫星同时覆盖的区域,完成后,重置动画。

6. 使用等值线图显示覆盖等级

（1）在浏览窗口,选中 FOM,从 Properties 菜单选择 Graphics 选项,在 Attributes 栏,改变 Static Graphics 选项为 Off,点击"应用"。

（2）下面将配置动态图形显示为单颗卫星覆盖时为一种颜色,两颗卫星同时覆盖时为另一种颜色。在 FOM 的 Graphics Properties 窗口,点击 Contour 栏。

（3）设置等值线类型为 Animation,打开 Show 选项。

（4）注意在面板 Level List 栏中有 2 个等级,分别选中并更改每一个等级的颜色为自己喜欢的颜色,然后点击"确定"显示等值线图形。

（5）动画显示场景,观察动态图形的变化。完成后,重置动画。

（6）为确定立体成像区域的百分比,打开 FOM 的 Report 报告工具,生成 Satisfied by Time 报告。此报告总结了随时间变化符合立体成像条件区域的百分比。完成后,关闭报告和报告工具窗口。

7. 使用等值线图例工具

（1）在浏览窗口选中 FOM,从 Tools 菜单选择 Dynamic Contours Legend。Dynamic Contours Legend 窗口中显示了两种颜色,每种颜色分别表示不同的等级。

（2）点击 Layout 按钮,打开 Dynamic Legend Layout 窗口。在窗口中设置如表 7-10 所示选项。

表 7-10 等值线属性设置

区　　域	选　　项	值
Map Display	Show On Map X Y	On 5 5
Text Options	Title Number of Decimal Digits Format	Stereo Contours 0 Floating Point
Range Color Options	Order Max Colors per Row Color Width（Pixels） Color Height（Pixels）	Horizontal – Min to Max 20 30 30

（3）完成后,点击"确定"。在 Contour Legends 窗口,点击"取消"。等值线图例将出现在地图窗口左上角。

8. 使用累计图形显示覆盖总时间

（1）打开 FOM 的 Graphics Properties 窗口,在 Attributes 栏 Animation Graphics 区域,打开 Show 选项,选择 Current Time 为 Accumulation 类型。

（2）点击 Contours 栏,选择 Animation 类型,关闭 Show 选项,点击"应用"。

（3）动画显示场景,观察动态图形,动态图形显示了当前时间出现立体成像时机的区域。完成后,重置动画。

（4）返回 FOM 的 Graphics Properties 窗口 Attributes 栏,更改 Accumulation 类型为 Up to Current,点击"应用"。

（5）再次动画显示场景,注意这次出现立体成像时机的区域图形被保留下来,在动画周期结束时,所有的区域都被图形填充。

（6）重置动画,在 Attributes 栏,恢复 Accumulation 类型为 Current Time,打开 Static Graphics 的 Show 选项。完成后,点击"确定"。

9. 应用约束条件——定义光照条件约束

（1）动画显示场景,注意太阳的图标从东向地图窗口西侧移动,这表现了太阳星下点移动的轨迹,重置动画。

（2）打开覆盖对象的 Graphics Properties 窗口,确认 Show Satisfaction 选项关闭,关闭窗口。

（3）现在打开 Gridseed 地面站的 Constraints Properties 窗口,在 Sun 栏,打开 Min Sun Elevation Angle（最小太阳仰角）选项,在文本框中输入 5°,确定。

（4）打开 Tropics 覆盖对象的 Basic 属性窗口,在 Grid 栏点击 Associate Class…按钮。确认 Object Type 区域定义为 Facility,打开 Use Object Instance 选项,选中列表中的 Gridseed 地面站,点击"确定"。点击确定关闭 Point Definition 窗口和 Basic 属性窗口,应用 Gridseed 地面站约束条件到所有栅格点。STK 将重新计算覆盖对象的可见性。

（5）动画显示场景,察看地图窗口显示的改变。现在动态显示的为太阳仰角≥5°时出现立体成像时机的区域。完成后,重置动画。

10. 增加地方时和仰角约束

（1）打开 Gridseed 地面站的 Constraints Properties 窗口,在 Basic 栏,打开 Min Elevation Angle 约束,在文本框输入 5°。

（2）在 Temporal 栏,打开 Local Time 约束,在 Start 区输入 12:00:00.00,End 区输入 16:00:00.00。此设定定义地方时约束条件为中午 12:00 到下午 16:00。

（3）点击"确定",等待 STK 重新计算可见性。

（4）动画显示场景,现在显示的是地方时中午 12 点至下午 4 点地面最小仰角为 5°时出现立体成像时机的区域。完成后,重置动画。

11. 为覆盖资源(卫星)增加方位角约束

（1）为防止每次改变后重新计算可见性,可选中 Tropics 覆盖对象,从 Tools 菜单选择 Clear Accesses。

（2）在浏览窗口,使用 Ctrl 键同时选中两颗卫星,点击鼠标右键,在快捷菜单中选择 Constraints,在 Basic 栏,打开 Minimum 和 Maximum Azimuth Angle 选项,分别输入 -45° 和 45°。点击"确定"。

（3）在浏览窗口选中 Tropics 覆盖对象,单击鼠标右键,从快捷菜单中选择 Compute Accesses。

（4）动画显示场景,现在地图窗口中的动态图形显示了约束条件为太阳和卫星的地面最小仰角均为 5°,地方时在中午到下午 4 点之间,两颗卫星方位角均为 -45°~45°时,出现立体成像时机的区域。完成后,重置动画。

7.4　空间信息系统视景仿真技术

除工程级精度外,STK 的一大优越性是它的可视化功能。STK 三维场景可以呈现一流的视觉效果,分析结果的展示也更加容易。对于没有轨道动力学概念的人,STK/VO 及其生成的动画具有无限的价值,给他们播放动画要比只给他们解释专业化的轨道参数有说服力得多。STK 将脚本中的各元素紧密联系在一起,生成的三维场景中,航天器在地球背景下的运行情况一目了然。

STK 三维场景由下列三部分构成:

(1)模型:航天器模型的生成、关节设置、关节运动控制。

(2)环境与特效:地形加载、特殊对象加载(火焰、烟雾效果)。

(3)场景控制:时序控制、视点控制、眼间距调整。

7.4.1 STK 三维模型的构建

7.4.1.1 STK 模型的生成

一般有两种方法可以取得三维场景所需要的三维模型。第一种是根据航天器的影像资料采用三维建模软件来绘制三维模型,这需要建模人员熟练掌握三维建模软件的使用方法与技巧。另一种方法是将工程设计软件已经生成的设计图转换为三维模型,模型生成的方法见图 7-55。

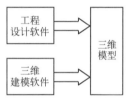

图 7-55 三维模型来源

7.4.1.2 模型的基本要求

三维实体模型是 STK 三维场景的基础。三维实体模型有准确性、逼真性和实时性三个基本要求。

准确性:指三维模型与实际几何物体之间的误差。

逼真性:指三维模型在视觉上给人的感受,以形象、真实感强、视觉和谐为目标。

实时性:指三维模型在视景仿真应用中能满足人眼连续图像感受的指标。

7.4.1.3 模型的简化

对于视景仿真应用而言,用户最关心的不是模型本身在建模软件环境中的"离线视觉效果"(即非实时的可视效果),而是所创建的模型对实时系统的有效程度。由于模型数据最终还要通过实时系统进行调用和检验,实时仿真系统可能会以 30 帧/s 的频率对模型数据库进行各种计算、遍历和渲染,在对虚拟场景中所有的物体进行准确重绘的同时还要实时响应各种外部输入信息,所以必须重视对模型数据库的调整和优化。下面介绍几种在三维建模软件 Creator 中常用的模型数据库优化技术。

1. 删除冗余多边形

可以通过手工或相应的工具软件删除模型数据库中不易察觉的冗余多边形来减少数据库中总的多边形数量,这些冗余多边形主要指那些在实时仿真运行过程中始终不会被显示出来的多边形,包括模型几何体内部的结构、模型不必要的细节和被其他部件完全遮蔽的多边形等。图7-56展示的就是卫星星体内部简化后的效果,右边的星体去除了内部隔板等不可见的多边形。

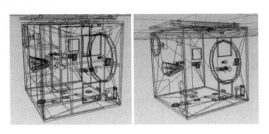

图7-56 内部结构简化

2. 使用优化后的纹理

在使用纹理时,要注意以下两个问题:①纹理图像大小要适中,纹理图像过小会影响视觉效果,纹理图像过大则需要耗费过多的纹理内存空间,影响系统效率;②在不影响图片效果的情况下,尽量将纹理图片转换为压缩率比较高的图片格式。

图7-57(a)是卫星帆板内部实际的结构,图(c)是使用纹理覆盖表面的效果,图(b)是纹理覆盖下内部结构简化后的效果,从中可以看到极大地减少了多边形的数量。

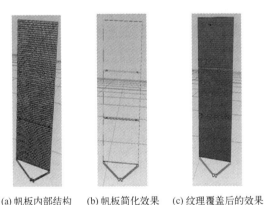

(a)帆板内部结构   (b)帆板简化效果   (c)纹理覆盖后的效果

图7-57 利用纹理简化帆板结构

3. 使用LOD层次结构

LOD即是level of detail的简写,是一组代表模型数据库中同一物体又具有不同的细节程度的模型对象,不同细节程度版本模型的多边形复杂程度也不一样,细节程度越高模型对象所包含的多边形数量也越多。使用模型数据库,是按照一定的层级结构组织各种节点的方式描述和存储虚拟场景信息的。所以,模型数据库中节点的 LOD 层级结构组织方式在很大程度上决定了模型数据库的实时应用性能。特别是对于实时系统的剔除(cull)和绘制(draw)过程而言,模型数据库的层级结构(见图 7-58)直接影响这两个过程的执行效率。所以,模型数据库的节点组织形式应该尽可能根据实时系统对数据的剔除和绘制要求进行优化。

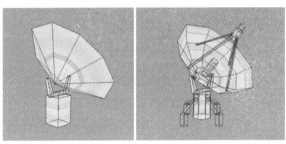

图 7-58　不同细节层次的模型

通常 STK 中定义 2 级细节等级,即粗糙模型和精确模型。在渲染时,根据视点与模型的距离来决定使用哪个程度的模型,这个距离的阈值也是在模型中定义的。

7.4.1.4　模型的转换

利用 Deep Exploration 和 LWConvert 工具可进行模型转换。Deep Exploration 支持多种三维模型之间的转换,可实现 3DMAX、Creator、ProE、LightWave 等多软件的模型共用。LWConvert 是 STK 自带模型转化工具,可将 LightWave 软件生成的三维模型转化为 STK 可使用的模型格式。

将工业模型或其他格式模型通过转化工具转化为 STK 可识别的 lwo 数据格式,转化过程如图 7-59 所示。再通过 LWConvert 将 lwo 数据格式转化为 STK 视景可用的 MDL 格式,转化过程如图 7-60 所示。

利用 STK 模型浏览工具 Modeler 观察三维模型,并观察模型的关节动作,设置模型坐标轴。

7.4.1.5　模型数据文件解读

MDL 文件可以通过记事本打开并修改。STK 模型描述语言是由 AGI 公司开发的三维模型描述语言,用于在 STK/VO 模块内进行航天器建模。STK 模型描述语言是一种解释型语言,STK/Modeler 模块或 STK/VO 模块对其进行解释执行,使之以图形的形式呈现给用户。STK 模型描述文件是用 STK 模型描述语言编写的模型的文本化表示,它以 ASCII 文本的形式存储在文件中。以中巴资

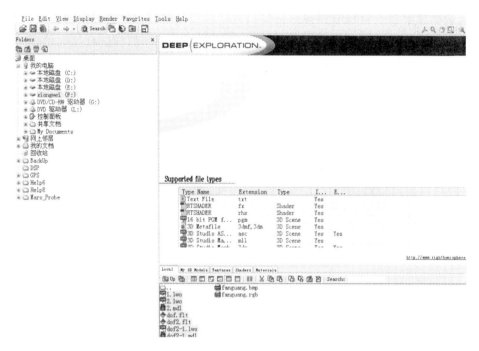

图 7-59　模型转换工具

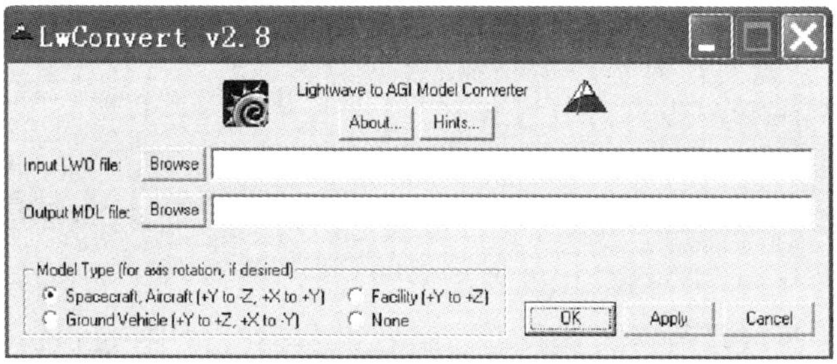

图 7-60　LWConvert 转换工具

源卫星为例,三维模型如图 7-61 所示。

　　模型文件中的数据包括基本图元、组件、描述和参数几个部分,模型文件将这几部分按照层次结构进行组织,设计实体模型就是按照这些数据和它们彼此间的层次关系进行的。

1. 图元

　　图元是组成模型的基础,每个图元代表一种几何形体。

　　图元包括:圆柱、圆锥、多边形、多边形网、球体、螺旋、旋转体和参考体。它们的基本属性与通常的几何建模相似,如颜色属性、透明度属性、数据和样式等。其中参考体是 STK 特有的图元,它是指一个图元或一组图元组成的物体被作为

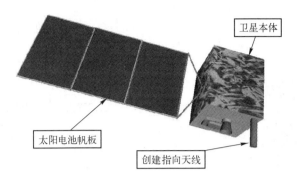

图 7-61　中巴资源卫星模型

一个独立的用户图元供用户使用。如卫星的太阳能电池板就是由多个多边形组成的物体,当它作为卫星模型整体的一部分时,它就成为一个用户定义的参考体图元。

2. 组件

组件是图元和图元之间的参考关系的组合。

组件包括定义其几何形状的图元、发光情况的说明及图元间的隶属关系和相对位置信息。

3. 描述

模型描述是在模型文件中对内容的说明,这部分内容由"ModelDesc"关键字引导,不被 STK 图形引擎渲染。描述是为了用户更好地使用模型,也为以后的修改带来便利条件。

4. 参数

参数是对图形和组件的进一步说明。

参数是针对航天领域可视化的需求进行的。包括:连接效果的定义、连接传感器的定义、表面纹理的定义等。连接效果是指是否在模型中包含点火、喷气等发动机效果;连接传感器是规定飞行器或其他实体上安装传感器的位置和指向;纹理一般使用贴图形式。

STK 三维实体模型文件的基本结构是一个由图元(Primitive)和组件(Component)构成的分级结构。图元是组成模型的基础,组件是图元和图元之间的引用(Refer)关系的组合。一个组件可以包含多个用于设定组件形状(如圆柱形和多边形)的图元、对组件某种特征(如颜色和亮度)进行描述的参数以及引用其他组件的图元。组件是它所包含的图元和子组件的父组件,引用某一组件的图元是该组件的父组件。例如,对于形如图 7-62 所示的简化卫星模型而言,其分级结构如图 7-63 所示。

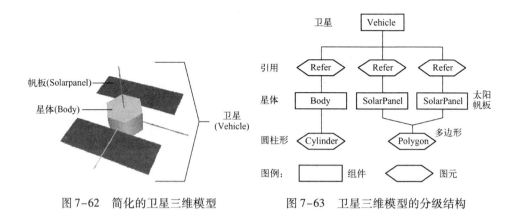

图 7-62　简化的卫星三维模型　　　　图 7-63　卫星三维模型的分级结构

设计 STK 三维实体模型,就是对构成模型的诸多要素及其彼此间的层次关系进行设计。在 STK 三维实体模型中,最高层次的组件由关键字"Root"唯一指定,即模型文件中必须并且只能有一个组件包含关键字"Root"。模型文件的分级结构在逻辑上开始于含有关键字"Root"的组件,并沿分级结构向下通过"Refer"逐级包含各个组件。在编制具体的模型文件时,模型的各组件则不必依照逻辑顺序依次列出。

此外,模型文件中还包括用于对内容进行解释说明的模型描述,由关键字"ModelDesc"引导,不被 STK 图形引擎渲染。

最简单的卫星星体模型,以一个立方体为例,其数据文件通过文本打开后如图 7-64 所示。

7.4.1.6　STK 三维模型关节的设置

1. 关节设置原理

STK 三维实体模型是由多个组件按照分级结构组合而成,STK 提供了关键字"Articulation"用于在三维模型文件中定义组件的关节,并指明该组件在此关节的运动自由度(DOF),包括沿各个坐标轴动态变化的类型(平移、旋转、缩放)及范围(最小值、初始值、最大值)。为了便于表述,定义两个坐标系:模型本体坐标系;DOF 参考坐标系。

如果不做特殊的设置,各关节的 DOF 参考坐标系即为模型本体坐标系。事实上,对于一个具体的对象而言,并非所有关节的 DOF 参考坐标系都是模型本体坐标系。若利用转换工具生成三维实体模型,通常无法自动完成 DOF 参考坐标系的设置。因此,必须对关节进行二次编辑,将其 DOF 参考坐标系移至期望的位置,并保持模型内各组件间的连接关系不变。下面以一个卫星模型的太阳帆板为例,说明基于文本编辑方式的单关节和组合关节的设计方法。卫星帆板

254

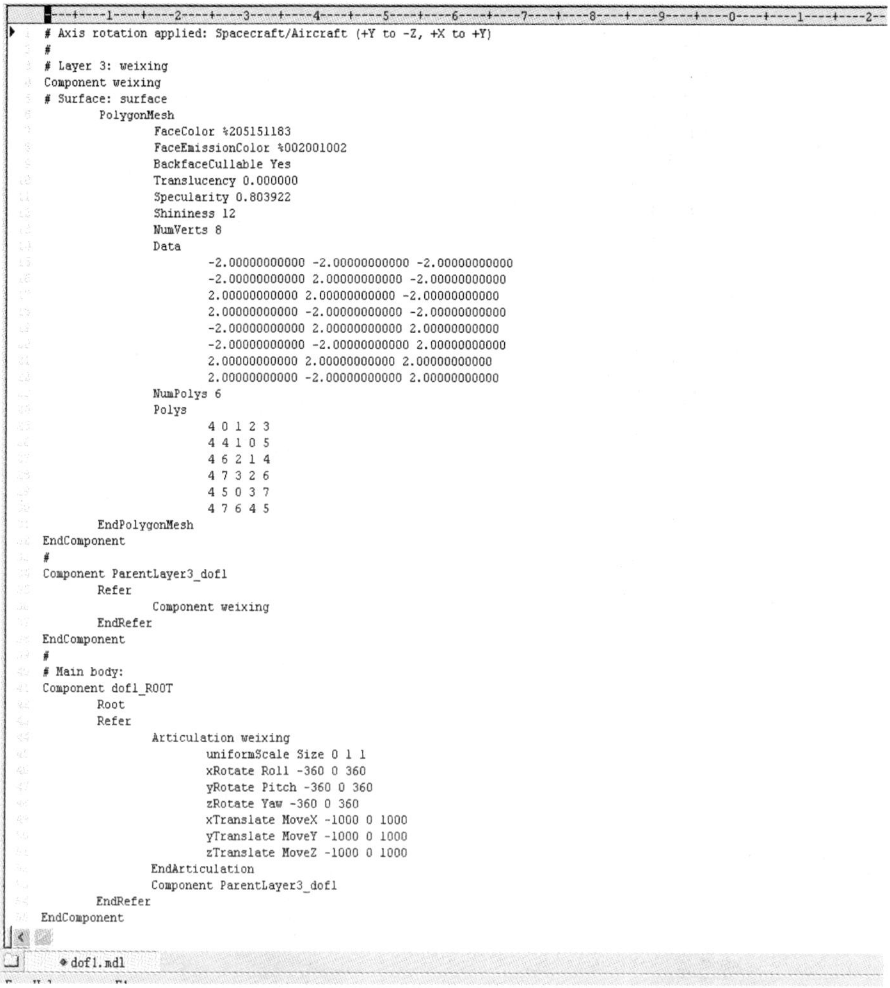

```
# Axis rotation applied: Spacecraft/Aircraft (+Y to -Z, +X to +Y)
#
# Layer 3: weixing
Component weixing
# Surface: surface
        PolygonMesh
                FaceColor %205151183
                FaceEmissionColor %002001002
                BackfaceCullable Yes
                Translucency 0.000000
                Specularity 0.803922
                Shininess 12
                NumVerts 8
                Data
                        -2.0000000000 -2.0000000000 -2.0000000000
                        -2.0000000000 2.0000000000 -2.0000000000
                        2.0000000000 2.0000000000 -2.0000000000
                        2.0000000000 -2.0000000000 -2.0000000000
                        -2.0000000000 2.0000000000 2.0000000000
                        -2.0000000000 -2.0000000000 2.0000000000
                        2.0000000000 2.0000000000 2.0000000000
                        2.0000000000 -2.0000000000 2.0000000000
                NumPolys 6
                Polys
                        4 0 1 2 3
                        4 4 1 0 5
                        4 6 2 1 4
                        4 7 3 2 6
                        4 5 0 3 7
                        4 7 6 4 5
        EndPolygonMesh
EndComponent
#
Component ParentLayer3_dof1
        Refer
                Component weixing
        EndRefer
EndComponent
#
# Main body:
Component dof1_ROOT
        Root
        Refer
                Articulation weixing
                        uniformScale Size 0 1 1
                        xRotate Roll -360 0 360
                        yRotate Pitch -360 0 360
                        zRotate Yaw -360 0 360
                        xTranslate MoveX -1000 0 1000
                        yTranslate MoveY -1000 0 1000
                        zTranslate MoveZ -1000 0 1000
                EndArticulation
                Component ParentLayer3_dof1
        EndRefer
EndComponent

    ◆ dof1.mdl
```

图 7-64　文本形式打开的模型文件

的关节定义见图 7-65。

STK 三维实体模型关节的设计问题可以转化为以下两个基本问题：①组件相对固定点缩放的问题；②组件相对任意轴旋转的问题。

2. 单关节设置

如按照图 7-66 的比例关系构成的模型，未设置关节时各帆板构件都处于自由活动状态，不存在物理联动关系，见图 7-67。

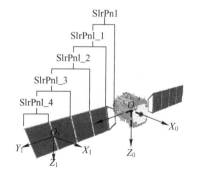

图 7-65　关节定义

255

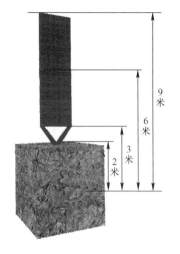

图 7-66　模型的比例关系

图 7-67　自由状态的帆板

此时,各块帆板都围绕坐标原点旋转。

按照比例关系设置第一块帆板的旋转轴位置并将其余帆板与其关联,第一个关节即第一块帆板(支架)的旋转轴变成了支架的根部,如图 7-68 所示。

3. 多关节设置

按照第一关节设置方法逐步设置各关节点的旋转轴和关联关系,最终得到如图 7-69 所示的可折叠的多块帆板,而且帆板能实现联动。

图 7-68　第一个关节可控

图 7-69　变换后对应帆板的旋转

平移变换以后对应帆板的旋转轴变成了对应帆板的根部。

4. 关节运动控制

在场景运行过程中,需要通过控制三维模型的关节实现对对象动作的模拟。三维模型的关节可以采取两种控制方式:

(1)在应用程序中编写代码,通过 STK/CON 模块控制模型关节。

(2)编写三维模型的关节控制文件,该文件包含一个与所关联对象的每个关节动作相对应的时序表,与 MDL 模型文件存放在相同的目录中,文件名与模型文件名相同,不同类型对象的关节控制文件的扩展名不同。

这里介绍采用第二种方法实现模型关节控制,场景中涉及的各类对象的关节控制文件的扩展名如表 7-11 所示。

表 7-11 场景中对象的关节控制文件扩展名

对　　象	关节控制文件扩展名
地面站(Facility)	.fma
发射运载工具(LaunchVehicle)	.lvma
卫星(Satellite)	.sama
舰船(Ship)	.shma

关键字 NEW_ARTICULATION 用于设置关节控制动作参数,每个关节动作设置的动作参数如表 7-12 所示。

表 7-12 关节动作参数

关节动作参数	描　　述
ARTICULATION	动作关节名
STARTTIME	起始时间
DURATION	持续时间
DEADBANDDURATION	死区时间
ACCELDURATION	加速时间
DECELDURATION	减速时间
DUTYCYCLEDELTA	占空时间
PERIOD	周期
TRANSFORMATION	转换动作
SATARTVALUE	转换周期初值
ENDVALUE	转换周期终值

7.4.2 大地形的生成

7.4.2.1 地形技术的发展

1. 地形可视化的需求

视景仿真与对地侦察仿真中需要解决地形可视化问题。地形可视化最初是根据地理信息系统的三维可视化需求提出的。随着地理信息系统和计算机可视化技术的发展,地形可视化逐渐发展成了一个专门以研究基于数字地球模型或数字高程模型的生成、简化、显示和仿真为主要内容的计算机可视化应用技术。

2. 三维地形生成方法

等高线法:通过由等高线形成的一系列多边形经过运算生成地形见图7-70。从等高线的生成过程可以看到,等高线是通过高度方向上间距相同的截面截取山体而形成。

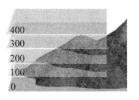

图7-70 等高线地形

虽然经过插值运算,但是因为等高线的间距较大,前面我们是用的100m也可以是10m,而实际地形的变化却可能每一米都不同,所以导致采样数据的丢失,生成的等高线地形图存在明显的台阶感。

格网表示法:格网DEM是DEM最常用的形式,其数据的组织类似于图像栅格数据,只是每个像元的值是高程值,即格网DEM数据,见表7-13。其高程数据可直接由解析立体测图仪获取,也可由规则或不规则的离散数据内插产生。

表7-13 $X-Y$ 坐标下对应高程格网数据示例

100	110	120	140	110	105	90
120	115	130	135	120	110	100
135	120	120	130	130	120	110
145	130	115	120	120	115	118

格网DEM的优点:数据结构简单,便于管理;有利于地形分析及制作立体图,如图7-71所示。其缺点:格网点高程的内插会损失精度;格网过大会损失地形的关键特征,如山峰、洼坑、山脊等;如不改变格网的大小,不能适用于起伏程度不同的地区;地形简单地区存在大量冗余数据。

不规则三角网:不规则三角网DEM直接利用原始采样点进行地形表面的重建,由连续的相互连接的三角面组成,三角面的形状和大小取决于不规则分布的观测点的密度和位置,见图7-72。不规则三角网DEM的优点:能充分利用地貌的特征点、线,较好地表示复杂地形;可根据不同地形,选取合适的采样点数;进行地形分析和绘制立体图也很方便。其缺点:由于数据结构复杂,因而不便于规范化管理,难以与矢量和栅格数据进行联合分析。

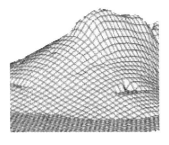

图7-71 规则格网地形

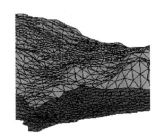

图7-72 不规则格网地形

258

7.4.2.2　地形相关数据的收集

仿真系统中的地形主要包括两个部分:地表纹理和地形高程。

图 7-73 为地表纹理数据,记录了地表的地物地貌,这是地形仿真真实度体现的关键。

图 7-74 为高程数据,表明了地形的高低起伏,这是描述地形的基础。

图 7-73　地表纹理

图 7-74　高程数据

大地形的地表纹理图像范围一般比较大,通常采用航拍图像、遥感影像数据或者卫星图像数据。

7.4.2.3　地形数据的整理

建立大地形场景,基础数据包括表示地形范围的经纬度信息、用来生成地形表面纹理的图像数据、用来生成地形网格的地形高程数据。数据的准备工作过程如图 7-75 所示,对于纹理数据整理过程为:

(1)航拍图像、遥感影像数据或者卫星图像数据经过添加地理坐标信息可以得到包含地形范围的地形表面纹理。建立大地形所需的图像数据分辨率可以不同,而且不同分辨率的图像数据可以重叠,生成多分辨率相互叠加的地形。例如,一块分辨率较低而覆盖区域比较大的图像数据,里面可以包含一块或几块分辨率较高但区域较小的地形区域。

（2）添加完成地理坐标的纹理块还要进行重合性检查,即检查相同分辨率下相邻各块的边缘部分是否匹配。对于边缘不齐的数据,其边缘需要有部分的重叠,这样才能保证块与块之间平滑过渡,否则生成的地形场景将出现细微的接缝影响显示的效果。

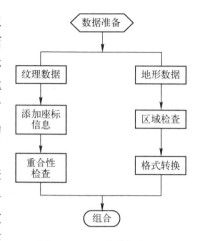

图 7-75　地形数据整理

通常所看到的真实地形包括平面地形和三维地形两种类型。使用计算机来模拟真实的地形环境,不仅要能真实体现地形起伏,还要表现地形的坡度、坡向、地表等。因此为了创建真实的地形模型数据库,能够提供地形原始高程信息的地形数据是必不可少的。地形数据处理最重要的步骤是检验地形数据与纹理数据的对应性。需要从地形文件中读出地形数据包含的区域范围并与纹理数据给定的坐标范围进行比较,保证纹理表示的区域包含在地形的范围中。

目前,已有地形数据格式有很多,如 DTM(Digital Terrain Model,数字地形模型)、DEM(Digital Elevation Model,数字高程模型)、DHM(Digital Height Model,数字高度模型)、DGM(Digital Ground Model,数字地面模型)、DTEM(Digital Terrain Elevation Model,数字地形高程模型)和 DED(Digital Elevation Data,数字高程数据)等。这些数据虽然格式不一样,但是原理却很相似:都是使用离散的数据来表示连续地形的高低起伏,相邻离散点的采样距离也就决定了这些地形数据的精度。

7.4.2.4　大地形使用

大地形的主要问题在于海量数据处理。地形是一类特殊的三维对象,其突出的特点是数据量大。由于处理的地形对象是几万、几十万平方千米甚至更大范围内复杂的自然和人文环境,计算量巨大,对仿真技术和计算机硬件提出了极高的要求。因此在视景仿真中,地形模型对于图形处理能力的压力尤为突出。图 7-76 为某地地形数据,而右部圈中部分则叠加有图 7-77 所示分辨率更高的地形纹理。

图 7-76　某地地形数据圈中为包含有叠加纹理部分

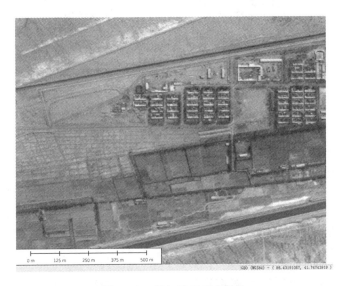

图 7-77　叠加纹理对应放大

　　根据数字地面模型或数字高程模型生成的三维模型数据库过于庞大,通常包含了超过图形硬件实时处理的三角形,而且地形模型纹理容量也可能超出了硬件纹理内存的容量,往往不能实时处理这样规模的数据库。

　　对于过于复杂的地形库,通常使用多细节层次技术,即 LOD 技术来进行简化。LOD 技术巧妙地利用了人的视觉特性,可以在不影响实际仿真画面的前提下,通过逐次简化模型细节降低模型数据的复杂度,从而可以有效地提高实时渲染的速率。地形建模使用数据集和进程构建一个工作流,然后将影像数据和地形数据合并到一起,最后以数据集形式分成一层或更多层的片状结构。任何一层的地形片块与恰当分辨率的图像片块相匹配,工作原理如图 7-78 所示。

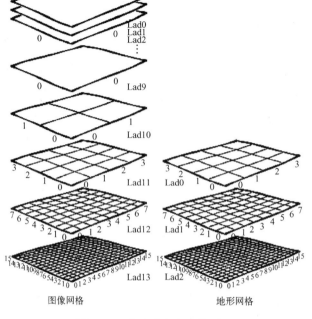

图像网格   地形网格

图 7-78   大地形生成工作原理

    STK 在地形仿真的过程中,根据当前的视点范围来选择适当分辨率的纹理:当视点远离虚拟地形地面使用分辨率较低的纹理图像;当视点靠近虚拟地面时,换成分辨率较高的纹理图像。

    STK/HRES 模块包含全球的高分辨率地图数据。为了表现更清晰的地形细节特征,可将某一区块的地形和高清纹理加载到 STK 场景,具体方法在后面三维场景生成中介绍。图 7-79 为未使用 HRES 模块地球表面呈现的纹理,图 7-80 为使用 HRES 模块地球表面呈现的纹理。

 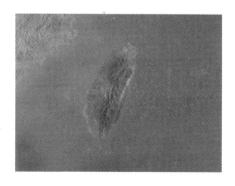

图 7-79   未使用 HRES 模块地球表面   图 7-80   使用 HRES 模块地球表面
               呈现的纹理   呈现的纹理

7.4.3 特效的应用

7.4.3.1 特效简介

在一个事件发生,或一些情节需要用画面来表述的时候,特效往往是一个非常重要的也是比较容易利用的表现方式。未使用特效时如火箭起飞的场景,火箭将拔地而起给人以不真实且突兀的感觉见图7-81。

STK的火箭和导弹模型自带火焰效果,可通过模型浏览器设置参数观察不同火焰的效果见图7-82。

7.4.3.2 节点动作文件生成

在STK中,一个飞行器的三维模型都对应了后缀名为 * . mdl 的可编辑的文

图7-81 未使用特效的三维场景

件,打开文件可以对其进行编辑和设置。下面以"长征"2F运载火箭为例,说明其节点动作的编辑原理和方法。首先在STK中打开 cz – 2f_long – march. mdl 文件观察其关节,其中 Boosters 是指4个助推器,Boosters_Flame 是助推器的火焰,Stage_1 为火箭第一级,Stage_1_Flame 为第一级火焰,需要设置的就是这几个节点见图7-83。

 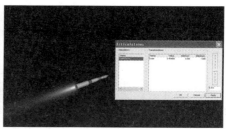

图7-82 火焰特效的浏览

打开STK自带节点动作生成工具 ArticulationSTK. exe,其界面如图7-84所示,可以选择打开的模型及保存节点动作文件的路径,如图7-85和图7-86所示。

保存路径为自选文件夹,并修改名称为所需(可与生成的火箭同名),如图7-87所示。

详细的应用过程可参考STK自带帮助文档。

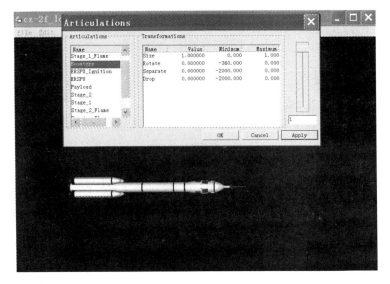

图 7-83　浏览火箭模型的节点

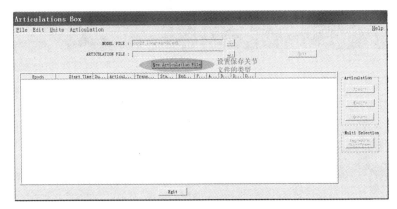

图 7-84　设置保存的关节控制文件类型

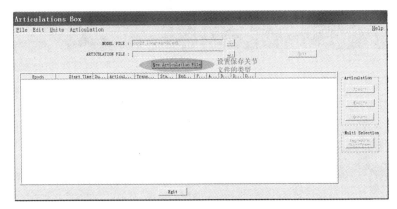

图 7-85　创建节点动作文件

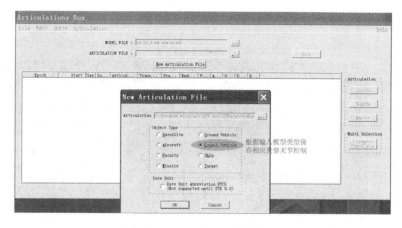

图 7-86　选择节点动作文件类型

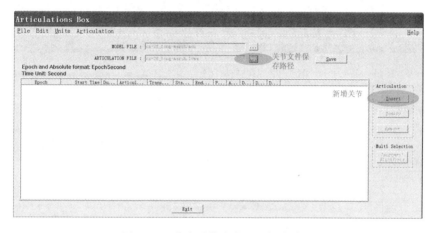

图 7-87　节点动作文件设置保存路径

7.4.4　三维场景的生成

以火箭起飞的场景为例,分析整个过程可以得出场景大致需要四个部分:发射场地形、发射架、火焰特效、火箭逐级脱落效果。下面本节进一步往下细化场景。

7.4.4.1　生成大地形

为了表现地形细节特征,将地形和高清晰的纹理加载到 STK 场景,利用 STK 自带地形例子数据。

1. 装载地形文件

如图 7-88 所示,在整体属性中选择地形,DEM 数据文件路径 C：\Program Files\AGI\STK 版本号\Help\STK\samples,见图 7-89。

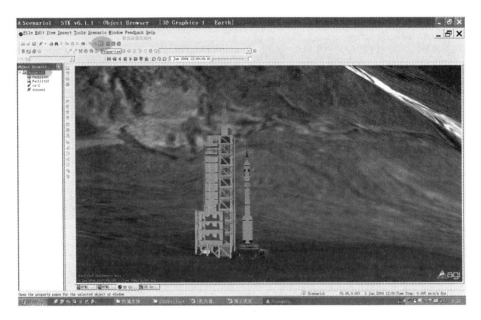

图 7-88　在整体的属性中选择地形

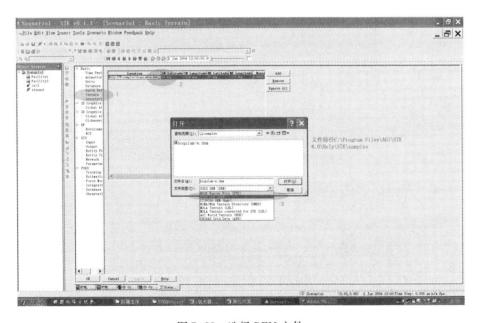

图 7-89　选择 DEM 文件

2. 地面纹理与地形数据匹配

按图 7-90,计算输出文件以及整个场景,放置于自建文件夹中,如图 7-91
所示。

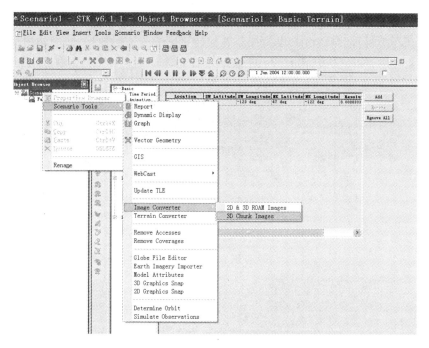

图 7-90　地形与纹理匹配

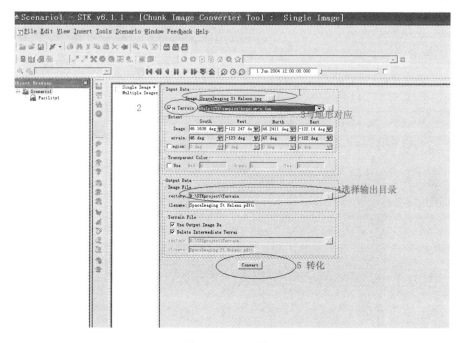

图 7-91　匹配设置

3. 加载生成的三维地形

在三维场景的属性中,设置加载匹配计算生成的地形数据,地形将出现在整个场景之中,如图7-92和图7-93所示。

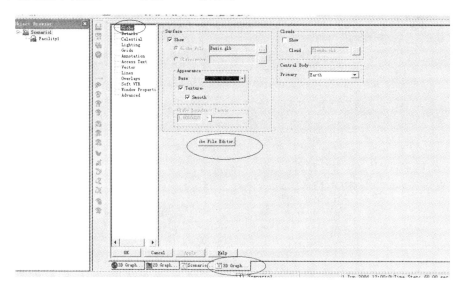

图7-92　加载地形数据

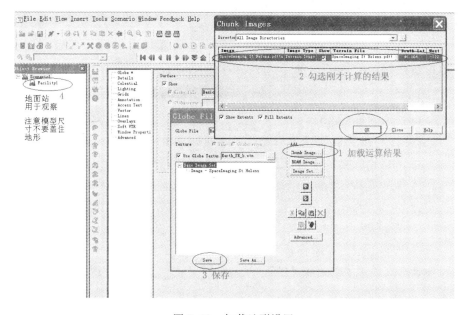

图7-93　加载地形设置

添加地面站参数如下:

(1) 地面站1:纬度46.20825°,经度-122.188980°,高度1745m;

（2）地面站2:纬度46.20841°,经度－122.18901°,高度1747m。

比例缩小为0.4,见图7-94,生成效果见图7-95。

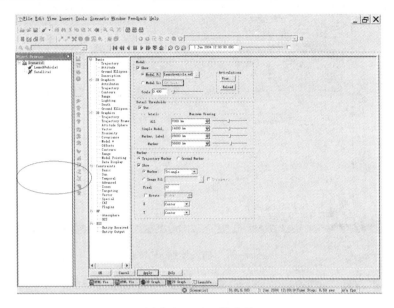

图7-94　地面站参数

图7-95　从地面站视点浏览生成的效果

7.4.4.2　加入模型创建火箭发射场景

（1）替换地面站模型为发射架和发射台的模型,模型比例0.9。文件路径\fashejia\fashetai.mdl,此处发射架模型为通过建模软件生成,加载过程如图7-96所示。

（2）添加火箭（LaunchVehicle）,如图7-97所示。

修改火箭名称为cz－2,参数设置为:纬度46.2084°,经度－122.189°,高度

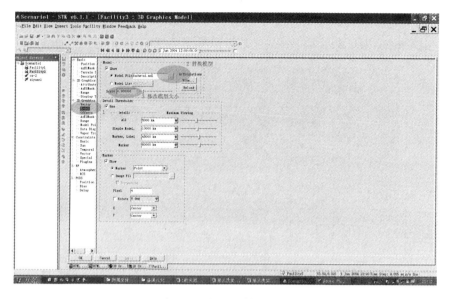

图 7-96　加入发射架模型

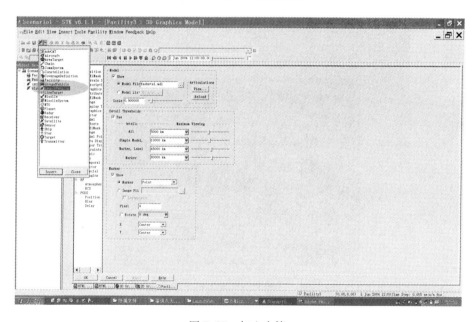

图 7-97　加入火箭

1788m，Burnout Velocity 7.72584km/s，Burnout 纬度 25.051°，Burnout 经度 −51.326°，Burnout 高度 600km，见图 7-98。

（3）替换火箭模型为 cz-2f_long-march.mdl，文件路径 C:\Program Files\ AGI\STK 版本号\STKData\VO\Models\LaunchVeh。

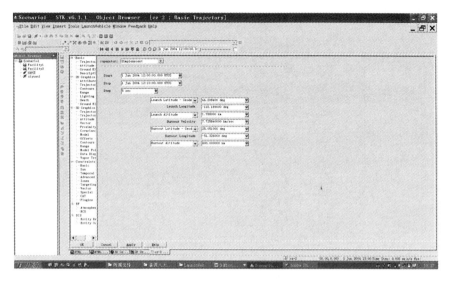

图 7-98　火箭参数

7.4.4.3　设置节点控制文件

利用模型浏览工具查看火箭模型的各个关节并打开节点设置工具,见7.3.3 节。

按图 7-99 中参数设置第一级的火焰,开始时间 0.001s,结束时间 15s,开始值为 1 即最大,结束值为 0 即最小。

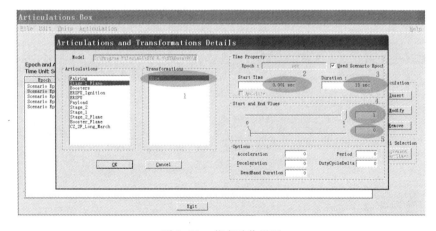

图 7-99　节点动作设置

运用关节控制文件,在模型装载的选项中可以加载对应关节控制文件,并通过三维场景浏览,见图 7-100。

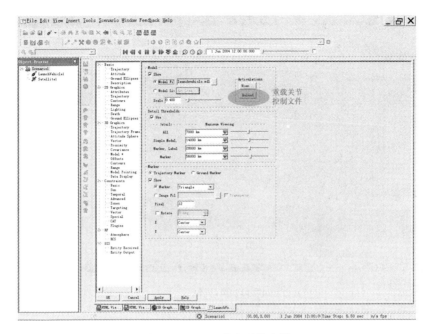

图 7-100　调用节点动作文件

参 考 文 献

[1] 丁溯泉,张波,刘世勇. STK 在航天任务仿真分析中的应用[M]. 北京:国防工业出版社,2011.

[2] 杨颖,王琦. STK 在计算机仿真中的应用[M]. 北京:国防工业出版社,2005.

[3] 张海云,李俊峰,等译. 理解航天[M]. 北京:清华大学出版社,2007.

[4] 张雅声,樊鹏山,等. 掌握和精通卫星工具箱 STK[M]. 北京:国防工业出版社,2011.

第8章 空间信息系统效能评估

8.1 空间信息系统效能评估概述

8.1.1 空间信息系统效能评估相关概念

效能的一般定义：效能是一个系统满足一组特定任务要求程度的能力；或者说是系统在规定条件下达到规定使用目标的能力。"规定的条件"指的是环境条件、时间、人员、使用方法等因素；"规定使用目标"指的是所要达到的目的；"能力"则是指达到目标的定量或定性程度。

评估是评估主体测评评估对象（客体）达到既定需求的过程。是根据既定的准则体系来测评客体各种属性的量值及其满足主体需求的效用，以综合评估原定需求满足程度的活动。

指标：数量化的准则，预先确定的属性数量或水平。

指标体系：在评估活动中，由一系列指标构成的有机整体，是综合测量评估对象的尺度集。

属性和属性值：属性是物质客体固有的特征、品质、性能，表示客体的性质、功能、行为等。属性的取值称为属性值。

8.1.2 空间信息系统效能评估总体思路

空间信息系统作为复杂系统，其发展是一项规模庞大、系统复杂、技术密集的现代系统工程，因此，对空间信息系统的效能评估也将是一个复杂的系统工程。由于目前空间信息系统本身的发展还处于探索阶段，对系统的评估研究还相对缺乏，没有可以借鉴的空间信息系统评估理论，所以要实现科学的系统评估，有必要研究空间信息系统效能评估理论。本章对空间信息系统的效能评估技术进行了阐述，提出空间信息系统效能评估的总体思路，如图8-1所示。

在理论层上，主要采用系统分析、探索性分析和仿真分析相结合的方法。系统分析法是从系统论的角度进行空间信息系统效能评估的方法指导，它体现了整体论的思想，明确了效能评估的目标，系统分析的思想贯穿于整个效能评

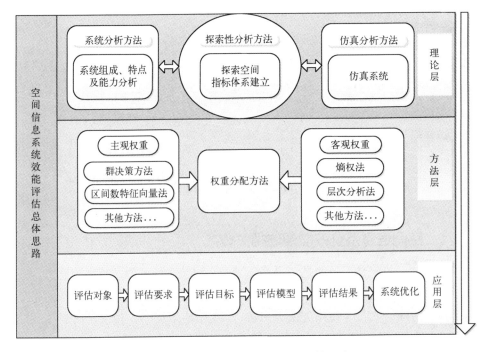

图 8-1　空间信息系统效能评估总体思路

估研究的始终；探索性分析方法和仿真分析方法是实现对系统进行评估的途径，是系统分析方法从理论到实现的桥梁。

在方法层上，融合多种赋权方法，在一定程度上减少主观和客观赋权方法的不足，增强评估结果的合理性，较好地反映空间信息系统的真实能力和作用。首先利用区间数特征向量法确定指标的主观权重区间，通过引入决策者的风险态度因子，对得到的权重区间向量去模糊性，聚类到确定的数值，再利用群决策方法减少专家判断的片面性；其次，对仿真得到的定量指标数据和处理后的定性指标数据用熵权法确定指标的客观权重；然后，通过组合赋权模型确定指标的权重；最后，根据指标间关系，建立空间信息系统综合效能评估模型。

在应用层上，在明确评估对象的基础上，根据评估要求，进一步确认评估目标，并以此构建评估模型，采用适当的评估方法得到评估结果，并以此来指导整个系统的优化。

8.1.3　空间信息系统效能评估流程步骤

综合评估是指对被评价对象所进行的客观、公正、合理的全面评价。一般来说，构成综合评估问题的要素有：评估目标、被评估对象、评估指标、指标权重系数、综合评估模型、评估结果、评估者。综合评估一般包括以下具体过程：

（1）系统分析，深入理解评价目标，明确评价对象。

（2）根据系统效能评估的目的，建立系统效能评估环境。

（3）建立评估指标体系。

（4）根据各指标的不同地位和重要程度，确定指标权重。

（5）建立效能分析模型，定性、定量计算各指标值。

（6）选择合适的方法进行综合评估，写出评估结果报告。

系统效能评估流程如图 8-2 所示。

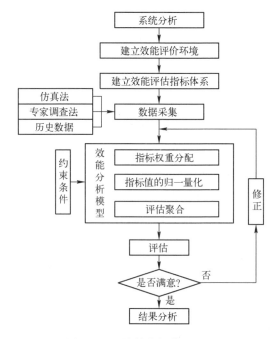

图 8-2 系统效能评估流程图

8.2 空间信息系统指标体系构建

空间信息系统的评估指标有很多种，如何确定哪些指标能对空间信息系统的系统效能进行合理有效的描述是难点所在。本节将采用系统化分析方法，从研究空间信息系统使命任务入手，按照性能层、效能层和作战效能层进行分解，经过逐步细化，初步得到一个有效的性能指标集，然后采用 Delphi 咨询法借助各方面专家的知识和经验完善指标体系。在确定了性能指标集后还需要研究各项指标的影响因子。对各项评估指标权重的确定可以通过主观赋权与客观赋权相结合的方法，使得评估指标权重系数更加科学合理。在初步建立空间信息系统的效能评估指标体系后，很难避免评估指标间的冗余性，为此可以采用粗糙集理论与方法，以及主成分分析法等方法进行评估指标体系的约简，得到精简的评估指标体系。总结该方案如图8-3所示。

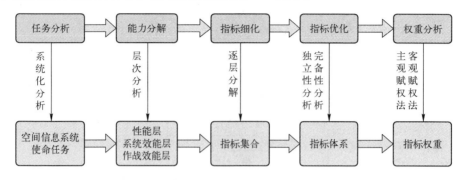

图8-3　空间信息系统效能评估指标体系研究方案

8.2.1　空间信息系统指标体系构建原则与目标

方案评估指标体系的制定是保证评估结论科学合理的重要基础。评估指标体系反映了空间信息系统自身任务、能力、性能之间的内在关系，是进行系统效能分析的基础。任何好的评估方法都难以弥补指标体系建立过程中存在的问题，对于同一个系统，采用不同的评估指标体系进行分析时，可能得出完全不同的结论。所以在评估过程中，评估指标体系的确定具有方向性的重要意义。要想对空间信息系统进行有效的评估，必须要建立能够反映空间信息系统特点和任务需求的评估指标体系。建立正确的空间信息系统指标体系是进行效能分析与评价的前提。

1. 评估目标和要求分析

空间信息系统作为复杂系统，对系统的评估不是简单地认为子系统越优越好，而是要考虑到系统整体最优，而整体最优表现在多个方面，重点表现在系统效能和作战效能两个方面。

（1）系统效能首先表现在各个分系统的能力，例如通信分系统、侦察监视分系统、预警探测分系统、导航定位分系统、信息保障分系统等；另外，效能还表现在整个分系统有机整合为大系统的整体能力，主要包括互联互通与互操作能力。

（2）作战效能表现在作战任务中的应用效果，主要通过空间信息系统与主战武器装备和指挥控制系统的结合来具体体现对作战任务满足的程度。

所以对空间信息系统进行评估时，首先需要评估空间信息系统的自身的能力，这需要通过对分系统的效能评估和整体能力评估来实现。然后再对空间信息系统的作战效能进行评估，这需要结合主战武器装备在信息化条件下的作战能力评估和指挥控制系统互操作能力的评估来具体实施。

2. 评估指标体系构建原则

根据空间信息系统组成、特点和功能，以及结合对使命任务的分析，在建立合理、科学的评估指标体系时应当遵循以下原则：

（1）全面性原则：在效能的综合中，由于系统效能不是各个子系统效能的简单相加，所以从空间信息系统整体角度考虑出发，不仅有线性关系，更要有非线性的关系。

（2）客观性原则：在建立评价指标体系时，必须保持系统功能与使命的一致，性能与功能一致，能客观、准确地反映空间信息系统的主要特征和各个方面，特别是关键评价指标更应选准、选全，并明确意义，不能主观臆断，随意设立。

（3）层次性原则：系统是有层次的，所以在建立指标体系时，应明确各指标的内涵以及各层指标之间的关系，建立层次分明、结构合理的评价指标体系，保证评价的科学性。

（4）简明性原则：评估指标的大小应适宜，计算含义明确，使相关人员能准确理解和接受，便于形成共同语言，对评价影响大的重要指标应细分、其他指标则适当粗分，以减少工作量。

（5）定性与定量相结合的原则：在对系统进行全面评价时，不可排除定性指标，对那些不容易用数量表示的指标进行评估，只能根据经验统计分析和主观判断来解决，并应选择合理的量化手段进行量化处理。

8.2.2 空间信息系统指标体系构建流程

指标体系是指在评估活动中，由一系列指标构成的有机整体，是综合测量评估对象的尺度集。使用指标体系方法对系统进行综合评判是社会、经济和管理科学各个领域进行系统分析广泛采用的方法。评估指标体系具有层次结构，应包含目标和准则两大类，形成多层次评估体系，如图8-4所示。

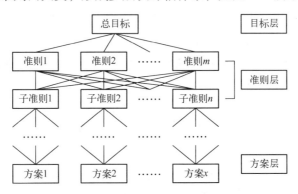

图 8-4 多层次评估指标示意图

277

为了将多层次、多因素、复杂的评估问题用较科学的的计量方法进行量化处理，必须针对评估对象构造一个科学的评估指标体系。评估指标体系的建立实际上是运用系统思想分析问题的过程，其基本步骤为：

（1）针对具体问题收集相关资料，提出评价系统目标及其影响因素。

（2）分析和比较各影响因素之间的关系，对指标进行筛选。

（3）经过优化后确定指标之间的层次和结构，即得到评估指标体系。

在基本步骤的基础上，对评估指标体系的建立流程进一步细化，建立系统评估指标体系构建流程如图8-5所示。

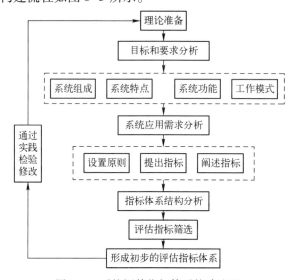

图8-5 系统评估指标体系构建流程

（1）理论准备。对待评价领域的有关基础理论要有一定深度和一定广度的了解，只有具有系统理论与方法素养，制定的指标才具有科学性、合理性和可操作性。

（2）目标和要求分析。详细说明效能评估应达到的目标，确定系统评估目标和要求是建立评估体系的前提。

（3）系统分析。系统分析就是采用系统的观点方法，对系统组成、特点、功能及工作模式进行分析，弄清影响空间信息系统的因素，澄清各因素之间的关系，确定系统的主要组成结构，限定效能分析的范围。

（4）系统应用需求分析。在限定评估范围的基础上，对所要评估的系统进行应用需求分析。

（5）选取评估指标。在前四步的基础上，按照评估指标设置原则，提出评估指标；对指标的概念、计算范围、计算方法和计算单位都要做详细的说明；明确指标测量目的并给出定义、选择待构造指标并给出操作性定义、设计指标计算内容和计算方法、实施指标检验。

（6）指标体系结构分析。明确评价指标之间的相互关系如何，层次怎么样，因为复杂事物综合评价问题，其评价目标往往是多层次的，理顺这种层次关系，对于改善评价效果有重要的作用。

（7）评估指标筛选。由于考虑的方面比较多，在选取指标时，不可避免会产生一些重复或多余的指标，通过专家调查法进行指标的筛选和确定。

（8）形成初步的评估指标体系。上述各项工作完成之后，形成一个初步可供实际操作的评估指标体系，最后在实践中检验修改。通过实例的计算，分析输出结果的合理性寻找导致评价结论不合理的原因，可以得到满意的综合评估指标体系。

8.2.3 空间信息系统指标体系的构建

8.2.3.1 侦察监视网指标体系

8.2.3.1.1 组成及特点分析

作为空间信息系统的侦察监视网，既包括对地面目标的侦察部分，也包括对空间目标的侦察部分。主要的传感器应包括：

（1）光学成像侦察类；

（2）雷达成像侦察类；

（3）电子侦察类；

（4）海洋监视类；

（5）空间目标侦察类。

另外还有用于数传的地面站、侦察监视信息处理中心和指挥控制中心。

首先界定侦察监视网络中的节点与链路。在侦察监视网中，侦察卫星、地面站以及设置于地面的信息处理中心均可以视为侦察监视网络中的节点。另一方面，被侦察目标在某种程度上也应被视作是侦察监视网络的一部分，侦察行为本身也可以看作是一种链路建立的过程，所以目标也可以当作节点进行分析。

基于此，侦察监视网络可以看作是一个层级网络，网络的最底层是目标节点，上一层次是遂行 ISR 任务的传感器（卫星）节点，再上一层次是地面站节点，在传感器节点和地面站节点之间有可能需要中继星系统（TDRSS）的参与，顶层则是信息处理中心节点（图 8-6）。显然，目标、传感器、地面站均为分布式节点，根据卫星载荷性质与军事用途的差异，信息处理中心可能也不止一个。

在侦察监视网遂行任务的过程中，一个目标可能被多个侦察节点分时段侦察到，每个传感器节点的侦察信息又有可能利用多条可以利用的路径回传至地

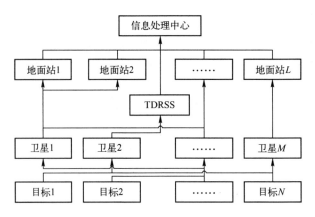

图 8-6　侦察监视网基本拓扑结构

面，只有信息处理中心与地面站之间的通信路径相对不变。此外，侦察监视网中的信息流向大部分情况下均是自底向上，即从目标流向信息处理中心，在某些情况下，信息处理中心需要操控传感器节点的运行状态，此时可能会出现经地面站或中继星到达卫星的信息链路。

8.2.3.1.2　特性指标选取

建立侦察监视网络的评估指标体系首先需要确立评估思路。评估思路应突出侦察监视网作为一个网络的特质，而不是聚焦于传感器节点载荷的水平能力。作为整体特性指标，应具备这样的性质：当节点能力或链路性能指标增强/衰减时，整体特性指标也随之增强/衰减，且整体指标的增强/衰减的变化率应当合理。根据这样的思路，以及近年来信息网络的发展趋势，可以判定未来的空间信息系统将通过建立面向服务的体系结构（SOA）来实现信息的集成与共享。因此，在开展侦察监视网评估指标的设计时，不妨将所有节点均视为服务提供者，可以认为每个节点与链路的存在都是为了促进信息的获取与增值，侦察监视网的整体能力着重考察侦察监视网作为一个整体的服务提供能力。

由于侦察监视网的整体服务能力与其产出的情报产品的质量息息相关，所以可以借鉴一些对信息质量评价的常用指标作为侦察监视网服务能力的测度，如信息的完整性、正确性、精确性、相关性、及时性等指标（图 8-7）。

8.2.3.2　预警探测网指标体系

8.2.3.2.1　组成及特点分析

空间信息系统的预警探测分系统主要由导弹预警卫星上的探测系统组成。预警探测系统是国家预警探测系统的重要组成部分，由建立在卫星等空间信息系统平台上的多种侦察监视和预警探测系统组成。它具有高视角、宽覆盖和能

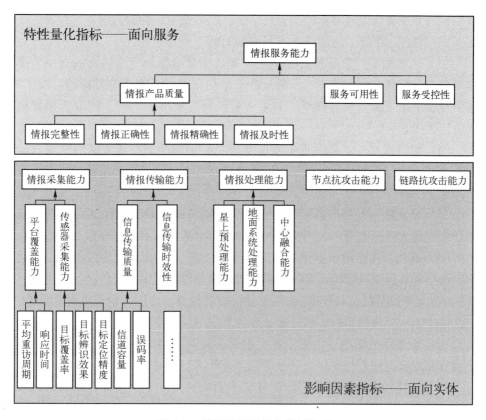

图 8-7　侦察监视网量化指标体系

够进行连续监视的优势，因而使其成为发现并侦测敌方战略武器及部分重要战役战术武器攻击的第一道警戒线，成为国家安全和军事行动的重要保障，成为国家防御和威慑力量不可或缺的组成部分。

美军预警探测信息系统主要有预警卫星和天基雷达系统，其中预警卫星包括国防支援计划（DSP）预警卫星、天基红外系统（SBIRS）和天基预警雷达。

8.2.3.2.2　特性指标选取

1. 预警系统的主要特性

预警系统具有相关卫星及雷达网络、指挥处理系统和通信系统的综合能力特性。根据其能力和组成，预警系统具备下列主要特性：

（1）探测方向和范围。根据来袭目标的方向和发出位置，并留有足够的拦截反击的准备时间，确定最远探测范围。针对不同目标（包括地面目标、水面目标、水下目标、空中目标和外空目标等），预警系统的探测范围也不同。

（2）预警时间。这一特性与探测方向和范围有关。预警时间可定义为从预警探测系统确认发现目标时刻到该目标飞临被保卫目标的时间差。预警时间要保证拦截反击准备、人防准备有足够的时间。

（3）预警概率。它是预警探测正确确认来袭目标为危险目标的概率。预警概率与漏警概率之和等于1。漏警概率是在真正有来袭危险目标的情况下，预警探测系统未能发现的概率。如果希望漏警概率小于0.01，则要求预警概率应该大于0.99。

（4）虚警概率。它是在没有来袭危险目标的情况下，预警探测系统却确认有来袭危险目标的概率。对于不同的来袭目标，对预警探测系统的虚警概率要求也不一样。

（5）最大探测与处理目标能力。它是指预警探测系统能探测到并进行相关处理的最大目标数目，包括探测与处理真目标数和探测与处理假目标数。

（6）真假目标正确识别概率（或置信水平），包括识别目标的属性，如国籍、类型和真假战斗部等，是反弹道导弹预警探测系统的重要特征。

（7）目标位置预测精度，一是测量目标的位置、速度、轨迹等运动参数；二是对运动有规律的目标，进行轨迹预测和发射及落点的预测等。

（8）态势评估能力。主要指数据的综合处理能力，一是对敌方部署的多个目标和对象进行态势评估，二是对敌方部署进行威胁评估。

（9）适应能力和生存能力。在软硬武器威胁条件下，预警探测系统完成规定功能的能力，包括可靠性与维修性等特性。

2. 基于信息的特性指标体系

由上述预警探测系统的特性分析可以看出，空间信息系统中预警探测系统的效能评估具有主动性、不确定性、不确知性、维数灾、发展中系统、分散化等难题。预警探测系统的作战同时发生在物理域、信息域、认知域，预警探测物理域是预警探测系统与地面、空中被探测目标进行交互的领域，也是各种信息传输的通信网存在的领域；预警探测信息域是预警探测系统探测目标、跟踪、识别和融合的作战领域，是生成、处理并共享信息的领域；预警探测认知域是预警探测指挥中心执行探测任务、目标威胁排序和探测任务分配等作战任务的作战领域。将预警探测系统纳入空间信息系统的整体框架中加以考虑，该预警探测能力主要是指利用预警探测装备获取空中目标信息，并通过指挥控制系统和通信系统向各用户提供及时、准确、连续的空中目标信息，形成为指挥决策和作战行动及时提供空情态势的能力。因此，基于信息的角度衡量预警探测系统的预警探测能力，其主要立足点应考虑预警信息的完整性、准确性和时效性，考虑到预警探测系统面临的复杂信息作战环境，考虑再增加系统的作战适用性。即用预警探测信息的完整性、预警探测信息的准确性、预警探测信息的时效性和系统的作战适用性来衡量预警探测系统的预警探测能力，建立预警探测系统的预警探测能力评估指标体系，如图8-8所示。

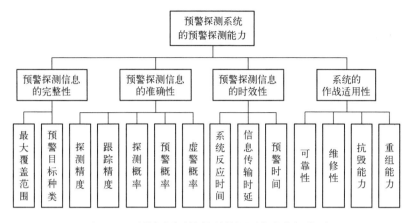

图8-8 预警探测系统的预警探测能力指标体系

图8-8中预警探测系统的预警探测能力用符号 E 表示，则该预警探测能力可以由预警探测信息的完整性、预警探测信息的准确性、预警探测信息的时效性和系统的作战适用性四种性能来构成，即有

$$E = \sum_{i=1}^{4} \omega_i \cdot E_i$$

式中：E_1 为预警探测信息的完整性性能；E_2 为预警探测信息的准确性性能；E_3 为预警探测信息的时效性性能；E_4 为预警探测系统的作战适用性能；ω_i 为性能 E_i 的权重，并有 $\sum_{i=1}^{4} \omega_i = 1$。

8.2.3.3 通信中继网指标体系

8.2.3.3.1 组成及特点分析

通信中继网是由宽带、窄带、受保护频带等多种类型的信息传输系统构成的专门用于信息传输的网络。美国通信中继网主要包括"国防卫星通信系统"（Defense Satellite Communications System，DSCS）、"舰队卫星通信"（Fleet Satellite Communications，FLTSATCOM）系统、"空军卫星通信"（Air Force Satellite Communications，AFSATCOM）系统、"军事星"（Military Strategic and Tactic Relay，MILSTAR）系统、"全球广播服务"（Global Broadcast Service，GBS）系统、"卫星数据系统"（Satellite Data System，SDS），"跟踪与数据中继卫星系统"（Tracking and Data Relay Satellite System，TDRSS）、"宽带填隙卫星系统"（WGS）、"先进极高频卫星系统"（AEHF）、"移动用户目标系统"（MUOS）、"先进极地系统"（APS）和"转型通信卫星系统"（TSAT）。其中，WGS、AE-

HF、MUOS、APS 和 TSAT 为美国实施转型军事通信卫星计划后发展的卫星通信系统，预计于 2020 年前后完成部署。这些卫星系统将广泛应用高数据率通信、宽带通信及跳频技术、星间链路和星上处理技术，达到现役系统的 10 ~ 100 倍以上，可满足陆、海、空三军战区作战的大数据量、高速通信的战术应用需求。

8.2.3.3.2　特性指标选取

通信中继网的本质是信息传输网络，其整体特性主要在信息域体现。但信息域表现出的整体特性是由通信中继网所采用的技术性能及其形成的系统能力聚合得到的。因此，可采用自底向上逐层聚合的思路确定通信中继网的整体特性指标，即将通信中继网按照技术 – 系统 – 信息分为三个层次，具体指标如图 8-9 所示。

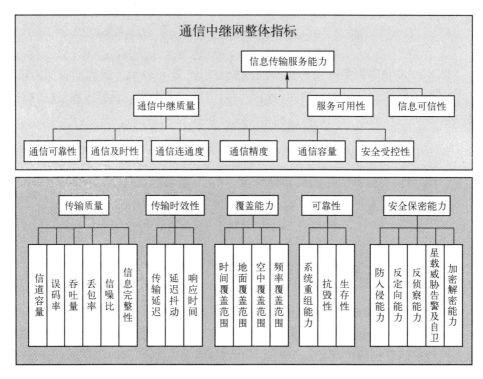

图 8-9　通信中继单网整体指标体系

8.2.3.4　导航定位网指标体系

8.2.3.4.1　组成及特点分析

导航定位网主要有美国的全球定位系统（GPS）、俄罗斯的 GLONASS 和欧盟的伽利略，本书以 GPS 为研究对象。GPS 是美国国防部控制的星基无线电定位和标准时间传送系统，能够在全球范围内全天候地为陆地、航海、航空和航天用户提供精确的三维位置、三维精度和时间信息。GPS 由三部分组成，包括空间星座部分、地面控制部分和用户设备部分。

最新的 GPS 卫星星座由 30 颗卫星构成，共分布在 6 个轨道面上。卫星轨道面的倾角约为 55°，相邻轨道的升交点赤经相差 60°，在相邻轨道面上，卫星的升交距相差 30°。轨道平均高度约为 20200km，轨道长半轴约为 26559.7km，偏心率约为 0.01，卫星轨道为回归轨道，运行周期为 11h58min（恒星时 12h）。

GPS 可以在全球范围、全天候、连续实时地为用户提供高精度的位置、速度和时间信息，因此与其他传统导航定位手段相比，具有从空间传感器到武器射手的应用优势，可缩短军事行动中观察、判断、决策和行动的反馈时间。与惯性导航方式相比，它没有累计误差，可广泛用于武器平台精确导航和制导；与红外、激光制导方式比，它具备全天候甚至零可见度条件下工作能力。在以上方面，GPS 应用都具有明显优势。从各种复杂的具体应用中，可以将 GPS 的军事应用价值归纳为以下几个方面的内容：

（1）精确定位、测速。GPS 可以广泛用于战机、舰艇、装甲车辆及特种作战部队等各种武器平台和系统的高精度定位和测速，有效提高作战部队快速反应和快速机动能力，有利于赢得战机。

（2）精确导航、制导。GPS 可以为各类动静态用户实时提供高精度的位置和时间信息，从而实现全天候精确导航和制导，广泛应用于各类机动武器平台精确导航、精确制导武器精确打击等，可有效提高导弹和炸弹打击精度和效果。

（3）精确授时、同步。GPS 在为用户提供统一空间基准的同时，也可以为其提供统一的时间基准。

8.2.3.4.2　特性指标选取

依据 GPS 具备全球性的服务性质，选择其特性指标主要为定位精度和授时精度。

定位精度（E_ρ）：指 GPS 能够为用户提供的最小数量级的三维位置信息，也就是提供的三维位置信息的精度。

授时精度（E_t）：指 GPS 能够为用户提供的最小数量级的时间信息，也就是提供的时间信息的精度。

GPS 的定位和授时精度（定位误差）主要由以下两种因素决定：用户等效测距误差（UERE）和几何精度因子（GDOP）。

用户等效测距误差（UERE）是影响伪距测量精度的各种误差源在距离域内的综合表征。其值是所有误差的均方根值的平方和的平方根值（RSS）。其各种误差源包括：卫星时钟误差、卫星星历误差、电波传播经电离层、对流层引起的误差、多径误差、接收机噪声误差等。

几何精度因子（GDOP）是用户相对于GPS卫星之间的几何关系对精度的影响的综合表征。

8.2.3.5 空间信息系统总体效能指标体系

在空间信息系统遂行任务的过程中，其效能评估的方式主要有作战效能和系统效能两种主要方式。然而，影响空间信息系统作战效能的因素很多，如果将所有因素全部罗列，显然不合理，评估结果也不可靠。在实施具体评估任务时，应该根据评估者的要求和需要，重点选择相关的指标。

1. 空间信息系统综合效能指标体系

空间信息系统的能力主要通过侦察监视、预警探测、通信中继和导航定位分类、分层体现出来。其中，侦察监视能力、预警探测能力、通信中继能力和导航定位能力的具体指标由相应的子系统的指标体系构成，则得到空间信息系统综合效能指标体系结构如图8-10所示。

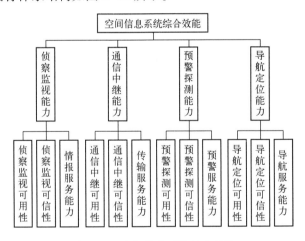

图 8-10 空间信息系统综合效能

2. 空间信息系统的作战效能指标体系

空间信息系统的作战效能指标，在物理属性上表现为信息获取、传输、处理、分发的整个信息流程中，按空间信息系统四个方面的主要用途，即侦察监视、预警探测、通信中继和导航定位等，而在任务支持属性上，就是作战任务集成层次上，体现为各种服务能力，即情报服务能力、指挥控制服务能力、火力打击服务能力、机动服务能力和防护服务能力。从体系作战能力的服务满足程度的角度，有图8-11所示的空间信息系统作战效能顶层指标体系结构。

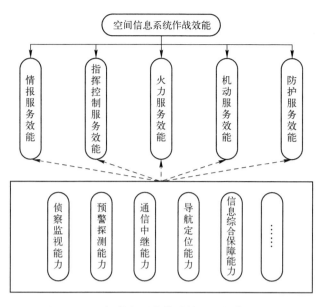

图 8-11 空间信息系统作战效能指标体系结构

8.3 空间信息系统指标体系量化

8.3.1 指标的分类

根据评估指标取值是否量化，空间信息系统评估指标可以分为定量指标和定性指标。定量指标是指那些通过实验仿真和数值计算获得定量数值的指标，如监视目标数、访问总次数和对重要目标监视的均匀性等；定性指标主要是指那些难以定量化的指标项，如复杂性、技术难度和保障难度等。根据查阅相关文献，目前常见的定量指标类型有效益型、成本型、固定型、区间型、偏离型和偏离型区间六类。

效益型指标是指标值越大越好的指标。空间信息系统评估指标体系中的大部分指标是效益型指标，如监视目标数和覆盖范围等。

成本型指标是指标值越小越好的指标。空间信息系统评估指标体系中的成本型指标主要有监视均匀性、平均重访间隔时间、定位精度和费用等。

固定型指标是指标值越接近某个固定值 a_j 越好的指标。

区间型指标是指标值越接近某个固定区间 $[q_1^j, q_2^j]$ 越好的指标。

偏离型指标是指标值越偏离某个固定值 b_j 越好的指标。

偏离区间型指标是指标值越偏离某个区间 $[b_1^j, b_2^j]$ 越好的指标。

8.3.2 定量指标的规范化方法

由于空间信息系统指标性质、单位及数值不同，因而需要将各个指标进行规范化处理，以便对各个指标进行统一评分。规范化数值的范围一般为 [0，1]，规范化方法可总结为三类，即：直线型规范化方法、折线型规范化方法和曲线型规范化方法。

直线型归一化方法的实质是假定指标评价值与实际值成线性关系，评价值为实际值与要求值之比，因而有指标值在不同区间内的等量变化对被评指标的影响是一样的，即指标值由 0.3 提升到 0.4 与指标值由 0.7 提升到 0.8 所提升的效果一样，这显然与许多指标的实际情况不符。为了解决这个问题，可以用折线或曲线来代替直线。

折线型规范化方法适用于呈阶段性变化的指标。构造折线型规范化方法的重点是找出指标阶段变化的转折点。从理论上来看，折线型规范化方法比直线型规范化方法更符合指标评价的实际情况，但应用的前提是评价者必须对被评指标有较为深刻的理解和认识，合理地确定出指标值的转折点及其评价值。

曲线型规范化方法适用于指标值变化的阶段性不明显，指标值对其能力的影响是渐变而不是突变的情况。总体来说，曲线型规范化方法对指标的规划化具有更强的适应性与应用价值，但找到合适的指标值评价曲线是规范化量化的关键。

图 8-12 为三种指标值规范化模型曲线图例。

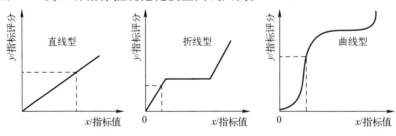

图 8-12　三种指标值规范化化方法

空间信息系统评估指标体系中的指标包括效益型指标和成本型指标两种，所以本节只研究这两种类型指标的规范化处理方法。

1. 效益型指标

目前常用的效益型指标的规范化方法主要有如下几种，分别是规范化效益型的极变差法、线性变换法和向量规范化法。

$$z_{ij} = \frac{y_{ij} - y_j^{\min}}{y_j^{\max} - y_j^{\min}}, i \in M, j \in T_1 \qquad (8-1)$$

$$z_{ij} = y_{ij}/y_j^{\max}, i \in M, j \in T_1 \qquad (8-2)$$

$$z_{ij} = y_{ij} \bigg/ \sqrt{\sum_{i=1}^{n} y_{ij}^2}, i \in M, j \in T_1 \qquad (8-3)$$

式（8 – 1）的优点是经其变换后各指标下的度量值在 0 ~ 1 之间变化，且各指标下最好结果的指标值 $z_{ij} = 1$，最坏结果的指标值 $z_{ij} = 0$；其缺点是变换前后的各指标值不成比例。

式（8 – 2）的优点是它们是线性的，且变换前后的指标值成比例；但对任一指标来说，变换后的 $z_{ij} = 1$ 和 $z_{ij} = 0$ 不一定同时出现。

式（8 – 3）的优点是把所有指标的属性值都化为无量纲的量，而且均处于区间（0，1），有利于指标间的比较；缺点是它是非线性变换，变换后各指标值不成比例。

2. 成本型指标

目前常用的成本型指标的规范化方法主要有如下几种：

$$z_{ij} = \frac{y_j^{max} - y_{ij}}{y_j^{max} - y_j^{min}}, i \in M, j \in T_2 \qquad (8-4)$$

$$z_{ij} = y_j^{min} / y_{ij}, i \in M, j \in T_2 \qquad (8-5)$$

$$z_{ij} = 1 - y_{ij} / y_j^{max}, i \in M, j \in T_2 \qquad (8-6)$$

式中：y_j^{min}，y_j^{max} 为第 j 个指标的最小值和最大值；T_1 为效益型指标；T_2 为成本型指标；$M = (1, 2, \cdots, n)$ 为方案集的下标构成的集合。

8.3.3 定性评估指标的量化和归一化

空间信息系统评估指标中有大量的定性指标，如信息可用性、服务保障能力和可靠性，都需要量化后才能进行分析和综合评估。所谓量化，就是将研究客体的有关指标用量的形式表现出来。量可用数值的形式表示，也可用逻辑结构来描述。

最简单的定性评估结果是"是"或"否"，最常见的定性指标结果表示方式通常是一个有序的名称集，如"很差、较差、一般、较好、很好"。对于定性评估指标的最简单的定性评估结果，即评估结果为"是"或"否"的情况，量化和归一化可采用直截了当法，即"是"指定为"1"，"否"指定为"0"。当定性评估指标采用"很差、较差、一般、较好、很好"的方式描述时，可根据它们的次序粗略地分别分配一个整数来实现结果的量化，如使用"1、2、3、4、5"与之对应。这些量化后的结果"1、2、3、4、5"可分别采用"0.1、0.3、0.5、0.7、0.9"或用"$a、b、c、d、e$"作为它们的归一化值，其中 $0 \leq a < 0.2$，$0.2 \leq b < 0.4$，$0.4 \leq c < 0.6$，$0.6 \leq d < 0.8$，$0.8 \leq a \leq 1.0$。$a、b、c、d、e$ 具体取什么样的值应视评估指标的取值结果而定。

在对每个方案的指标值进行定性比较时，每个方案在同一个指标下的值应该比较接近，否则定性、定量分析比较没有意义。心理学家研究发现，当被比较的指标值比较接近时，通常人们用相当、较好/差、好/差、很好/差、最好/差共9个定性等级来表达。在某个指标上对若干对象进行辨别时，普通人能够正常区别指标等级在5~9级间。所以定性量化等级一般取5~9级。

空间信息系统评估指标体系中的定性指标采用量化值在0.1~0.9之间9个等间隔数值，分别表示最低、很低、低、较低、一般、较高、高、很高和最高9个主观评价，除去0和1两个极值，在一定程度上限制了人的主观因素的极端判断，增强数据的合理性，所以采取表8-1来量化定性指标。

表8-1 定性等级量化表

量化值 等级数	0.9	0.8	0.7	0.6	0.5	0.4	0.3	0.2	0.1
9	最高	很高	高	较高	一般	较低	低	很低	最低
7	最高	很高	高		一般		低	很低	最低
5	最高		高		一般		低		最低

8.4 空间信息系统效能评估方法研究

在空间信息系统进行效能评估的过程中，如何选取合适的方法是值得关注的核心问题。特别针对于空间信息系统的复杂性、系统与系统之间的相关因素重合性等，效能评估方法的选取至关重要。本节对适合于空间信息系统的评估方法进行详细的阐述。

8.4.1 空间信息系统效能评估方法研究

对于评估方法的划分，不同的研究者从不同的方向出发，划分的结果也不尽相同，目前几种主要划分为：

（1）根据不同的标准，可将系统效能评估方法分为：

① 按评估对象，可分为单方评估和对比评估；

② 按评估内容，可分为单项指标效能评估和综合效能评估；

③ 按评估手段，可分为解析法、统计法和仿真法。

（2）按照评估方法的性质，将效能的评估方法分为3类：

① 主观评估法，主要有直觉法、专家调查法、delphi法、层次分析法；

② 客观评估法，主要有熵权法、加权分析法、理想点法、主成分分析法、

因子分析法和回归分析法。

（3）定性与定量相结合的方法。主要有模糊综合评估法、灰色关联分析法、聚类分析法、物元分析法和人工神经网络法。

下面对几种常用的评估方法优缺点进行分析比较：层次分析法，ADC法，SEA法，Delphi法，模糊综合评估法，指数法和探索性建模与分析法；并着重对探索性分析评估法、基于多属性决策评估法以及作战仿真法进行阐述。上述几种方法的优缺点如表8-2所述。

表8-2　评估方法的优缺点

方法＼特点	优点	缺点	适用范围
层次分析法	1. 反映了递阶层次机构的思维方式，理论性强、层次性好、形式简明； 2. 体现人的经验，采用定性和定量分析相结合的方法	1. 对系统效能只能进行静态评估； 2. 采取打分或调查的办法确定权重，具有一定的主观性； 3. 指标合成仅考虑到线性加权情况	该评估方法应用面广，对于结构较为复杂、决策准则较多且不易量化的决策问题可使用，该法需要建立全面且有层次化的指标体系，属于静态效能评估的范畴。 在武器系统评估中，较为适合应用于复杂系统的固有效能的评估，特别是多指标评估决策中指标权重的确定，大都是采用AHP及其改进方法
ADC法	1. 充分考虑了系统可靠性问题； 2. 在函数参数确定情况下可对系统效能做出精确评估，强调装备的整体性，便于计算	1. 能力向量不容易得出； 2. 系统状态多时矩阵庞大，处理复杂	当系统较简单，可能够建立系统可用性、可信度和固有能力向量（或者矩阵）的情况下，可准确计算出系统效能；但当系统状态较多时，A、D、C三个参数的确定较困难； 该评估算法实际是用于评估系统单项效能的，系统效能的评估还需要最终的运算，因此若将其用于复杂大系统评估时，需与其他评估方法配合使用
SEA法	1. SEA方法考虑了系统能力与使命的匹配程度； 2. 考虑到了需求的多样性，分析与需求结合紧密； 3. 充分考虑指标值的不确定性	1. 使命轨迹的生成困难，一般都基于解析模型； 2. 对多种使命需求的情况处理过于简单； 3. 模型的准确度不高	SEA法较为适合对具有使命任务的武器系统效能评估
Delphi法	1. 非常适合定性指标的评估； 2. 充分利用专家的主观经验判断	专家模糊、不确定观点的表达、运算，专家观点的一致收敛问题	Delphi法非常适合定性指标的评估，在评价难以用定量计算时采用比较有效，适用于评价过程中的指标确定、指标权重确定和模型可信度检验

方法＼特点	优点	缺点	适用范围
模糊综合评估法	1. 较好地解决了系统效能评估存在不确定性； 2. 既是对被评估系统的定量评估又是定性评估； 3. 对多因素、多层次的复杂问题评判效果比较好	1. 权重矩阵是人为给定的，具有主观性； 2. 隶属度函数对评估结果影响大	评估的指标不多，专家对指标的评价等级基本一致；可在指标量化阶段使用； 由于该方法与AHP的固有联系，其适用范围与AHP法基本相同，较为适合大系统的多属性决策分析
指数法	1. 结构简单、使用方便； 2. 效能建立在武器系统自身的战术技术性能指标的基础上，避开了大量不确定因素的影响	1. 缺乏深刻的理论基础； 2. 基于同一概念的模型算出的不同对象的效能指数难以比较	指数法通常用于结构简单的宏观模型，适应于宏观分析和快速评估，如在军事上，适用于单一武器装备、人员的战斗效能分析
探索性建模与分析法	1. 针对问题的不确定性； 2. 分析的灵活性； 3. 从点情景到情景空间的探索（系统地来探索各种可能的结局）； 4. 生成所有案例空间的结果	1. 建模人员要对问题有深入的理解； 2. 建模要求高度的艺术性； 3. 主要解决宏观的问题； 4. 运行次数随变量数的增长而急剧增长，要求计算资源巨大	应用广泛，主要有求解近似最优解、不确定因素的重要性排序和面向复杂系统效能度量的综合性探索分析； 探索性分析法能有效地应对系统的不确定性的复杂度，在无法洞察系统效能高低原因，也无法在不确定条件下对系统效能评估结论的合理性和典型性进行评价时，适合使用探索性分析方法

8.4.1.1　探索性评估法

1. 探索性分析方法的基本思想

探索性分析（Exploratory Analysis，EA）是美国兰德（RAND）公司在20世纪90年代研究国防规划和装备体系论证问题时提出的一种用于面向高层次系统规划与论证的不确定性分析方法，用于对各种不确定性因素所对应的结果进行整体研究。探索性分析的目的，一是全面理解不确定性因素对问题的影响，二是探索能够完成相应任务所需的系统能力和策略，从而全面考察大量不确定性条件下各种方案的不同结果，达到能力规划和方案寻优的目的。从兰德公司的 RSAS 系统开始，探索性分析方法在"恐怖的海峡""网络中心战"等战略评估和概念演示中得到了广泛的应用。

2. 基于仿真的探索性分析方法

在基于仿真的探索性评估方法论中，涉及"三层"探索、"两层"处理。"三层"探索包括技术层与战术层探索、战役层探索、战略层探索；"两层"处理是对底层探索的结论进行软化处理，支持下一层探索，它将不同层次的探索连接起来。具体步骤如图 8-13 所示。

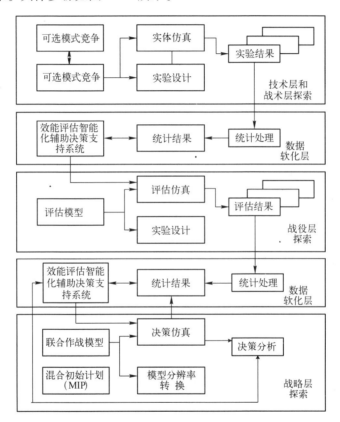

图 8-13　基于仿真的武器装备体系效能探索性评估方法

在技术层与战术层探索中，探索的对象是实体模型，这些实体模型描述的是系统内在的工作原理与行为逻辑，探索的方法通过实验设计规定，探索的过程就是进行实体仿真的过程，探索的结果形成实验结果。

在战役层探索中，探索的对象是评估模型，评估模型描述的是由评估想定所涉及的所有系统构成的体系能力特性与指标特性，探索的方法通过实验设计规定，探索的过程就是进行评估仿真的过程。

293

在战略层探索中，探索的对象是联合作战模型，该模型描述的是各级指挥官的决策模型、重要相关性的系统处理方法和各军兵种作战体系的宏观作战任务、作战能力和协同的条件等。探索的过程就是进行决策仿真的过程，探索的结果形成相关的决策分析建议。

数据软化层是连接三层探索之间的纽带。数据软化层对该探索层经过统计处理的数据，输入效能评估智能化辅助决策支持系统。该系统使输入参数的数据带有弹性或者是定性描述，本身具有"诱发"作用，输入后可以"诱发"数据库存储信息，由信息库管理系统进行仿真性补偿，使不完全数据尽可能完全，使不精确数据尽可能精确。经过该系统逼近拟合、数据挖掘、知识发现等处理过程，系统的输出主要指人机对话输出，输出的是一组供决策者参考或协商的数据，决策者根据经验和实时情况判断，进行满意性选择，也可让计算机按要求再作计算。

仿真在探索性评估中的作用体现在两个方面：①评估数据源的数据生成方面；②在对仿真模型高分辨率行为的展现方面。基于解析的方法可以有比较高的评估效率，但是由于难以描述评估对象与评估环境之间复杂的关联，从而评估质量不高；纯仿真的方法虽然有较高的评估质量，但是难以达到较高的评估效率与覆盖范围；基于仿真的探索性评估可以很好地将评估的质量与评估的效率达到比较完美的结合，并且通过数据软化层将"三层"探索结合起来，即通过逼近技术、数据挖掘和知识发现将仿真与解析两者的优势综合起来，可较好地解决不确定条件下综合评估问题。

3. 基于计算实验的探索性分析方法

基于计算实验的探索性分析方法解决问题的一般过程涉及明确需求、不确定性因子分析、确定关键因子、实验设计、实体建模、仿真试验、数据分析和反馈调整等步骤，其总体架构如图 8-14 所示。

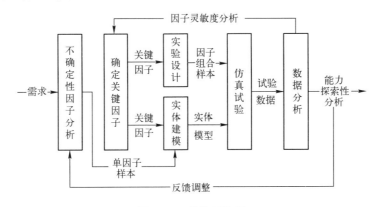

图 8-14　总体架构图

（1）明确需求。包括从多角度多方面获取系统的相关知识，明确探索性分析的目标，即明确实验需求。

（2）不确定性因子分析。探索性分析的本质是处理不确定性，从问题分析开始就考虑问题中的不确定性，视不确定性为研究问题的本质。在不确定性因子分析中，不确定性被明确标识出来，并且由专家对其进行风险评估，从定性的角度给出因子的重要性排序。

（3）确定关键因子。通过单因子样本实验进行因子灵敏度分析，从定量的角度给出不确定性因子的重要性排序。

（4）实验设计。从整体上规划实验的方案，借助实验设计方法，生成因子组合样本。

（5）实体建模。采用基于能力的建模与仿真方法建立支持实验运行的实体模型。实体模型由能力、行为和环境三个模型组装而成，适合对难以分解为子系统的系统进行建模。

（6）仿真实验。按照实验方案所确定的单因子样本或因子组合样本驱动仿真系统的运行。

（7）数据分析。对仿真试验产生的过程数据或结果数据，使用多元数据分析、数据开采、数据挖掘等数据分析方法进行分析，最终得出分析结论。

（8）反馈调整。由于复杂信息支持系统涉及大量的不确定性因子，对其能力的分析不可能是一蹴而就的，可能需要根据分析的结果对需求或不确定性因子进行调整，抛弃一些不重要的变量，加入一些其他变量，或者改变某些变量的变化范围，通过反复多次的仿真实验不断调整和修正设计方案，全面分析信息支持系统的能力变化对作战效能的影响。

4. 探索性分析方法的特点和使用范围

（1）从方法论来看，EA 与传统的基于模型的分析方法主要的区别是它全面分析了在问题解空间中的可行解、优化解和最优解，而后者只在解空间中寻找一个最优解。在解空间中，有的解可能依赖于特定输入，有的解对参数变化有较强的适应性，有的解以较小的效能损失来节省大量计算资源。EA 重在找到用户更需要的、对参数变化有更高适应性及费效比的优化解而不一定是最优解。

（2）从研究的问题来看，EA 主要研究输入参数的不确定性问题。这是由于对模型输入参数的认识不够正确，参数是随机变量，参数值难以估计或难以获取所造成的。它也可研究由于对现实系统认识不够正确所产生的模型结构不确定性的问题。它将模型结构的不确定性转化为输入参数的不确定性来研究，借以改进模型结构。特别是它还可研究想定条件、决策变量、效能指标等各种变量之间的相互关系，增强了分析解决问题的能力。

（3）EA 是在灵敏度分析基础上发展起来的新方法。传统的分析方法为了避免对参数错误估值而导致的分析错误，常常进行灵敏度分析。但是，在这种仅围绕最优解做一些输入参数的边界敏感性分析中，经常出现某些参数的微小变化导致解的较大变化、不稳定及无规律等现象。用户可能怀疑模型或数据有错误，降低对分析结果的可信度，甚至可能提出修改模型和参数的要求。EA可弥补上述不足，它不一定追求最优解，重在找到对参数变化更具适应性、对用户更可信的优化解。特别应指出的是，它可进行与灵敏度分析相反的分析，即分析特定效能指标对于输入变量的影响。

（4）EA 是在大量数学模型和仿真系统综合应用需求支持下发展起来的。它可帮助选择较少的输入方案以减少仿真系统的工作量，扩展其功能。

探索性分析方法的适应范围：探索性分析法能有效地应对系统的不确定性的复杂度，在无法洞察系统效能高低原因，也无法在不确定条件下对系统效能评估结论的合理性和典型性进行评价时，适合使用探索性分析方法。

8.4.1.2 基于多属性决策的效能评估方法

多属性决策（Multiple Attribute Decision Making，MADM）理论主要解决具有多个属性（指标）有限方案的排序问题。20 世纪 90 年代以来，MADM 问题日益引起人们的重视，目前多属性决策方法已经广泛应用于社会、经济、管理、军事等各个领域。在多属性（指标）方案评估选择中，如果重点考虑某一相关因素（某一指标），可以初步选择指标值相对较好的方案，如果关注点较为分散（不是特定某一目标），在最终评估、选择方案时需要综合考虑各个因素，选择一个使各个目标都较优的综合性的方案。一种基于理想点的 TOP-SIS（Technique for Order Performance by Similarity to Ideal Solution）方法可用来处理这种情况下的多目标最终方案选择的决策问题。基于理想点的决策方法的决策规则是选取一组最接近理想方案（或最远离负理想方案）的可行方案作为最终决策，容易理解，便于实施和调整。TOPSIS 通过综合与理想解的接近度和与负理想解的远离度提出了接近度的指标。基本思路是定义多目标决策问题的理想和负理想点，然后在可行方案集中找到一个方案，使其既靠理想点的距离最近，又离负理想点的距离最远。TOPSIS 方法的基本步骤如下：

（1）设多目标问题的决策矩阵为 A，由 A 构建规范化的决策矩阵 Z'，其元素为 Z'_{ij}：

$$Z'_{ij} = \frac{f_{ij}}{\sqrt{\sum\limits_{i=1}^{n} f_{ij}^2}} \qquad (8-7)$$

式中：$i=1,2,\cdots,n$，$j=1,2,\cdots,m$；n 为方案数目；m 为决策目标数目；f_{ij} 由矩阵 $\boldsymbol{A}$ 给出。

$$\boldsymbol{A} = \begin{bmatrix} f_{11} & f_{12} & \cdots & f_{1m} \\ f_{21} & f_{22} & \cdots & f_{2m} \\ \cdots & \cdots & \ddots & \cdots \\ f_{n1} & f_{n2} & \cdots & f_{nm} \end{bmatrix} \qquad (8-8)$$

（2）构造规范化的加权决策矩阵 $\boldsymbol{Z}$，其元素为 Z_{ij}：

$$Z_{ij} = \omega_j Z'_{ij} \qquad (8-9)$$

式中：$i=1,2,\cdots,n$，$j=1,2,\cdots,m$；ω_j 为第 j 个目标的权重值。

（3）确定理想点和负理想点。设 J 代表效益型目标的子集，J' 代表成本型目标子集，则理想点 Z^+ 和负理想点 Z^- 分别为

$$Z^+ = \{(\max_i Z_{ij} \mid j \in J),(\min_i Z_{ij} \mid j \in J')\} = \{Z_1^+, Z_2^+, \cdots, Z_m^+\} \quad (8-10)$$

$$Z^- = \{(\min_i Z_{ij} \mid j \in J),(\max_i Z_{ij} \mid j \in J')\} = \{Z_1^-, Z_2^-, \cdots, Z_m^-\} \quad (8-11)$$

（4）计算每个方案到理想点的距离 S_i^+ 和到负理想点的距离 S_i^-：

$$S_i^+ = \sqrt{\sum_{j=1}^{m} (Z_{ij} - Z^+)^2} \qquad (8-12)$$

$$S_i^- = \sqrt{\sum_{j=1}^{m} (Z_{ij} - Z^-)^2} \qquad (8-13)$$

（5）计算每个方案接近理想点的相对接近度 C_i^*：

$$C_i^* = \frac{S_i^-}{S_i^+ + S_i^-} \qquad (8-14)$$

（6）按照每个方案的相对接近度 C_i^* 的大小降序排序，取排在前面的方案。

8.4.1.3　作战仿真法

作战模拟特别是现代计算机作战模拟，在军事领域有着极为广泛的应用。在作战效能评估方面，作战模拟具有独特的重要作用。作战效能只有在对抗条件下，以具体作战环境和一定兵力编成为背景才能有效评价。计算机作战模拟通过对作战的具体过程进行仿真实验，可以深入地考察不同作战对象、作战环境、作战任务的不同组合对作战效能的影响，因而是除实战以外评估作战效能

的最有效和最基本的手段。

1. 作战模拟方法概述

应用于军事领域以研究作战为目的的模型称为作战模型。作战模型是作战过程的抽象，是作战过程的一种类比表示。

作战模拟是作战模型的实验过程，即通过运行作战模型对作战对抗过程进行实验，以研究和揭示军事活动规律的过程。具体来说，作战模拟包括对军事对抗局势的推演、对作战过程的预测或再现、对作战过程中武器使用效果和参战人员行为的仿真以及事后的统计分析。这种推演、预测、再现和仿真，往往在人的参与下，借助各种手段（如图表、沙盘、实际操作、仿真装备、传感设备、计算机和通信设备等）通过建立并运行作战模型实现。

随着军事运筹学、计算机和网络技术的发展，作战模拟的内涵得到了很大的扩展。除了包含早期的作战模拟外，还包括计算机仿真、对抗模拟以及分布交互式作战模拟等。其应用范围，也从对作战结果的预测和判定、作战过程的推演与评价扩展到了从一个军事行为的策划到它实施的终了，从一种军事系统初始概念的讨论到这种系统的退役的全过程。

2. 作战模拟评估方法的一般过程

评估作战效能是作战模拟的典型应用之一，其一般过程包括：模拟准备、模拟实施和模拟结果分析三个阶段。

1）模拟准备

模拟评估准备阶段主要有以下四项工作：确定作战效能指标、拟制作战想定与规则、选择（构建）模拟评估模型（系统）以及准备模拟评估数据。

（1）确定作战效能指标。装备作战效能的模拟评估是通过对装备作战效能指标的评估和计算来实现的。因此在进行评估准备时首先要确立评估指标，然后围绕效能指标拟制作战想定、选择（构建）评估系统、实施评估和进行模拟结果分析。

确定作战效能指标是一个明确评估过程所要解决的问题并将其转化为效能指标的过程，需要在综合考虑效能评估的目的和任务、装备使命任务、具体作战使用条件等因素的基础上，由运筹人员和战术专家共同完成。

（2）拟制作战想定与规则。作战想定是选择或设计模拟评估系统、建立作战模型的基本文书和基本依据，是作战模拟不可缺少的重要组成部分。

模拟评估作战想定必须紧紧围绕作战效能评估的目的，根据作战使命任务、作战使用原则以及作战环境和作战对手的实际可能情况来拟制。

规则是对模拟的作战行动的符合实战条件的限制和约束，是作战条令和军事常识在作战模拟中的具体体现。作战规则为作战模拟进程提供了情况处置和战斗裁决的机制，正确和详尽的作战规则是作战模拟得以运行的必要条件，也是模拟逼真性和可信度的保证。在计算机作战模拟中，作战规则以数据库或计算机程序逻辑的形式存储。

（3）构建作战模拟评估系统。作战模拟评估系统是一个以计算机为中心的仿真作战环境，它是作战想定所设计的作战过程物理模型的实现。构建模拟评估系统是模拟评估准备阶段的核心内容，也是整个装备作战效能模拟评估的重中之重。模拟评估系统的设计必须在军事运筹人员和计算机技术人员的密切协同下才能完成，军事运筹人员根据作战想定的要求建立模拟评估数学模型，计算机技术人员根据模拟评估的要求完成系统硬件配置方案的设计，并根据模拟评估数学模型编制模拟评估软件。模拟评估系统设计的内容主要包括模拟评估系统总体设计、模拟评估数学模型设计、模拟评估软件设计与调试和模拟评估模型检验。

① 系统总体设计。指系统结构方案的设计，包括硬件方案和软件方案。

硬件方案包括硬件的选型及其配置方案。硬件主要包括计算机、图形显示设备、网络设备、辅助输入/输出设备（绘图仪、扫描仪、打印机等）和实际装备（或仿真设备）等。硬件方案的表现形式是硬件结构配置图，指明硬件的连接和通信方式。

软件方案包括系统软件方案和应用软件方案。系统软件包括网络软件、操作系统软件、程序设计语言、汉字系统软件、数据库软件和多媒体软件等。应用软件包括人机交互界面软件和作战模型软件，作战模型软件是模拟评估系统的核心，包括作战过程控制模块、作战决策系统和作战过程描述模块等；人机交互界面软件包括输入/输出软件、图形显示软件、人工干预软件和系统管理软件等。软件方案的表现形式是软件结构功能图，指明各模块的基本功能、输入/输出信息、调用和控制关系。

② 数学模型设计。模拟评估数学模型是依据装备效能评估目标所确定的作战想定描述的作战过程物理模型设计的，是在作战想定的基础上，对装备作战应用过程中有关具体问题采用数学公式、逻辑表达式等数学语言进行的抽象描述。

③ 软件设计与调试。软件设计的任务是完成系统的整个软件编制工作，是把模型算法表达成可以在计算机上运行的、用一定程序设计语言编写的程序。软件设计包括系统软件设计和应用软件设计。软件设计的基础工作是数据结构的设计，即确定数据的表示方式、组织形式、数据文件类型、数据管理方法和通信传输方式等。在数据结构设计的基础上，系统软件设计和应用软件设计可以同步进行。软件设计完成后需进行调试，通过调试排除语法及逻辑错

误，并及时发现和弥补模型算法的缺陷。

模拟评估软件设计的基本步骤包括软件总体方案设计、软件流程设计、数据结构设计、功能模块设计、人机界面设计、系统联调、模拟计算检验等阶段，如图8-15所示。

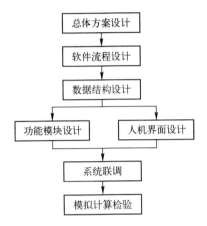

图8-15　作战模拟软件设计的基本步骤

（4）准备模拟评估数据。模拟评估的数据准备是收集、整理和输入模拟过程所需的双方武器装备性能参数、战场态势参数、作战环境参数的过程。一般情况下武器装备性能参数和战场参数均应采用实测数据或试验数据，不宜采用设计数据或理论数据。当无实测数据或试验数据时，应在参考设计数据或理论数据的基础上，对有关参数进行经验估计，以提高数据的正确性。模拟评估数据一般预先装入系统或数据库，模拟实施时由系统实时调用。

2）模拟评估实施

装备作战效能模拟评估属于研究型闭环模拟，与训练型模拟评估不同，模拟过程一般无需进行人机交互和双方对抗，在输入模拟评估所需数据后即进入闭环自动模拟计算状态，模拟过程对任何外界操作均处于"截止"状态，因此，装备作战效能模拟评估实施过程实际上就是模拟评估模型的运行并计算出效能指标值的过程。

3）结果分析

模拟评估结束后，必须对模拟结果进行分析，以发现存在的问题，对模型和模拟过程做出调整和改进，进而为装备的研制发展和作战使用提供针对性的意见和建议。

作战效能模拟评估的结果往往是大量的以各种曲线、图表和表格为表现形式的计算数据，同时在评估过程中也产生大量中间数据，因而结果分析必须以数据为对象，以数据分析为手段来进行。在数据分析方面目前已有专门的分析技术和计算机软件，限于篇幅，这里不展开阐述。

作战效能模拟评估的结果分析一般包括可信度分析、精度分析、灵敏度分析。

（1）可信度分析。模拟评估结果的可信度就是装备作战效能模拟评估结果与真实作战结果的符合程度，可以从模拟评估数据的正确性和模型的正确性加以分析。

（2）精度分析。模拟评估结果的精度分析实际上是对评估模型精度的分析。建立模拟评估模型时必须对实际作战过程做出一定的简化和抽象，这些简化和抽象的程度就反映到模型的精度上。精度分析可以研究这些简化对模拟结果的影响程度。此外，各种模型之间存在的精度匹配问题也必须通过精度分析加以解决。

（3）灵敏度分析。装备作战效能评估的灵敏度分析就是对影响装备作战效能评估结果的各种因素的敏感程度进行分析。对影响装备作战效能评估结果灵敏度比较高的因素，要作为重点考虑，与这些因素有关的试验数据的正确性和模型的精度要做出适当的修正和补充，从而更好地保证评估结果能够科学合理地反映装备作战效能。

8.4.2　空间信息系统效能评估指标权重模型

所谓指标权重系数，就是指标重要程度的度量。对空间信息系统效能评估而言，指标权重即是指各评估指标对总体效能的贡献程度。在空间信息系统效能评估过程中，各个指标对系统效能的总体贡献是不尽相同的，有些指标的贡献大一些，有些相对要小一些。因此，为了使评估结果尽量合理、可信，满足使命任务背景条件，就有必要研究各个评估指标权重的确定方法。总体上讲，指标权重的确定方法可以分为三大类：主观赋权法、客观赋权法以及组合赋权法。

8.4.2.1　主观赋权法

主观赋权法主要依靠专家或评估者的知识和经验来确定指标的权重。显然专家的判断是建立在其长期积累的知识和经验的基础之上的，并不是随意给定的。常用的主观赋权法有 Delphi 法、区间数特征向量法以及群决策方法等。这里以区间数特征向量法为例来具体介绍主观赋权法。

一个线性变换（用矩阵乘法表示）可表示为它所有的特征向量的一个线性组合，其中的线性系数就是每一个特征向量对应的特征值。从这里可以看出，一个变换（矩阵）可由它的所有特征向量完全表示，而每一个向量所对应的特征值，就代表了矩阵在这一向量上的贡献率。矩阵对最大特征值所对应的特征向量贡献最大，也就意味着此向量最能代表该矩阵所包含的信息。特征向量法就是利用判断矩阵最大特征值对应的特征向量来表征专家对不同指标的重视程度，而区间数特征向量法是特征向量法在区间数上的扩展。

在决策过程中常会产生不确定性信息（判断），它们大体可分为两种：①专家的判断是明确的，但由于定性转为定量表示的复杂性使得判断的表示产生不确定性；②不确定判断的产生是由于信息不完备或面临的问题比较复杂造成专家无法给出一个明确的判断，此时专家更愿意给出一个区间范围而不是一个数值点来表示这种判断，也就是在其掌握的信息范围内明确给出最保守和最乐观的判断值，它们分别对应判断区间的左右边界。区间数判断矩阵是基于实际问题的复杂性、不确定性和人们主观判断的模糊性，使用不确定性的区间数来代替确定性数值，来描述属性的相对重要程度，能够较好地表达评估对象的不确定性信息。

区间数判断矩阵有其科学合理的方面，但也存在着不足之处，用区间数判断矩阵求取的指标权值也是一个区间数，通过区间数对系统进行综合评价时得到的结果还是一个区间数，不同的方案求出的结果都是区间数，不可避免地区间数之间存在相互交叉，导致给多个方案进行评价时就无法给出直观的判别。通过引入决策者的风险态度因子，将区间数决策信息映射为点值决策信息，这样可将原问题转化为传统的多指标决策问题。利用区间数特征向量法求取指标权重的基本步骤如下：

1. 构造指标两两比较区间数判断矩阵。

区间数：令 $a = [a^L, a^U] = \{x \mid a^L \leqslant x \leqslant a^U\}$ 表示实数轴上的一个闭区间，则 a 为一个区间数。而区间数判断矩阵就是在对指标两两比较时用区间范围代替一个数值点来表达专家的主观判断，形成区间数判断矩阵设 $A = (a_{ij})_{n \times n}$，即 $a_{ij} = [a_{ij}^L, a_{ij}^U]$。记 $A^L = (a_{ij}^L)_{n \times n}$，$A^U = (a_{ij}^U)_{n \times n}$，并记 $A = [A^L, A^U]$。

判断矩阵获取方法：将同属于一级的指标以上一级的指标（目标）A 为判断准则，进行两两比较并根据评估尺度确定其相对重要度来建立判断矩阵。指标间的相对重要度通常无法直接定量，而是反映决策者定性的主观偏好。指标 i 和指标 j 两两比较的方法是：对于上级指标（目标）A，指标 i 和 j 哪一个更重要，重要的程度如何，Satty 提出采用 1~9 比例标度对重要性程度赋值，表 8-3 列出了 1~9 标度的含义。

表8-3 定性标度1~9的含义

标度 x_{ij}	含　义
1	表示元素（指标）i 与 j 相比，两者具有同样重要性
3	表示元素 i 与 j 相比，元素 i 比 j 稍微重要
5	表示元素 i 与 j 相比，元素 i 比 j 明显重要
7	表示元素 i 与 j 相比，元素 i 比 j 强烈重要
9	表示元素 i 与 j 相比，元素 i 比 j 极端重要
2, 4, 6, 8	表示上述相邻判断的中间值
相应倒数	若元素 i 与 j 比较得 x_{ij}，则元素 j 与元素 i 比较得 $1/x_{ij}$

n 个元素的比较判断矩阵只需做 $n(n-1)/2$ 次两两比较判断即可，最后得到的比较判断矩阵为：$\boldsymbol{A} = (a_{ij})_{n \times n}$。$x_{ij}$ 的取值为 $1 \sim 9$、$1/9 \sim 1$，且具有以下性质：$x_{ij} = 1/x_{ji}$，$x_{ii} = 1$。

2. 计算区间判断矩阵的指标权重向量。

（1）利用特征向量法分别求 $\boldsymbol{A}^L$、$\boldsymbol{A}^U$ 的最大特征值所对应的具有正分量的归一化特征向量 $\boldsymbol{x}^L$、$\boldsymbol{x}^U$。选取矩阵最大特征值对应的特征向量，最大限度地保存了矩阵代表的消息，n 个指标组成的 n 维判断矩阵中，数据代表了专家对相应指标与其他指标相比较后的重视情况，而矩阵最大特征向量就是用来表征专家对 n 个指标重视程度的度量值，这样同时可以大大降低矩阵需要存储的维度。

（2）由 $\boldsymbol{A}^L = (a_{ij}^L)_{n \times n}$，$\boldsymbol{A}^U = (a_{ij}^U)_{n \times n}$，按式（1-13）计算 α 和 β；

$$\alpha = \sqrt{\sum_{j=1}^{n} \frac{1}{\sum\limits_{i=1}^{n} a_{ij}^U}}, \beta = \sqrt{\sum_{j=1}^{n} \frac{1}{\sum\limits_{i=1}^{n} a_{ij}^L}} \qquad (8-15)$$

（3）权重向量 $\overline{\boldsymbol{\omega}} = [\alpha \boldsymbol{x}^L, \beta \boldsymbol{x}^U]$。

（4）引入决策者的风险态度因子 $-0.5 \leqslant \varepsilon \leqslant 0.5$（决策者对指标权重区间向量的信任程度，即悲观与乐观程度），对得到的权重区间向量去模糊性，聚类到确定的数值：

$$\omega = \frac{x_L + x_U}{2} + \varepsilon \cdot (x_L - x_U), \; -0.5 \leqslant \varepsilon \leqslant 0.5 \qquad (8-16)$$

3. 进行指标区间权重满意一致性检验。

单一准则 C 下，专家按 $1 \sim 9$ 标度对 n 个指标的重要性进行两两比较，若专家能确定第 i 个指标与第 j 个指标比较的确定的重要性强度（记为 a_{ij}），则判断矩阵 $(a_{ij})_{n \times n}$ 记为 $\boldsymbol{A}$，为正互反矩阵，即 $\boldsymbol{A}$ 中的元素满足：对任意的 i，j，

$a_{ij} > 0$，$a_{ij} = 1/a_{ji}$。进一步地，若 $A = (a_{ij})$ 的元素满足：对任意的 i，j，k 有 a_{ij} $a_{jk} = a_{ik}$，则称矩阵为一致性数字判断矩阵，此时，一定存在一个正向量 $w = (w_1, w_2, \cdots, w_n)^T$ 满足：对任意的 i，j 有 $a_{ij} = w_i/w_j$，a_{ij} 是第 i 个指标与第 j 个指标比较的相对重要性的准确值。但在实际应用中，判断矩阵很难满足一致性，此时，用一致性矩阵 w_i/w_j 来拟合判断矩阵就需对判断矩阵进行一致性检验。

Satty 给出了判断矩阵 $A = (a_{ij})$ 的一致性指标 $\mathrm{CR} = \dfrac{\lambda_{\max} - n}{\mathrm{RI}}$，其中 RI 为平均随即一致性指标，$\lambda_{\max}$ 为矩阵的最大特征值，判断矩阵具有满意的一致性。对具有满意一致性的判断问题，用特征根方法导出的排序向量才能反映被比指标的重要性。

8.4.2.2　客观赋权法

客观赋权法主要是利用样本数据自身的特征信息来确定各指标的权重，因此这种权重确定方法通常需要有较多的评测样本。在空间信息系统中典型的客观赋权法是熵值法。

信息熵法确定空间信息系统评估指标权重的步骤如下：

（1）设 m 为空间信息系统方案个数，n 为评估指标个数。构造决策矩阵 $A = (a_{ij})_{m \times n}$，$a_{ij}$ 为第 i 个方案中的第 j 项指标的值，a_{ij} 的差异越大，该项指标对被评价方案的比较作用越大，即该项指标包含和传输的信息越多。

（2）效益型指标值利用式（8-1）~式（8-3）规范化，成本型指标利用式（8-4）~式（8-6）规范化，规范化为 $R = (r_{ij})_{m \times n}$。

（3）计算矩阵 R，得到列归一化矩阵 D，计算第 j 项指标下第 i 个被评价对象的特征比重：

$$d_{ij} = \frac{r_{ij}}{\sum\limits_{i=1}^{m} r_{ij}}, i = 1, 2, \cdots, m; j = 1, 2, \cdots, n \qquad (8-17)$$

（4）计算第 j 个指标输出的信息熵，意义为不同方案在某一指标下得分的差距。如果方案关于指标 j 的值差距越大，那么其熵值就越小，表明该指标能提供较多的决策信息及对方案具有较高的敏感性，应当给予较高的关注。

根据信息熵的定义，指标 j 输出的熵值为

$$E_j = -k \sum\limits_{i=1}^{m} d_{ij} \ln d_{ij}, j = 1, 2, \cdots, n \qquad (8-18)$$

根据熵的定义，当方案在指标 j 的值一样时，即 $d_{ij} = 1/n$ 时熵达到最大值为 1，求取系数 $k = 1/\ln n$，则指标 j 信息熵公式就变为

$$E_j = -\frac{1}{\ln n}\sum_{i=1}^{m} d_{ij}\ln d_{ij}, j = 1,2,\cdots,n \qquad (8-19)$$

并且规定当 $d_{ij} = 0$ 时，$d_{ij}\ln d_{ij} = 0$。

（5）在计算出所有指标各自的熵值后，$1 - E_j$ 代表第 j 个指标的差异性大小，计算指标权重向量 $\boldsymbol{\omega} = (\omega_1,\omega_2,\cdots,\omega_n)$，其中第 j 个指标熵权定义为

$$\omega_j = \frac{1 - E_j}{\sum_{j=1}^{n}(1 - E_k)}, j = 1,2,\cdots,n \qquad (8-20)$$

8.4.2.3　组合赋权法

在空间信息系统效能评估过程中，单独依靠一种方法得到的指标权重往往难以全面体现空间信息系统效能在各个方面的特征。一种可行的方法是综合利用多种不同方法得到的指标权重，产生一种考虑多方面因素的合成权重。

假设有 m 个评估指标 x_1，x_2，$\cdots$，x_m，ω_i^1 和 ω_i^2（$i = 1$，2，$\cdots$，m）分别是通过两种不同的指标权重确定方法得到的指标权重系数，则一种简单的合成指标权重系数的方法可以按照式（8-21）来定义：

$$\omega_i = \frac{\omega_i^1 \omega_i^2}{\sum_{j=1}^{m}\omega_j^1 \omega_j^2} \quad i = 1,2,\cdots,m \qquad (8-21)$$

式（8-21）的合成方法对各种方法得到的权重系数同等看待，没有考虑它们之间的可信度或重要度方面的差异。为了体现这种差异性，可以定义参数 $\lambda \in [0,1]$，按照式（8-22）来进行权重系数合成。

$$\omega_i = \lambda\omega_i^1 + (1-\lambda)\omega_i^2 \quad i = 1,2,\cdots,m \qquad (8-22)$$

λ 的不同反映了对各种权重系数确定方法的重视程度的差异，在式（8-16）中，当 $\lambda \in \left[0,\frac{1}{2}\right)$ 时，对第一种权重系数确定方法的重视程度弱于第二种；当 $\lambda \in \left(\frac{1}{2},1\right]$ 时，对第一种权重系数确定方法的重视程度强于第二种；当 $\lambda = \frac{1}{2}$ 时同等对待。

合成的权重系数 ω_i 体现了 ω_i^1 和 ω_i^2（$i = 1$，2，$\cdots$，m）这两种权重系数的综合影响。如果 ω_i^1 和 ω_i^2 分别是通过主观赋权法与客观赋权法得到的权重系数，则 ω_i 就可以同时体现主观与客观因素的影响，从而可以使最终的评估结果更加符合实际情况。

8.5　空间信息系统实例分析

天基空间目标监视系统是空间信息系统中侦察监视分系统的典型子系统。本节以天基空间目标监视系统为例，通过仿真设计、指标选取、体系构建、方法选取、效果分析几个方面对天基空间目标监视系统的效能评估进行案例性的研究。

8.5.1　天基空间目标监视仿真系统

要想对天基空间目标监视系统进行有效的效能评估并得到有说服力的结果，就必须建立天基空间目标监视仿真系统，然后才能借助仿真系统对天基空间目标监视系统的构建方案进行定量的或者定性与定量相结合的分析。本节主要是利用 STK 建立如图 8-16 所示的天基空间目标监视仿真系统。

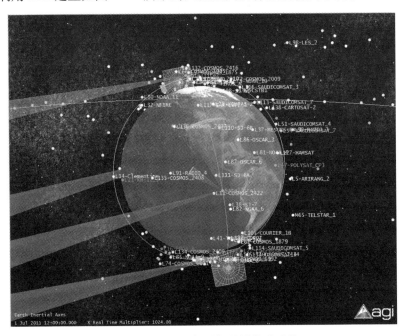

图 8-16　天基空间目标监视仿真系统

天基空间目标监视仿真系统包括 4 颗处于同一轨道的卫星，具体的参数将在后面进行详细阐述。每颗卫星都携带 GEO 相机、LEO 相机和红外相机各一个，系统包含 185 个 GEO 目标、139 个 LEO 目标和 65 个 MEO 目标，主要包括欧美等国家的侦察卫星、预警卫星、军事通信卫星和导航卫星。假定空间目标监视任务中重点监视目标为：高轨目标为 DSP20、21、22 和 23，中轨目标为 8X-1 和 Beidou-2A，还有低轨的 KH-12_2\3\4 和 Lacrosse_3\4\5，突发

306

紧急监视目标为 KH – 12_5。

8.5.2 天基空间目标监视系统方案设计

天基空间目标监视系统监视效能主要受到任务的不确定性、系统结构的不确定性、系统性能参数输入的不确定性以及监视策略的不确定性影响。通过分析分解这四个方面不确定性，确定影响系统效能的关键要素，并通过合理的离散化取值，经过全排列组合形成方案空间。

任务的不确定性：任务的不确定性主要体现在不同的监视任务需求上，根据对空间目标分布情况进行分析，结合任务需求，选取比较关心的重要目标进行监视情况分析。

构型的不确定性：系统的规模也就是结构上的不确定性，包括轨道六要素和监视卫星的数量、轨道面的数量等要素。在考虑到光学监视系统特点的基础上，借鉴已有相关系统设计的研究，主要选取卫星的数量和监视卫星之间组成方式作为对系统结构的不确定性进行分析。

输入参数的不确定性：天基空间目标监视系统对空间目标的探测过程由空间目标、空间动态环境、光学系统、探测器、信号处理和特征提取等多环节组成，每个环节都影响到系统对目标信号的传递，即影响到系统能否正确地获取目标信息，能否满足使用者对空间目标监视的需求。而光学系统是整个天基光学监视系统的核心，系统所能探测到的空间目标分辨率、所需的空间目标照度及搜索范围取决于光学系统的焦距、相对孔径和视场角等因素。

监视策略的不确定性：可以通过考虑监视载荷种类及数量的搭配、监视方向，监视载荷配置情况，如表 8-4 所示。

表 8-4　监视载荷配置情况

监视载荷	单种载荷	可见光相机
		红外相机
	两种载荷	可见光相机 + 红外相机

光学系统平台在运行过程中有一个相切于轨道的瞬时飞行平面，把视场在这个瞬时平面内且方向与光学系统平台运行的方向一致定义为观察方向向前，以视场的方向向前为基准，在瞬时平面内顺时针旋转 90°（从上向下观察）为观察方向向右，在瞬时平面内逆时针旋转 90° 为观察方向向左，在瞬时平面内顺时针或逆时针旋转 180° 即为观察方向向后，如果视场垂直于瞬时平面并且方向指向地心定义为观察方向向下，则垂直于瞬时平面且指向与地心相反的方向定义为观察方向向上。各个观察方向与方位角和俯仰角的对应关系如表 8-5 所示。

表 8-5　相机观察方向与方位角和俯仰角的对应关系

观察方向	向上	向下	向左	向右	向前	向后
方位角	0 度	0 度	90 度	180 度	270 度	0 度
俯仰角	−90 度	90 度	0 度	0 度	0 度	0 度

由于是太阳同步轨道，当观察方向向左时，视场正对太阳是不可取的。由于该平台高度较低，对于向下观察来讲也没有太大意义。

分析不确定因素对于系统效能的影响，探索可以完成相应监视使命任务的系统各种能力与方案，进行能力规划，方案寻优，即探索性地得出灵活、高效且适应性强的解决问题的方案。要素空间可以理解为如何运用已有的能力去完成相应任务的一系列使用方案。选取星座配置、空间目标、像元尺寸、光学系统孔径、信噪比、探测率和载荷种类及数量 7 个作为关键要素，要素取值范围如表 8-6 所示。

表 8-6　关键要素及取值范围

关键要素				取值范围
任务层	空间目标			所有空间目标
系统层	系统配置			单星，多星或混合星座
载荷层	可见光相机	GEO	像元尺寸	6 ~ 11 μm
			光学系统孔径	0.2 ~ 0.4 m
		LEO	像元尺寸	11 ~ 16 μm
			光学系统孔径	0.1 ~ 0.25 m
	红外相机		信噪比	4 ~ 8 dB
			探测率	$1.5 \times 10^{10} \sim 3.5 \times 10^{10}\,\mathrm{mHz^{1/2}W^{-1}}$
监视策略	载荷种类及数量			光学和雷达
	监视方向			以载荷为中心的任一方向

由于部分要素取值空间是连续的，无法进行更具体的系统分析，所以在关键要素及取值范围确定后，必须结合已建立的仿真系统对各要素进一步的明确和分析，对感兴趣的要素或要素取值进行限定，设计系统仿真方案。最后通过仿真的手段，获取需要的数据，使用天基空间目标监视系统效能评估模型对方案进行评估分析。

1. 天基空间目标监视系统设置及要素空间

天基空间目标监视系统中监视卫星的轨道参数、监视系统星座配置和关键要素及离散取值情况分别如表 8-7、表 8-8、表 8-9 所示。

表 8-7 光学监视卫星的轨道参数

监视卫星	a/km	e	i/(°)	Ω/(°)	ω/(°)	f/(°)
监视卫星 1	7010.46	0.0000	97.8784	0.0000	0.0000	0.0000
监视卫星 2	7010.46	0.0000	97.8784	0.0000	0.0000	90.0000
监视卫星 3	7010.46	0.0000	97.8784	0.0000	0.0000	180.0000
监视卫星 4	7010.46	0.0000	97.8784	0.0000	0.0000	270.0000

表 8-8 监视卫星星座配置

星座	轨道面	每个轨道面卫星数	倾角/(°)	高度/km	选取的卫星
1	1	1	97.8784	632.32	监视卫星 1
2	1	2	97.8784	632.32	监视卫星 1、3
3	1	3	97.8784	632.32	监视卫星 1、2、3
4	1	4	97.8784	632.32	监视卫星 1、2、3、4

表 8-9 关键要素及离散取值

关键要素			取值空间
任务层	空间目标		设定重要目标（可根据任务需求不同改变或加入新的目标）和指定单个重要目标
系统层	系统配置		[星座 1，星座 2，星座 3，星座 4]
载荷层	可见光相机	GEO 像元尺寸	[8，9]μm
		GEO 光学系统孔径	[0.25，0.3]m
		LEO 像元尺寸	[14，15]μm
		LEO 光学系统孔径	[0.15，0.2]m
	红外相机	信噪比	[6，7]dB
		探测率	$[2 \times 10^{10}，2.5 \times 10^{10}]\text{mHz}^{1/2}\text{W}^{-1}$
监视策略	载荷种类及数量		[可见光（GEO、LEO），可见光（GEO、LEO）+ 红外]相机
	监视方向		向上，向右

2. 天基空间目标监视系统仿真方案

（1）假定高轨目标发光强度为 150cd，设置 GEO 相机参数如表 8-10 所示，根据可光学相机性能计算公式可得出 GEO 相机取不同像元尺寸和光学孔径时的极限探测距离等参数，如表 8-11 所示，其中 GEO 相机的 CCD 器件采用 4 片拼接而成。

表 8-10　GEO 相机计算参数列表

像元个数 $n \times m$	像元尺寸 d	探测元面积 Ad	光学系统有效孔径 D_0	信噪比
2048×2048				7dB
探测率 $D*$	帧周期 t	探测器带宽 ΔF	相机光学透过率 τ	焦距 f
$6 \times 10^{11} \mathrm{mHz^{1/2}W^{-1}}$	0.1s	10Hz	0.8	1.6m

表 8-11　GEO 相机性能参数

GEO 相机	极限探测距离/km	视场角/(°)	空间分辨率
G1（8μm，0.25m）	44674	0.5867	5μrad
G2（8μm，0.3m）	53609	0.5867	5μrad
G3（9μm，0.25m）	42119	0.66	5.6μrad
G4（9μm，0.3m）	50543	0.66	5.6μrad

（2）假定低轨空间目标发光度为 300cd，则同样可得出 LEO 相机不同取值下的性能参数，如表 8-12、表 8-13 所示。

表 8-12　LEO 相机计算参数列表

像元个数 $n \times m$	像元尺寸 d	探测元面积 Ad	光学系统有效孔径 D_0	信噪比
1024×1024				7dB
探测率 $D*$	帧周期 t	探测器带宽 ΔF	相机光学透过率 τ	焦距 f
$10^{10} \mathrm{mHz^{1/2}W^{-1}}$	0.1s	10Hz	0.8	0.06m

表 8-13　LEO 相机性能参数

LEO 相机	极限探测距离/km	视场角/(°)	空间分辨率
L1（14μm，0.15m）	3699.4	13.6899	222μrad
L2（14μm，0.2m）	4932.5	13.6899	222μrad
L3（15μm，0.15m）	3573.9	14.6677	250μrad
L4（15μm，0.2m）	4765.3	14.6677	250μrad

（3）红外相机的视场角大约为 $7° \times 7°$，200km 处的空间分辨率为 6m，信噪比和探测率待确定。假定低轨空间目标辐射强度为 300W/sr，可求得不同配置下红外相机的性能参数，如表 8-14、表 8-15 所示。

表 8-14　红外相机计算参数列表

像元个数 $n \times m$	像元尺寸 d	像面面积	孔径 D_0	焦距
4096×4096	$9\mathrm{μm} \times 9\mathrm{μm}$	$36864\mathrm{μm} \times 36864\mathrm{μm}$	0.4m	0.3m
数值孔径（NA）	瞬时视场 ω	探测率 $D*$	等效噪声带宽 ΔF	系统损耗 KOP
0.6667	30μrad		100Hz	0.8

310

表 8-15　红外相机性能参数

红外相机	极限探测距离/km	视场角/(°)	空间分辨率
H1 （6dB，2×10^{10}）	2737.4	7.0405	30μrad
H2 （6dB，2.5×10^{10}）	3060.5	7.0405	30μrad
H3 （7dB，2×10^{10}）	2534.4	7.0405	30μrad
H4 （7dB，2.5×10^{10}）	2833.5	7.0405	30μrad

8.5.3　天基空间目标监视系统效能评估指标

鉴于系统特点和系统能力之间的关系，采用探索性分析方法思想，基于仿真的手段对系统进行效能分析，将系统能力大小映射到系统完成任务的程度上，因此在构建系统效能评估指标体系时，按照任务的分类及需求选择指标。在建立仿真系统时，将空间目标划分为所有目标、重要目标和应急监视目标三个层次。

对所有目标的监视需求主要体现在监视目标数量、监视目标次数、定位精度和系统探测能力四个方面；对重要目标的监视要求主要体现在监视重要目标次数、监视重要目标的总时间和对每个重要目标监视均匀性三个方面；对紧急监视目标的监视需求主要考虑在监视的连续性和及时性。

在上述理论的指导下，根据评估指标体系构建流程及方法，选择与监视需求相匹配的指标，建立如下的系统效能评估指标体系，如图 8-17 所示。

（1）访问目标数：在仿真时间内，访问到的目标总数，体现了对目标的普查能力，也可称为搜索捕获能力。

（2）访问目标总次数：对访问到的目标的所有访问次数。

（3）系统探测能力：根据对空间目标监视达到的不同程度，对访问到的目标进行分类，得出可探测目标数、可识别目标数和可编目目标数。

（4）定位精度：不同构型的天基空间目标监视系统对低轨、中轨和高轨空间目标的定轨能力。

（5）访问重要目标的次数：在仿真周期里对重要目标群的访问次数。

（6）访问重要目标的总时间：在仿真周期里对重要目标群的访问总时间，即对每个重要目标访问时间的和，反映系统对所有重要目标监视的持续性。

（7）对重要目标监视的均匀性：在仿真周期里不同方案对每个重要目标监视次数方差和时间方差的积，反映访问次数和访问总时间分配到每个重要目标的均匀性。

（8）平均重访间隔时间：对单个重要目标的访问平均重访间隔时间，体

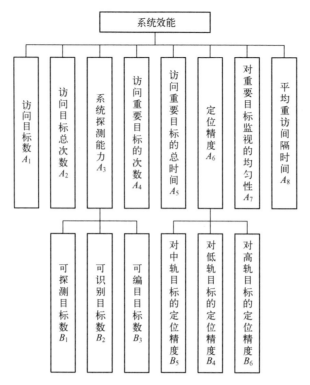

图 8-17　天基空间目标监视系统效能评估指标体系

现系统在执行应急任务时的监视连续性和及时性，平均重访间隔时间 =（总时间 − 覆盖时间）/间隔数。

8.5.4　评估指标信息获取及处理

　　利用仿真平台对各个方案在空间目标监视过程中的数据进行采集，并进行分析、计算和统计，得到需要的评估指标信息，最后对不同的方案进行全面分析和验证。通过此方法得到的结果，可以比全数学方法定量分析更准确。仿真开始时间为 1 Jul 2011 12：00：00.00，结束时间为 2 Jul 2011 12：00：00.00，时间 1 天。下面以方案 1 为例，说明部分评估指标信息的获取方法：

　　（1）对所有目标的可见弧段及访问目标数。从图 8-18 可知，方案 1 在一天内对目标最多访问次数可达到 11 次，通过分析仿真数据，可得到方案 1 访问到的目标数为 235 个，访问次数累计达到 986 次。

　　（2）方案 1 对重要目标群的监视效果。由于设置重要目标的个数较少，从图 8-19 可直接判断出对重要目标群的访问次数，再通过 4.5 节对监视均匀性指标的求取方法，得到均匀性指标值为 8.0102，同时可知方案 1 对处于中轨的重要目标不可见。

312

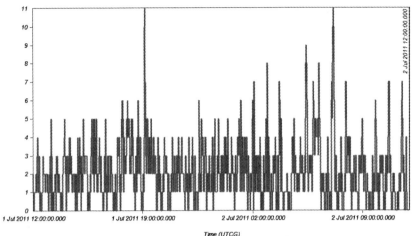

图 8-18　方案 1 对所有空间目标的可见弧段及访问目标数

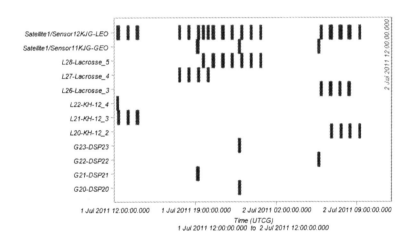

图 8-19　方案 1 对重要目标群的访问次数

（3）方案 1 对紧急任务 KH-12_5 的监视效果，见图 8-20 及表 8-16。

表 8-16　方案 1 对 KH-12_5 的监视数据统计表

覆盖总时间/s		4473.185
访问时间	最小/s	54.806
	最大/s	687.063
	平均/s	372.765
平均重访间隔时间/s		6827
访问次数		12

313

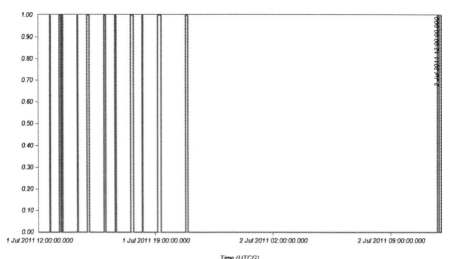

图 8-20　方案 1 对 KH-12_5 的可见弧段

对紧急任务的平均重访间隔时间，体现了不同方案在执行应急任务时的监视连续性和及时性，平均重访间隔时间 =（总时间 - 覆盖时间）/间隔数，由表 8-16 的监视数据可计算出方案 1 在此指标上的值为 6827s。

（4）定位精度。通过问卷调查和查阅资料的途径确定。G1、G2、G3 和 G4 代表 GEO 相机像元尺寸和光学系统孔径的 4 种组合情况，这里只选取 G1 和 G4 这两种组合；L1、L2、L3 和 L4 代表 LEO 相机的 4 种组合情况，LEO 相机主要用来探测低轨目标，为了减少方案的个数，提高效能评估的效率，只选取 L4 进行仿真；H1、H2、H3 和 H4 代表红外相机的 4 种组合情况，红外相机就只选前三种组合进行仿真。

仿真方案 = ｛系统星座，GEO 相机参数，LEO 相机参数，红外相机参数，载荷种类｝，形成最终的 32 组仿真方案，见表 8-17。每颗卫星的载荷种类和数量一样，GL 代表 GEO 和 LEO 相机，GLH 代表 GEO、LEO 和红外相机。

表 8-17　天基空间目标监视系统方案效能指标信息表

方案	A1	A2	B1, B2, B3	A4	A5	A7	A8	B4, B5, B6
1 (1, G1, L4, GL)	235	986	120, 21, 99	27	5223	8.0102	6827	3, 5, 6
2 (1, G1, L4, H1, GLH)	238	1296	120, 95, 103	37	5674	26.8679	6827	3, 5, 6
3 (1, G1, L4, H2, GLH)	238	1352	120, 96, 103	41	5900	34.4943	6827	3, 5, 6
4 (1, G1, L4, H3, GLH)	238	1255	120, 93, 103	36	5649	24.5940	6827	3, 5, 6

方案	A1	A2	B1, B2, B3	A4	A5	A7	A8	B4, B5, B6
5 (1, G4, L4, GL)	246	1001	131, 22, 99	27	5353	7.3116	6818	3, 5, 6
6 (1, G4, L4, H1, GLH)	249	1335	131, 96, 103	37	5804	26.385	6818	3, 5, 6
7 (1, G4, L4, H2, GLH)	250	1373	131, 97, 103	41	6030	32.7495	6818	3, 5, 6
8 (1, G4, L4, H3, GLH)	249	1273	131, 94, 103	36	5779	22.9263	6818	3, 5, 6
9 (2, G1, L4, GL)	302	1964	170, 29, 131	61	10921	102.5857	2927.8	1.5, 4.0, 4.5
10 (2, G1, L4, H1, GLH)	303	2592	170, 113, 133	86	12446	504.0986	2927.8	1.5, 4.0, 4.5
11 (2, G1, L4, H2, GLH)	303	2691	170, 113, 133	91	12977	610.9868	2927.8	1.5, 4.0, 4.5
12 (2, G1, L4, H3, GLH)	302	2505	170, 112, 133	83	12100	385.6642	2927.8	1.5, 4.0, 4.5
13 (2, G4, L4, GL)	313	1980	180, 29, 137	61	11214	117.5848	2927.8	1.5, 4.0, 4.5
14 (2, G4, L4, H1, GLH)	313	2618	180, 113, 138	86	12740	490.1868	2927.8	1.5, 4.0, 4.5
15 (2, G4, L4, H2, GLH)	313	2718	180, 113, 138	91	13271	594.5712	2927.8	1.5, 4.0, 4.5
16 (2, G4, L4, H3, GLH)	313	2521	180, 112, 138	83	12394	374.9380	2927.8	1.5, 4.0, 4.5
17 (3, G1, L4, GL)	313	2881	179, 30, 196	87	15094	551.0319	2093.8	0.4, 2.5, 3
18 (3, G1, L4, H1, GLH)	313	3854	179, 116, 197	121	17100	2050.8	2093.8	0.4, 2.5, 3
19 (3, G1, L4, H2, GLH)	313	3985	179, 116, 197	129	17742	2482.4	2093.8	0.4, 2.5, 3
20 (3, G1, L4, H3, GLH)	313	3713	179, 115, 197	118	16639	1688.3	2093.8	0.4, 2.5, 3
21 (3, G4, L4, GL)	320	2923	186, 31, 199	88	15461	480.1842	2093.8	0.4, 2.5, 3
22 (3, G4, L4, H1, GLH)	320	3896	186, 117, 206	122	17467	2012.4	2093.8	0.4, 2.5, 3
23 (3, G4, L4, H2, GLH)	320	4027	186, 117, 206	130	18109	2226.2	2093.8	0.4, 2.5, 3
24 (3, G4, L4, H3, GLH)	320	3755	186, 116, 206	119	17007	1657.8	2093.8	0.4, 2.5, 3
25 (4, G1, L4, GL)	322	3799	187, 30, 210	117	19948	1706	1678.3	0.2, 1.5, 2.5
26 (4, G1, L4, H1, GLH)	322	5087	187, 116, 220	160	22421	6198.3	1678.3	0.2, 1.5, 2.5
27 (4, G1, L4, H2, GLH)	322	5273	187, 116, 220	172	23307	8348.1	1678.3	0.2, 1.5, 2.5
28 (4, G1, L4, H3, GLH)	322	4893	187, 115, 220	157	21890	5379.2	1678.3	0.2, 1.5, 2.5
29 (4, G4, L4, GL)	333	3871	198, 31, 203	117	20473	1626.2	1678.3	0.2, 1.5, 2.5
30 (4, G4, L4, H1, GLH)	333	5159	198, 117, 223	161	22945	6153.3	1678.3	0.2, 1.5, 2.5
31 (4, G4, L4, H2, GLH)	333	5365	198, 117, 223	173	23830	8031.6	1678.3	0.2, 1.5, 2.5
32 (4, G4, L4, H3, GLH)	333	4965	198, 116, 223	158	22411	5246.9	1678.3	0.2, 1.5, 2.5

通过分析，监视方案及各方案效能指标值统计情况如表 8 - 17 所示：A_1 代表访问目标数（个），A_2 代表访问目标总次数（次），A_3 代表系统探测能力，A_4 代表访问重要目标的次数（次），A_5 代表访问重要目标的总时间（s），A_6 定

位精度（km），A_7代表对重要目标监视的均匀性，A_8代表平均重访间隔时间（s），B_1代表可探测的目标数（个），B_2代表可识别的目标数（个），B_3代表可编目目标数（个），B_4代表对低轨目标的定位精度（km），B_5代表对中轨目标的定位精度（km），B_6代表对高轨目标的定位精度（km）。

8.5.5 指标权重的确定及分析

通过权重计算模型，对调查得到的数据和仿真得到的实验数据进行处理计算，得出指标的主观权重和客观权重，最后通过指标组合权重求取模型得到最终的评估指标权重，对各个方案进行评估分析。

8.5.5.1 指标主观权重的确定

本节通过要求三位专家分别对各层指标进行比较打分，得出专家们的区间数判断矩阵，通过主观赋权模型求取指标主观权重。

1. 利用区间数特征向量法求取每位专家判断矩阵下的指标权重

专家1：通过征求专家1的意见，采用1~9标度法得到各层指标的区间数判断矩阵，如表8-18~表8-20所示。在对指标两两进行比较获取判断矩阵的过程中，可以判断出专家1对各个指标重要性的主观倾向为：$A_5 > A_7 > A_8 > A_3 > A_4 > A_2 > A_1$，$B_3 > B_2 > B_1$，$B_4 > B_6 > B_5$，其中$A_4$与$A_6$同等重要。

表8-18 区间数判断矩阵1

	A_1	A_2	A_3	A_4	A_5	A_6	A_7	A_8
A_1	[1, 1]	[1, 3]	[1/5, 1/3]	[1/4, 1/2]	[1/9, 1/7]	[1/4, 1/2]	[1/8, 1/6]	[1/7, 1/5]
A_2	[1/3, 1]	[1, 1]	[1/4, 1/2]	[1/3, 1]	[1/8, 1/6]	[1/3, 1]	[1/7, 1/5]	[1/6, 1/4]
A_3	[3, 5]	[2, 4]	[1, 1]	[1, 3]	[1/7, 1/5]	[1, 3]	[1/6, 1/4]	[1/5, 1/3]
A_4	[2, 4]	[1, 3]	[1/3, 1]	[1, 1]	[1/6, 1/4]	[1, 1]	[1/5, 1/3]	[1/4, 1/2]
A_5	[7, 9]	[6, 8]	[5, 7]	[4, 6]	[1, 1]	[4, 6]	[1, 3]	[2, 4]
A_6	[2, 4]	[1, 3]	[1/3, 1]	[1, 1]	[1/6, 1/4]	[1, 1]	[1/5, 1/3]	[1/4, 1/2]
A_7	[6, 8]	[5, 7]	[4, 6]	[3, 5]	[1/3, 1]	[3, 5]	[1, 1]	[1, 3]
A_8	[5, 7]	[4, 6]	[3, 5]	[2, 4]	[1/4, 1/2]	[2, 4]	[1/3, 1]	[1, 1]

表8-19 区间数判断矩阵2

	B_1	B_2	B_3
B_1	[1, 1]	[1/5, 1/3]	[1/8, 1/6]
B_2	[3, 5]	[1, 1]	[1/4.1/2]
B_3	[6, 8]	[2, 4]	[1, 1]

表 8-20　区间数判断矩阵 3

	B_4	B_5	B_6
B_4	[1, 1]	[5, 7]	[2, 4]
B_5	[1/7, 1/5]	[1, 1]	[1/3, 1]
B_6	[1/4, 1/2]	[1, 3]	[1, 1]

在求取过程中取 $\varepsilon = 0.3$，计算得到专家 1 区间数判断矩阵下的指标权重为

$(A_1, A_2, A_3, A_4, A_5, A_6, A_7, A_8) = (0.0311, 0.0336, 0.0818, 0.0612, 0.3285,$
$0.0612, 0.2414, 0.1612)$

$(B_1, B_2, B_3) = (0.0777, 0.2704, 0.6519)$

$(B_4, B_5, B_6) = (0.6419, 0.1245, 0.2336)$

专家 2：在对指标两两进行比较过程中，可以判断出专家 2 对各个指标重要性的主观倾向为：$A_1 > A_4 > A_5 > A_8 > A_7 > A_6 > A_2 > A_3$，$B_1 > B_2 > B_3$，$B_6 > B_5 > B_4$。

专家 2 区间数判断矩阵下的指标权重为

$(A_1, A_2, A_3, A_4, A_5, A_6, A_7, A_8) = (0.3134, 0.0297, 0.0212, 0.2419, 0.1712,$
$0.0430, 0.0658, 0.1138)$

$(B_1, B_2, B_3) = (0.6916, 0.1135, 0.1949)$

$(B_4, B_5, B_6) = (0.1599, 0.3163, 0.5238)$

专家 3：在对指标两两进行比较过程中，可以判断出专家 3 对各个指标重要性的主观倾向为：$A_8 > A_7 > A_1 > A_5 > A_3 > A_4 > A_6 > A_2$，$B_2 > B_3 > B_1$，$B_4 > B_5 > B_6$。

专家 3 区间数判断矩阵下的指标权重为

$(A_1, A_2, A_3, A_4, A_5, A_6, A_7, A_8) = (0.0453, 0.3333, 0.1017, 0.1631, 0.0649,$
$0.2368, 0.0330, 0.0219)$

$(B_1, B_2, B_3) = (0.6957, 0.0869, 0.2174)$

$(B_4, B_5, B_6) = (0.1086, 0.3300, 0.5614)$

利用研究的基于区间数判断矩阵的指标权重确定方法可以将专家对指标的主观判断转换为适合系统评估的定量指标权重数据。在权重求取过程中，考虑到区间数判断矩阵是专家根据其对系统知识的掌握程度和决策者主观愿望相结合做出的判断，所以对于得到的区间数指标权重，通过获取决策者对获得指标的信任程度，使得指标区间数指标权重映射为点值，并且计算得出的指标权重值与专家主观看法一致。

2. 利用群决策模型求取群决策下的指标权重

利用群决策模型求取三位专家的权重，以求取 $(A_1, A_2, A_3, A_4, A_5, A_6, A_7, A_8)$ 的权重为例：

（1）三位专家初始权重都为 1/3，通过加权和得到初始群决策指标权重为

$(A_1, A_2, A_3, A_4, A_5, A_6, A_7, A_8) = (0.1299, 0.1322, 0.0682, 0.1554, 0.1882, 0.1137, 0.1134, 0.0990)$

$(B_1, B_2, B_3) = (0.4883, 0.1570, 0.3547)$

$(B_4, B_5, B_6) = (0.3035, 0.2569, 0.4396)$

（2）迭代三次计算后，重新调整专家权重为：$(0.3135, 0.4119, 0.2746)$。

（3）根据步骤（2）重新调整的专家权重，按照加权和方法计算得出指标新的群决策权重为：$(0.1513, 0.1143, 0.0624, 0.1636, 0.1913, 0.1019, 0.1118, 0.1034)$，与迭代两次后的群决策指标权重的欧式距离为：0.0073 < 0.01，符合要求，为最后的指标主观权重。

同理可求得其他评估指标群决策主观权重为

$(A_1, A_2, A_3, A_4, A_5, A_6, A_7, A_8) = (0.1513, 0.1143, 0.0624, 0.1636, 0.1913, 0.1019, 0.1118, 0.1034)$

$(B_1, B_2, B_3) = (0.6383, 0.1156, 0.2461)$

$(B_4, B_5, B_6) = (0.2151, 0.2917, 0.4932)$

通过动态求取专家在群决策过程中的权重，充分利用每一位专家判断的信息量，减少了专家判断的片面性。

8.5.5.2　指标客观权重的确定

A_3，A_6 的值需要从下层指标值聚合得到，所以在求取指标 A_3，A_6 值前，先求取（B_1、B_2、B_3）和（B_4、B_5、B_6）的客观权重，结合主观权重得到指标组合权重。根据附表1和附表3，再通过加权和的方式聚合分别得到上层指标 A_3，A_6 的指标值。

按照附表2、附表4和附表6的指标值归一化结果，经过客观权重模型，计算得出指标的客观权重为

$(A_1, A_2, A_3, A_4, A_5, A_6, A_7, A_8) = (0.0029, 0.0576, 0.0149, 0.0634, 0.0522, 0.0878, 0.6667, 0.0545)$

$(B_1, B_2, B_3) = (0.0864, 0.6429, 0.2707)$

$(B_4, B_5, B_6) = (0.7044, 0.1980, 0.0976)$

通过熵权法能够客观反映出指标在方案评估分析中的重要性程度，例如在指标 A_7 上就能够得到充分体现。根据表 8-17 的指标信息可以看出不同的方案

在指标 A_7 上的得分差异最大，也就意味着在评估过程中应该赋予指标 A_7 最大的权重，而通过熵权法求取的指标权重符合这一要求。另外在对重要目标群进行监视时，一般要求在监视每个重要目标的任务分配上具有均匀性，才能满足对所有重要目标的监视，不至于出现短板效应，至此在进行方案效能分析时对指标 A_7 的关注也应该高。

8.5.5.3 指标组合权重的确定

系统效能指标数据是通过仿真的手段获取的，在判断时其客观赋权偏好为 0.6，则系统评估指标组合赋权的结果为

$(A_1, A_2, A_3, A_4, A_5, A_6, A_7, A_8) = (0.0623, 0.0803, 0.0339, 0.1035, 0.1078, 0.0934, 0.4447, 0.0741)$

$(B_1, B_2, B_3) = (0.3071, 0.4320, 0.2609)$

$(B_4, B_5, B_6) = (0.5087, 0.2355, 0.2558)$

8.5.6 方案评估及结果分析

在指标组合权重值确定后，结合 32 个方案在 8 个效能指标上的得分情况，计算各个方案的效能得分。下面以方案 1 为例，说明指标值的聚合方法。8 个效能指标相互间都比较独立，采用加权求和的方法聚合方案效能；而两个一级指标相互关联性较大，根据式（8-23）求取方案 1 的综合得分。

$$E = \sum_{i=1}^{n} w_i x_i \cdot \sum_{j=1}^{m} z_j y_j \tag{8-23}$$

方案 1 效能得分：

$$效能得分 = \sum_{i=1}^{8} w_i x_i = 0.5552 \tag{8-24}$$

结合附表 5 的效能指标规范化数据，通过式（8-24）计算得出各个方案的效能得分，为了方便对方案进行比较分析，对方案得分情况进一步规范化处理，结果如表 8-21 所示。

表 8-21　方案效能得分表

方案	A_1	A_2	A_3	A_4	A_5	A_6	A_7	A_8	效能得分
1	0.7057	0.1838	0.3795	0.1561	0.2192	0.2112	0.9128	0.2458	0.9290
2	0.7147	0.2416	0.6574	0.2139	0.2381	0.2112	0.2721	0.2458	0.4903
3	0.7147	0.2520	0.6611	0.237	0.2476	0.2112	0.212	0.2458	0.4528
4	0.7147	0.2339	0.6500	0.2081	0.2371	0.2112	0.2973	0.2458	0.5064

方案	A₁	A₂	A₃	A₄	A₅	A₆	A₇	A₈	效能得分
5	0.7387	0.1866	0.4002	0.1561	0.2246	0.2112	1.0000	0.2462	1.0000
6	0.7477	0.2488	0.6781	0.2139	0.2436	0.2112	0.2771	0.2462	0.5005
7	0.7508	0.2559	0.6819	0.237	0.253	0.2112	0.2233	0.2462	0.4677
8	0.7477	0.2373	0.6708	0.2081	0.2425	0.2112	0.3189	0.2462	0.5284
9	0.9069	0.3661	0.524	0.3526	0.4583	0.2985	0.0713	0.5732	0.4880
10	0.9099	0.4831	0.8365	0.4971	0.5223	0.2985	0.0145	0.5732	0.5161
11	0.9099	0.5016	0.8365	0.526	0.5446	0.2985	0.012	0.5732	0.5258
12	0.9069	0.4669	0.8328	0.4798	0.5078	0.2985	0.019	0.5732	0.5110
13	0.9399	0.3691	0.5465	0.3526	0.4706	0.2985	0.0622	0.5732	0.4886
14	0.9399	0.488	0.8579	0.4971	0.5346	0.2985	0.0149	0.5732	0.5236
15	0.9399	0.5066	0.8579	0.526	0.5569	0.2985	0.0123	0.5732	0.5331
16	0.9399	0.4699	0.8542	0.4798	0.5201	0.2985	0.0195	0.5732	0.5187
17	0.9399	0.537	0.6177	0.5029	0.6334	0.6088	0.0133	0.8016	0.6109
18	0.9399	0.7184	0.9364	0.6994	0.7176	0.6088	0.0036	0.8016	0.6954
19	0.9399	0.7428	0.9364	0.7457	0.7445	0.6088	0.0029	0.8016	0.7110
20	0.9399	0.6921	0.9327	0.6821	0.6982	0.6088	0.0043	0.8016	0.6857
21	0.961	0.5448	0.6358	0.5087	0.6488	0.6088	0.0152	0.8016	0.6205
22	0.961	0.7262	0.9615	0.7052	0.733	0.6088	0.0036	0.8016	0.7038
23	0.961	0.7506	0.9615	0.7514	0.7599	0.6088	0.0033	0.8016	0.7199
24	0.961	0.6999	0.9578	0.6879	0.7137	0.6088	0.0044	0.8016	0.6943
25	0.967	0.7081	0.6465	0.6763	0.8371	1.0000	0.0043	1.0000	0.7843
26	0.967	0.9482	0.9757	0.9249	0.9409	1.0000	0.0012	1.0000	0.8947
27	0.967	0.9829	0.9757	0.9942	0.9781	1.0000	0.0009	1.0000	0.9178
28	0.967	0.912	0.972	0.9075	0.9186	1.0000	0.0014	1.0000	0.8827
29	1.0000	0.7215	0.6591	0.6763	0.8591	1.0000	0.0045	1.0000	0.7943
30	1.0000	0.9616	1.0000	0.9306	0.9629	1.0000	0.0012	1.0000	0.9063
31	1.0000	1.0000	1.0000	1.0000	1.0000	1.0000	0.0009	1.0000	0.9299
32	1.0000	0.9254	0.9963	0.9133	0.9405	1.0000	0.0014	1.0000	0.8942

为了更直观对评估结果进行分析，生成各方案图形式的效能指标得分情况，如图 8-21 和图 8-22 所示。下面从各个方案效能指标得分情况对方案展开分析。

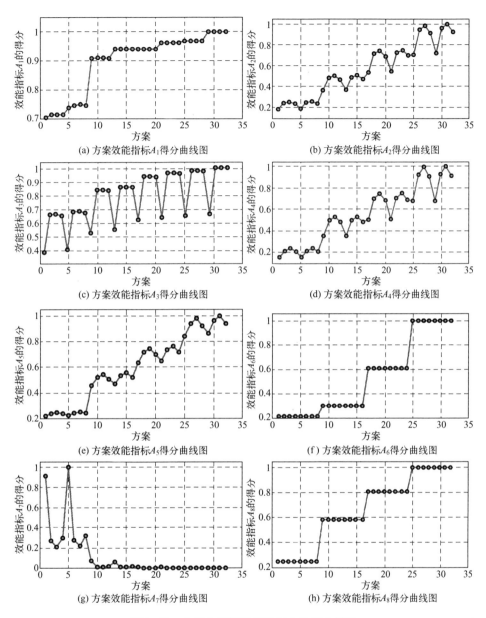

(a) 方案效能指标A_1得分曲线图

(b) 方案效能指标A_2得分曲线图

(c) 方案效能指标A_3得分曲线图

(d) 方案效能指标A_4得分曲线图

(e) 方案效能指标A_5得分曲线图

(f) 方案效能指标A_6得分曲线图

(g) 方案效能指标A_7得分曲线图

(h) 方案效能指标A_8得分曲线图

图 8-21　方案在不同效能指标上的得分情况

1. 方案效能指标得分情况分析

由表 8-21 和各方案效能指标得分图 8-21 可以看出，当天基空间目标监视系统由单星到双星时，方案在访问目标数指标（A_1）上的得分有明显的跳变，即对监视的空间目标数量有较大的作用；定位精度指标（A_6）和平均重访间隔时间指标（A_8）主要是受到卫星数量的影响，并且是随着卫星数量增

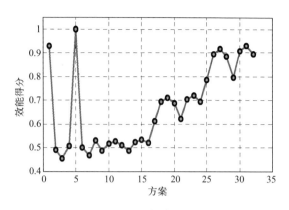

图 8-22　方案效能情况

加而增加；访问目标总次数（A_2）、访问重要目标的次数（A_4）和访问重要目标的总时间（A_5）的得分随着配置的提高都是相应的有所上升，但幅度不大；从系统探测能力指标（A_3）的情况来看，加入红外相机后，对这一指标有明显的促进作用，但红外相机参数的改变对此指标的贡献反而较小；通过对重要目标监视的均匀性指标（A_7）分析可以看出，随着系统配置的提高，对重要目标的监视均匀性有急剧的下降趋势，尤其当达到两颗卫星时，方案在此指标上的得分几乎为 0，说明在发展系统时，要认真考虑到对重要目标的任务安排。

2. 方案效能聚合情况分析

结合图 8-21 的效能指标得分情况，如果设定方案效能应满足不低于 0.6 的话，则只有方案 1、5、17、18、19、20、21、22、23、24、25、26、29 和 30 符合要求。下面对影响效能得分的具体因素进行分析，以可行方案 1、5、17、25、26、27 和不可行方案 9、27 为例，方案具体信息如表 8-22 所示。

表 8-22　典型方案信息表

方案	星座	GEO 相机像元尺寸/μm	GEO 相机有效孔径/m	红外相机信噪比	红外相机探测率	方案效能得分
1	1	8	0.25			0.9290
5	1	9	0.3			1.0000
9	2	8	0.25			0.4880
17	3	8	0.25			0.6109
25	4	8	0.25			0.7843
26	4	8	0.25	6dB	$2e10mHz^{1/2}W^{-1}$	0.8947
27	4	8	0.25	6dB	$2.5e10\ mHz^{1/2}W^{-1}$	0.9178

方案 1 和方案 5 属于单星，在没有携带红外相机的情况下，方案 5 的 GEO 相机探测距离和视场角都优于方案 1，方案 5 在效能得分好于方案 1，同时也是所有方案里相对最优的方案；通过方案 1、9、17 和 25 可以看出，当从一颗星到两颗星时，方案 9 的效能得分急剧下降，已不符合要求的标准，这说明两颗星方案中新增监视卫星所处的位置不利于监视到空间目标集；方案 26 通过增加红外相机，提高了监视效能得分；从方案 26 和 27 可以看出，通过提高红外相机的探测率提高了方案监视效能得分。

根据以上对不同方案的评估结果，可以为决策者提供不同方案的得分情况，在各个方案中选择相对较优的方案，为系统的顶层设计提供参考或者发现在系统研制过程中的存在的薄弱环节，也可以在系统建设和改进等方面，对系统进行评估，为进一步完善系统提供依据。

参 考 文 献

[1] 刁华飞. 天基光学空间目标监视系统设计与仿真分析 [D]. 北京：装备指挥技术学院，2008.

[2] 王杰娟. 空间目标监视卫星能力研究 [D]. 北京：装备指挥技术学院，2007.

[3] 张秉华，张守辉. 光电成像跟踪系统 [M]. 成都：电子科技大学出版社，2003.

[4] 刘兴堂，刘力. 对复杂系统建模与仿真的几点重要思考 [J]. 系统仿真学报，2007，19.

[5] 杨镜宇，司光亚，胡晓峰. 信息化战争体系对抗探索性仿真分析方法研究 [J]. 系统仿真学报，2005，17.

[6] 胡玉农，夏正洪，王俊峰，等. 复杂电子信息系统效能评估方法综述 [J]. 计算机应用研究，2009，3.

[7] 尹纯，黄炎焱，王建宇. 武器装备作战效能评估指标体系指导模式 [J]. 南京理工大学学报，2009，6.

[8] 王杰娟，于小红. 国外天基空间目标监视研究现状与特点分析 [J]. 装备指挥技术学院学报，2006，4.

[9] 王兆魁，张育林. 面向空间目标监视的星图模拟器设计与实现 [J]. 系统仿真学报，2006，5.

[10] 李志猛，谈群，汪彦明，等. 基于探索性分析的信息系统效能评估方法 [J]. 科学技术与工程，2009，22.

[11] 钟远，郝建国. 基于系统熵的网络攻击信息支援效能评估方法 [J]. 解放军理工大学学报，2014，2.

附 表

附表 1 B_1、B_2 和 B_3 规范化结果

方案编号	A_3	B_1	B_2	B_3
1 （1，G1，L4，GL）	0.3795	0.6061	0.1795	0.4439
2 （1，G1，L4，H1，GLH）	0.6574	0.6061	0.8120	0.4619
3 （1，G1，L4，H2，GLH）	0.6611	0.6061	0.8205	0.4619
4 （1，G1，L4，H3，GLH）	0.65	0.6061	0.7949	0.4619
5 （1，G4，L4，GL）	0.4002	0.6616	0.1880	0.4439
6 （1，G4，L4，H1，GLH）	0.6781	0.6616	0.8205	0.4619
7 （1，G4，L4，H2，GLH）	0.6819	0.6616	0.8291	0.4619
8 （1，G4，L4，H3，GLH）	0.6708	0.6616	0.8034	0.4619
9 （2，G1，L4，GL）	0.524	0.8586	0.2479	0.5874
10 （2，G1，L4，H1，GLH）	0.8365	0.8586	0.9658	0.5964
11 （2，G1，L4，H2，GLH）	0.8365	0.8586	0.9658	0.5964
12 （2，G1，L4，H3，GLH）	0.8328	0.8586	0.9573	0.5964
13 （2，G4，L4，GL）	0.5465	0.9091	0.2479	0.6143
14 （2，G4，L4，H1，GLH）	0.8579	0.9091	0.9658	0.6188
15 （2，G4，L4，H2，GLH）	0.8579	0.9091	0.9658	0.6188
16 （2，G4，L4，H3，GLH）	0.8542	0.9091	0.9573	0.6188
17 （3，G1，L4，GL）	0.6177	0.9040	0.2564	0.8789
18 （3，G1，L4，H1，GLH）	0.9364	0.9040	0.9915	0.8834
19 （3，G1，L4，H2，GLH）	0.9364	0.9040	0.9915	0.8834
20 （3，G1，L4，H3，GLH）	0.9327	0.9040	0.9829	0.8834
21 （3，G4，L4，GL）	0.6358	0.9394	0.265	0.8924
22 （3，G4，L4，H1，GLH）	0.9615	0.9394	1	0.9238
23 （3，G4，L4，H2，GLH）	0.9615	0.9394	1	0.9238

方案编号	A_3	B_1	B_2	B_3
24（3，G4，L4，H3，GLH）	0.9578	0.9394	0.9915	0.9238
25（4，G1，L4，GL）	0.6465	0.9444	0.2564	0.9417
26（4，G1，L4，H1，GLH）	0.9757	0.9444	0.9915	0.9865
27（4，G1，L4，H2，GLH）	0.9757	0.9444	0.9915	0.9865
28（4，G1，L4，H3，GLH）	0.972	0.9444	0.9829	0.9865
29（4，G4，L4，GL）	0.6591	1	0.2650	0.9103
30（4，G4，L4，H1，GLH）	1	1	1	1
31（4，G4，L4，H2，GLH）	1	1	1	1
32（4，G4，L4，H3，GLH）	0.9963	1	0.9915	1

附表 2 B_1、B_2 和 B_3 归一化结果

方案编号	B_1	B_2	B_3
1（1，G1，L4，GL）	0.0222	0.0073	0.0189
2（1，G1，L4，H1，GLH）	0.0222	0.0332	0.0196
3（1，G1，L4，H2，GLH）	0.0222	0.0335	0.0196
4（1，G1，L4，H3，GLH）	0.0222	0.0325	0.0196
5（1，G4，L4，GL）	0.0242	0.0077	0.0189
6（1，G4，L4，H1，GLH）	0.0242	0.0335	0.0196
7（1，G4，L4，H2，GLH）	0.0242	0.0339	0.0196
8（1，G4，L4，H3，GLH）	0.0242	0.0328	0.0196
9（2，G1，L4，GL）	0.0315	0.0101	0.025
10（2，G1，L4，H1，GLH）	0.0315	0.0395	0.0254
11（2，G1，L4，H2，GLH）	0.0315	0.0395	0.0254
12（2，G1，L4，H3，GLH）	0.0315	0.0391	0.0254
13（2，G4，L4，GL）	0.0333	0.0101	0.0261
14（2，G4，L4，H1，GLH）	0.0333	0.0395	0.0263
15（2，G4，L4，H2，GLH）	0.0333	0.0395	0.0263
16（2，G4，L4，H3，GLH）	0.0333	0.0391	0.0263
17（3，G1，L4，GL）	0.0331	0.0105	0.0374
18（3，G1，L4，H1，GLH）	0.0331	0.0405	0.0376

方案编号	B_1	B_2	B_3
19 （3，G1，L4，H2，GLH）	0.0331	0.0405	0.0376
20 （3，G1，L4，H3，GLH）	0.0331	0.0402	0.0376
21 （3，G4，L4，GL）	0.0344	0.0108	0.038
22 （3，G4，L4，H1，GLH）	0.0344	0.0409	0.0393
23 （3，G4，L4，H2，GLH）	0.0344	0.0409	0.0393
24 （3，G4，L4，H3，GLH）	0.0344	0.0405	0.0393
25 （4，G1，L4，GL）	0.0346	0.0105	0.0401
26 （4，G1，L4，H1，GLH）	0.0346	0.0405	0.042
27 （4，G1，L4，H2，GLH）	0.0346	0.0405	0.042
28 （4，G1，L4，H3，GLH）	0.0346	0.0402	0.042
29 （4，G4，L4，GL）	0.0366	0.0108	0.0387
30 （4，G4，L4，H1，GLH）	0.0366	0.0409	0.0425
31 （4，G4，L4，H2，GLH）	0.0366	0.0409	0.0425
32 （4，G4，L4，H3，GLH）	0.0366	0.0405	0.0425

附表3　B_4、B_5和B_6规范化结果

方案编号	A_7	B_4	B_5	B_6
1 （1，G1，L4，GL）	0.2112	0.0667	0.3000	0.4167
2 （1，G1，L4，H1，GLH）	0.2112	0.0667	0.3000	0.4167
3 （1，G1，L4，H2，GLH）	0.2112	0.0667	0.3000	0.4167
4 （1，G1，L4，H3，GLH）	0.2112	0.0667	0.3000	0.4167
5 （1，G4，L4，GL）	0.2112	0.0667	0.3000	0.4167
6 （1，G4，L4，H1，GLH）	0.2112	0.0667	0.3000	0.4167
7 （1，G4，L4，H2，GLH）	0.2112	0.0667	0.3000	0.4167
8 （1，G4，L4，H3，GLH）	0.2112	0.0667	0.3000	0.4167
9 （2，G1，L4，GL）	0.2985	0.1333	0.3750	0.5556
10 （2，G1，L4，H1，GLH）	0.2985	0.1333	0.3750	0.5556
11 （2，G1，L4，H2，GLH）	0.2985	0.1333	0.3750	0.5556
12 （2，G1，L4，H3，GLH）	0.2985	0.1333	0.3750	0.5556
13 （2，G4，L4，GL）	0.2985	0.1333	0.3750	0.5556

方案编号	A_7	B_4	B_5	B_6
14 (2, G4, L4, H1, GLH)	0.2985	0.1333	0.3750	0.5556
15 (2, G4, L4, H2, GLH)	0.2985	0.1333	0.3750	0.5556
16 (2, G4, L4, H3, GLH)	0.2985	0.1333	0.3750	0.5556
17 (3, G1, L4, GL)	0.6088	0.5	0.6	0.8333
18 (3, G1, L4, H1, GLH)	0.6088	0.5	0.6	0.8333
19 (3, G1, L4, H2, GLH)	0.6088	0.5	0.6	0.8333
20 (3, G1, L4, H3, GLH)	0.6088	0.5	0.6	0.8333
21 (3, G4, L4, GL)	0.6088	0.5	0.6	0.8333
22 (3, G4, L4, H1, GLH)	0.6088	0.5	0.6	0.8333
23 (3, G4, L4, H2, GLH)	0.6088	0.5	0.6	0.8333
24 (3, G4, L4, H3, GLH)	0.6088	0.5	0.6	0.8333
25 (4, G1, L4, GL)	1.0000	1.0	1.0	1.0
26 (4, G1, L4, H1, GLH)	1.0000	1.0	1.0	1.0
27 (4, G1, L4, H2, GLH)	1.0000	1.0	1.0	1.0
28 (4, G1, L4, H3, GLH)	1.0000	1.0	1.0	1.0
29 (4, G4, L4, GL)	1.0000	1.0	1.0	1.0
30 (4, G4, L4, H1, GLH)	1.0000	1.0	1.0	1.0
31 (4, G4, L4, H2, GLH)	1.0000	1.0	1.0	1.0
32 (4, G4, L4, H3, GLH)	1.0000	1.0	1.0	1.0

附表 4　B_4、B_5 和 B_6 归一化结果

方案编号	B_4	B_5	B_6
1 (1, G1, L4, GL)	0.0049	0.0165	0.0186
2 (1, G1, L4, H1, GLH)	0.0049	0.0165	0.0186
3 (1, G1, L4, H2, GLH)	0.0049	0.0165	0.0186
4 (1, G1, L4, H3, GLH)	0.0049	0.0165	0.0186
5 (1, G4, L4, GL)	0.0049	0.0165	0.0186
6 (1, G4, L4, H1, GLH)	0.0049	0.0165	0.0186
7 (1, G4, L4, H2, GLH)	0.0049	0.0165	0.0186
8 (1, G4, L4, H3, GLH)	0.0049	0.0165	0.0186

方案编号	B_4	B_5	B_6
9 (2, G1, L4, GL)	0.0098	0.0206	0.0248
10 (2, G1, L4, H1, GLH)	0.0098	0.0206	0.0248
11 (2, G1, L4, H2, GLH)	0.0098	0.0206	0.0248
12 (2, G1, L4, H3, GLH)	0.0098	0.0206	0.0248
13 (2, G4, L4, GL)	0.0098	0.0206	0.0248
14 (2, G4, L4, H1, GLH)	0.0098	0.0206	0.0248
15 (2, G4, L4, H2, GLH)	0.0098	0.0206	0.0248
16 (2, G4, L4, H3, GLH)	0.0098	0.0206	0.0248
17 (3, G1, L4, GL)	0.0368	0.0330	0.0371
18 (3, G1, L4, H1, GLH)	0.0368	0.0330	0.0371
19 (3, G1, L4, H2, GLH)	0.0368	0.0330	0.0371
20 (3, G1, L4, H3, GLH)	0.0368	0.0330	0.0371
21 (3, G4, L4, GL)	0.0368	0.0330	0.0371
22 (3, G4, L4, H1, GLH)	0.0368	0.0330	0.0371
23 (3, G4, L4, H2, GLH)	0.0368	0.0330	0.0371
24 (3, G4, L4, H3, GLH)	0.0368	0.0330	0.0371
25 (4, G1, L4, GL)	0.0735	0.0549	0.0445
26 (4, G1, L4, H1, GLH)	0.0735	0.0549	0.0445
27 (4, G1, L4, H2, GLH)	0.0735	0.0549	0.0445
28 (4, G1, L4, H3, GLH)	0.0735	0.0549	0.0445
29 (4, G4, L4, GL)	0.0735	0.0549	0.0445
30 (4, G4, L4, H1, GLH)	0.0735	0.0549	0.0445
31 (4, G4, L4, H2, GLH)	0.0735	0.0549	0.0445
32 (4, G4, L4, H3, GLH)	0.0735	0.0549	0.0445

附表5　效能指标值规范化结果

方案编号	A_1	A_2	A_3	A_4	A_5	A_6	A_7	A_8
1 (1, G1, L4, GL)	0.7057	0.1838	0.3795	0.1561	0.2192	0.2112	0.9128	0.2458
2 (1, G1, L4, H1, GLH)	0.7147	0.2416	0.6574	0.2139	0.2381	0.2112	0.2721	0.2458
3 (1, G1, L4, H2, GLH)	0.7147	0.2520	0.6611	0.2370	0.2476	0.2112	0.212	0.2458

方案编号	A_1	A_2	A_3	A_4	A_5	A_6	A_7	A_8
4 (1, G1, L4, H3, GLH)	0.7147	0.2339	0.6500	0.2081	0.2371	0.2112	0.2973	0.2458
5 (1, G4, L4, GL)	0.7387	0.1866	0.4002	0.1561	0.2246	0.2112	1.0000	0.2462
6 (1, G4, L4, H1, GLH)	0.7477	0.2488	0.6781	0.2139	0.2436	0.2112	0.2771	0.2462
7 (1, G4, L4, H2, GLH)	0.7508	0.2559	0.6819	0.2370	0.253	0.2112	0.2233	0.2462
8 (1, G4, L4, H3, GLH)	0.7477	0.2373	0.6708	0.2081	0.2425	0.2112	0.3189	0.2462
9 (2, G1, L4, GL)	0.9069	0.3661	0.524	0.3526	0.4583	0.2985	0.0713	0.5732
10 (2, G1, L4, H1, GLH)	0.9099	0.4831	0.8365	0.4971	0.5223	0.2985	0.0145	0.5732
11 (2, G1, L4, H2, GLH)	0.9099	0.5016	0.8365	0.526	0.5446	0.2985	0.012	0.5732
12 (2, G1, L4, H3, GLH)	0.9069	0.4669	0.8328	0.4798	0.5078	0.2985	0.019	0.5732
13 (2, G4, L4, GL)	0.9399	0.3691	0.5465	0.3526	0.4706	0.2985	0.0622	0.5732
14 (2, G4, L4, H1, GLH)	0.9399	0.488	0.8579	0.4971	0.5346	0.2985	0.0149	0.5732
15 (2, G4, L4, H2, GLH)	0.9399	0.5066	0.8579	0.526	0.5569	0.2985	0.0123	0.5732
16 (2, G4, L4, H3, GLH)	0.9399	0.4699	0.8542	0.4798	0.5201	0.2985	0.0195	0.5732
17 (3, G1, L4, GL)	0.9399	0.537	0.6177	0.5029	0.6334	0.6088	0.0133	0.8016
18 (3, G1, L4, H1, GLH)	0.9399	0.7184	0.9364	0.6994	0.7176	0.6088	0.0036	0.8016
19 (3, G1, L4, H2, GLH)	0.9399	0.7428	0.9364	0.7457	0.7445	0.6088	0.0029	0.8016
20 (3, G1, L4, H3, GLH)	0.9399	0.6921	0.9327	0.6821	0.6982	0.6088	0.0043	0.8016
21 (3, G4, L4, GL)	0.961	0.5448	0.6358	0.5087	0.6488	0.6088	0.0152	0.8016
22 (3, G4, L4, H1, GLH)	0.961	0.7262	0.9615	0.7052	0.733	0.6088	0.0036	0.8016
23 (3, G4, L4, H2, GLH)	0.961	0.7506	0.9615	0.7514	0.7599	0.6088	0.0033	0.8016
24 (3, G4, L4, H3, GLH)	0.961	0.6999	0.9578	0.6879	0.7137	0.6088	0.0044	0.8016
25 (4, G1, L4, GL)	0.967	0.7081	0.6465	0.6763	0.8371	1.0000	0.0043	1.0000
26 (4, G1, L4, H1, GLH)	0.967	0.9482	0.9757	0.9249	0.9409	1.0000	0.0012	1.0000
27 (4, G1, L4, H2, GLH)	0.967	0.9829	0.9757	0.9942	0.9781	1.0000	0.0009	1.0000
28 (4, G1, L4, H3, GLH)	0.967	0.912	0.972	0.9075	0.9186	1.0000	0.0014	1.0000
29 (4, G4, L4, GL)	1.0000	0.7215	0.6591	0.6763	0.8591	1.0000	0.0045	1.0000
30 (4, G4, L4, H1, GLH)	1.0000	0.9616	1.0000	0.9306	0.9629	1.0000	0.0012	1.0000
31 (4, G4, L4, H2, GLH)	1.0000	1.0000	1.0000	1.0000	1.0000	1.0000	0.0009	1.0000
32 (4, G4, L4, H3, GLH)	1.0000	0.9254	0.9963	0.9133	0.9405	1.0000	0.0014	1.0000

附表 6 效能指标值归一化结果

方案编号	A_1	A_2	A_3	A_4	A_5	A_6	A_7	A_8
1 (1, G1, L4, GL)	0.0246	0.0102	0.0151	0.0088	0.0115	0.0125	0.2399	0.0117
2 (1, G1, L4, H1, GLH)	0.0249	0.0134	0.0262	0.0121	0.0125	0.0125	0.0715	0.0117
3 (1, G1, L4, H2, GLH)	0.0249	0.014	0.0263	0.0134	0.0130	0.0125	0.0557	0.0117
4 (1, G1, L4, H3, GLH)	0.0249	0.0130	0.0259	0.0118	0.0124	0.0125	0.0781	0.0117
5 (1, G4, L4, GL)	0.0257	0.0103	0.016	0.0088	0.0118	0.0125	0.2628	0.0117
6 (1, G4, L4, H1, GLH)	0.0261	0.0138	0.027	0.0121	0.0127	0.0125	0.0728	0.0117
7 (1, G4, L4, H2, GLH)	0.0262	0.0142	0.0272	0.0134	0.0132	0.0125	0.0587	0.0117
8 (1, G4, L4, H3, GLH)	0.0261	0.0131	0.0267	0.0118	0.0127	0.0125	0.0838	0.0117
9 (2, G1, L4, GL)	0.0316	0.0203	0.0209	0.02	0.024	0.0176	0.0187	0.0273
10 (2, G1, L4, H1, GLH)	0.0317	0.0267	0.0333	0.0282	0.0273	0.0176	0.0038	0.0273
11 (2, G1, L4, H2, GLH)	0.0317	0.0278	0.0333	0.0298	0.0285	0.0176	0.0031	0.0273
12 (2, G1, L4, H3, GLH)	0.0316	0.0258	0.0332	0.0272	0.0266	0.0176	0.005	0.0273
13 (2, G4, L4, GL)	0.0328	0.0204	0.0218	0.02	0.0246	0.0176	0.0163	0.0273
14 (2, G4, L4, H1, GLH)	0.0328	0.027	0.0342	0.0282	0.028	0.0176	0.0039	0.0273
15 (2, G4, L4, H2, GLH)	0.0328	0.028	0.0342	0.0298	0.0291	0.0176	0.0032	0.0273
16 (2, G4, L4, H3, GLH)	0.0328	0.026	0.034	0.0272	0.0272	0.0176	0.0051	0.0273
17 (3, G1, L4, GL)	0.0328	0.0297	0.0246	0.0285	0.0331	0.0359	0.0035	0.0382
18 (3, G1, L4, H1, GLH)	0.0328	0.0398	0.0373	0.0396	0.0376	0.0359	0.0009	0.0382
19 (3, G1, L4, H2, GLH)	0.0328	0.0411	0.0373	0.0423	0.039	0.0359	0.0008	0.0382
20 (3, G1, L4, H3, GLH)	0.0328	0.0383	0.0372	0.0387	0.0365	0.0359	0.0011	0.0382
21 (3, G4, L4, GL)	0.0335	0.0302	0.0253	0.0288	0.034	0.0359	0.0040	0.0382
22 (3, G4, L4, H1, GLH)	0.0335	0.0402	0.0383	0.04	0.0384	0.0359	0.0010	0.0382
23 (3, G4, L4, H2, GLH)	0.0335	0.0416	0.0383	0.0426	0.0398	0.0359	0.0009	0.0382
24 (3, G4, L4, H3, GLH)	0.0335	0.0387	0.0382	0.039	0.0374	0.0359	0.0012	0.0382
25 (4, G1, L4, GL)	0.0337	0.0392	0.0258	0.0383	0.0438	0.0590	0.0011	0.0477
26 (4, G1, L4, H1, GLH)	0.0337	0.0525	0.0389	0.0524	0.0492	0.0590	0.0003	0.0477
27 (4, G1, L4, H2, GLH)	0.0337	0.0544	0.0389	0.0563	0.0512	0.0590	0.0002	0.0477
28 (4, G1, L4, H3, GLH)	0.0337	0.0505	0.0387	0.0514	0.0481	0.0590	0.0004	0.0477
29 (4, G4, L4, GL)	0.0348	0.0399	0.0263	0.0383	0.045	0.0590	0.0012	0.0477
30 (4, G4, L4, H1, GLH)	0.0348	0.0532	0.0399	0.0527	0.0504	0.0590	0.0003	0.0477
31 (4, G4, L4, H2, GLH)	0.0348	0.0554	0.0399	0.0567	0.0523	0.0590	0.0002	0.0477
32 (4, G4, L4, H3, GLH)	0.0348	0.0512	0.0397	0.0518	0.0492	0.0590	0.0004	0.0477